Spring Boot

实用入门与案例实践

曹 宇 鲁明旭 孙 凯◎编著

清華大学出版社
北 京

内 容 简 介

本书通过通俗易懂的语言，配以示例代码和案例项目，详细介绍了 Spring Boot 项目开发的核心知识和重要技术。同时，采用学练结合和循序渐进的学习方式，引导读者逐步提升 Spring Boot 项目实践开发能力。

全书共 8 章。第 1 ～ 2 章为 Spring Boot 项目开发基础，包括 Spring Boot 环境搭建与项目入门和 Spring Boot 相关配置；第 3 ～ 7 章为 Spring Boot 项目与各框架或技术的整合应用，包括整合持久层框架 MyBatis、整合非关系数据库 Redis、整合视图模板引擎 Thymeleaf、整合 Spring Boot 缓存管理，以及整合安全管理框架 Spring Security。第 8 章为 Spring Boot 项目实践，通过结合已学的框架和技术，完整地实施了"甜点信息管理"项目。全书提供了大量应用示例，并为每章附上了巩固练习。

本书适合高等院校计算机、软件工程及相关专业的高年级学生作为实践教材使用，同时也适合具备 Java 基础、有意学习 Spring Boot 项目开发的人员参考。由于本书提供了详尽的示例和巩固练习环节，因此也可作为培训机构的教学用书。

图书在版编目 (CIP) 数据

Spring Boot 实用入门与案例实践 / 曹宇，鲁明旭，孙凯编著 . —北京：清华大学出版社，2024.4
ISBN 978-7-302-66083-5

Ⅰ . ① S… Ⅱ . ①曹… ②鲁… ③孙… Ⅲ . ① JAVA 语言－程序设计－高等学校－教材 Ⅳ . ① TP312.8

中国国家版本馆 CIP 数据核字 (2024) 第 072564 号

责任编辑：安 妮 薛 阳
封面设计：刘 键
版式设计：方加青
责任校对：韩天竹
责任印制：丛怀宇

出版发行：清华大学出版社
网 址：https://www.tup.com.cn，https://www.wqxuetang.com
地 址：北京清华大学学研大厦 A 座 邮 编：100084
社 总 机：010-83470000 邮 购：010-62786544
投稿与读者服务：010-62776969，c-service@tup.tsinghua.edu.cn
质 量 反 馈：010-62772015，zhiliang@tup.tsinghua.edu.cn
印 装 者：涿州汇美亿浓印刷有限公司
经 销：全国新华书店
开 本：185mm×260mm 印 张：15.75 字 数：374 千字
版 次：2024 年 6 月第 1 版 印 次：2024 年 6 月第 1 次印刷
印 数：1 ～ 1500
定 价：59.00 元

产品编号：098589-01

在当今互联网时代，Spring Boot 作为从 Spring 发展而来的开源框架技术，已逐渐成为全球开发 Java 应用程序的首选。Spring Boot 框架采用约定优于配置的原则，提供自动化配置和丰富的开箱即用功能，集成了应用服务器和众多框架和技术，可大幅简化开发过程，助力开发者轻松构建可靠高效的应用程序。为保持在应用开发领域中的核心竞争力，学习和应用 Spring Boot 技术对 Java 开发者至关重要。

然而，Spring Boot 框架本身是一个庞大且不断发展的生态系统，初学者往往对其纷繁复杂的技术体系感到困惑。他们尽管投入了大量时间和精力，但由于缺乏对知识要点的把握和最佳实践演练的机会，很难真正入门，更别提掌握 Spring Boot 项目实践能力了。

本书围绕项目开发基本需求，全面讲述了 Spring Boot 相关核心技术，包括整合各种框架和技术，以及提供一个 Spring Boot 项目的完整实现过程。本书采用循序渐进、联系实际的原则编排内容，注重适量、实用的度量，重点培养读者在实际项目中的上手能力，旨在让读者能够熟练掌握实用的 Spring Boot 开发技能。

本书共 8 章，主要内容有：Spring Boot 环境搭建与项目入门，Spring Boot 相关配置，整合持久层框架 MyBatis，整合非关系数据库 Redis，整合视图模板引擎 Thymeleaf，整合 Spring Boot 缓存管理，整合安全管理框架 Spring Security，Spring Boot 项目实践。

本书第 1 章、第 2 章、第 5 章和第 7 章由鲁明旭负责编写，第 3 章、第 4 章和第 6 章由孙凯负责编写，第 8 章由曹宇负责编写。全书的修改和统稿由曹宇完成。在编写过程中，我们得到了上海城建职业学院的大力支持，并且在大纲制定和案例编写阶段，得到了尚源信息、博坤信息等公司的慷慨助力，对他们的支持和帮助表示衷心的感谢。同时，也衷心感谢所有为本书提出意见和建议的人士，你们的宝贵意见和建议是本书不断改进和完善的动力源泉。感谢大家的支持和贡献。

由于水平有限，加之 Spring Boot 框架不断演进和发展，书中难免存在一些不足或疏漏之处。因此，我们真诚地欢迎广大同行和读者提供批评和指正意见，以帮助我们纠正错误并与时俱进。

曹 宇

2024 年 2 月

Spring Boot

第 1 章 Spring Boot 环境搭建与项目入门

千里之行，始于足下。建议在学习 Spring Boot 项目开发时，首先，对 Spring Boot 的基础概念和特点有所理解；然后，动手搭建 Spring Boot 开发环境并创建项目，体验开发过程；最后，实现对 Spring Boot 项目的单元测试和热部署。通过这样的学习顺序，能够对 Spring Boot 有初步的认识，并为后续学习奠定基础。

视频讲解

1.1 Spring Boot 概述与开发环境搭建

Spring Boot 是 Java EE（Java Enterprise Edition，Java 企业版）项目开发的主流框架，有必要理解其基本概念、优点和项目运行的一般流程，并能将开发环境按要求搭建出来。这些是后续学习 Spring Boot 项目开发的基础。

1.1.1 Spring Boot 概述

Spring Boot 是基于 Spring 框架之上的 Java EE 快速开发框架。它集成了 Maven，内置了 Tomcat 等服务器，整合了 Jackson、JDBC、Redis、Mail 等大量第三方库和框架。

Spring Boot 以“约定优先配置”思想，摒弃了复杂的手工配置过程。它采用了自动配置的方式，在项目初始化时按照“约定”进行配置，只需要进行少量的修改即可快速启动应用，让开发者能够专注于业务逻辑的开发。

Spring Boot 项目框架的一般组成结构如图 1.1 所示。通常由控制层（Controller）、服务层（Service）和数据访问层（Repository）构成。Spring Boot 项目框架分层结构将不同类型的代码放到不同的模块中，利用 Spring IoC（Inversion of Control，控制反转）容器机制可降低模块和类之间的耦合度，从而提升项目的可维护性。

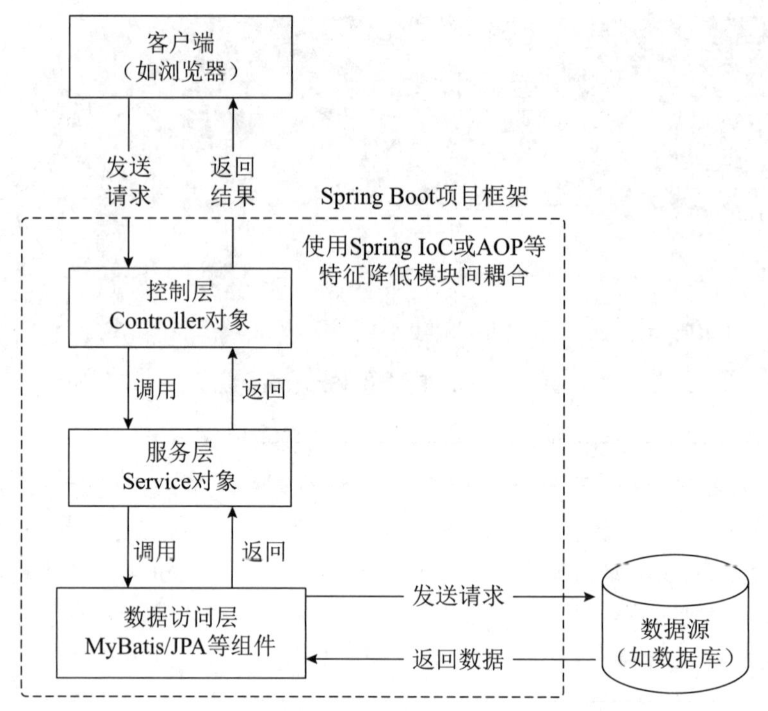

图 1.1　Spring Boot 项目框架的一般组成结构

Spring Boot 项目运行的一般流程如下。

（1）客户端（通常为浏览器）向 Spring Boot 应用发送请求。

（2）请求映射到控制层相应方法进行处理。

控制层类由 @Controller 注解，控制层类中的方法一般由 @RequestMapping 注解，通常调用由 @Autowired 自动装配的服务层对象来处理具体业务逻辑。

（3）业务逻辑由服务层处理。

服务层类由 @Service 注解，通常调用由 @Autowired 自动装配的数据访问层对象处理数据的增、删、改、查操作。

（4）数据源（通常为数据库）操作由数据访问层处理。

数据访问层可直接由 MyBatis 或 JPA 等持久层组件进行处理，如由 @Mapper 注解标记一个 MyBatis 接口类，在接口类中定义方法和相应的 SQL 语句来处理数据。

（5）控制层将最后处理结果返回给客户端。

1.1.2　开发环境搭建

在学习 Spring Boot 项目开发之前，需要准备好开发环境。以下是一些常用的软件，可以按照步骤进行安装和设置。

1. 软件清单

本教材学习过程中所需的软件如下。

（1）Java 开发工具包 JDK：jdk-16.0.1_windows-x64_bin.exe。

（2）集成开发工具 IDEA：ideaIU-2021.3.1.exe。

（3）关系数据库产品 MySQL：mysql-installer-community-8.0.27.1.msi。

（4）NoSQL 数据库产品 Redis：redis-x64-3.0.504.msi。

（5）HTTP 接口测试工具 Postman：postman6.6.1.exe。

本教材中所有操作都默认在 Windows 10 平台下进行，若采用其他操作系统，可自行下载和安装相应软件。

2. 安装与设置

1）JDK

JDK（Java Development Kit）是开发 Java 程序所必需的工具包，其内置的 JRE（Java Runtime Environment）是运行 Java 程序的基础环境。

安装步骤如下。

（1）下载。在 Oracle 官网查找并下载与本机软硬件平台匹配的 JDK 安装软件，如 jdk-16.0.1_windows-x64_bin.exe。

（2）安装。双击安装软件 jdk-16.0.1_windows-x64_bin.exe，单击“下一步”→“下一步”→“关闭”按钮完成安装。

（3）配置。设置环境变量 JAVA_HOME，如图 1.2 所示。在 Windows 平台下，右击“此电脑”，选择“属性”，单击“高级系统设置”打开“系统属性”窗口，单击“环境变量”按钮进入“环境变量”窗口，单击“系统变量”下的“新建”按钮，输入变量名“JAVA_HOME”，设置变量值为 JDK 安装目录“C:\Program Files\Java\jdk-16.0.1”。

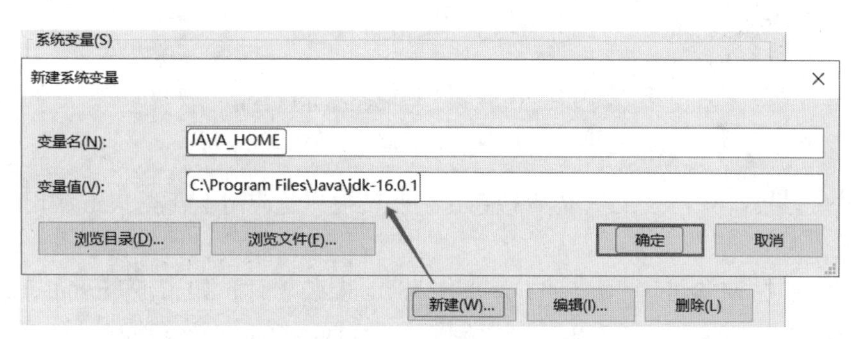

图 1.2　设置环境变量 JAVA_HOME

2）集成开发工具 IDEA

IDEA 全称为 IntelliJ IDEA，是近年来业界公认最好的 Java 集成开发工具之一。

安装步骤如下。

（1）下载。在 JetBrains 官网查找并下载 IDEA 安装软件，如 ideaIU-2021.3.1.exe。

（2）安装。双击安装软件 ideaIU-2021.3.1.exe，单击 Next → Next → Next → Install → Finish 按钮完成安装，如图 1.3 所示。

（3）配置主题。打开 IDEA 环境，选择 File → Settings → Appearance 选项，将 Theme 值设置为自己喜欢的主题，如 IntelliJ Light，如图 1.4 所示。

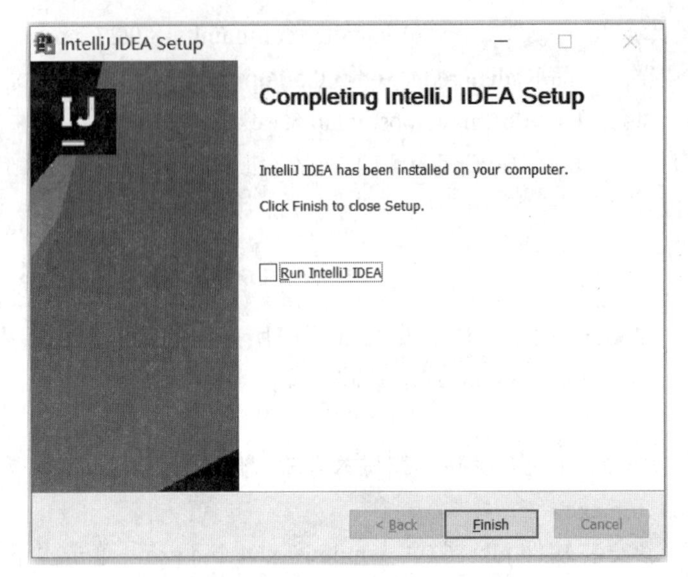

图 1.3　单击 Finish 按钮完成 IDEA 安装

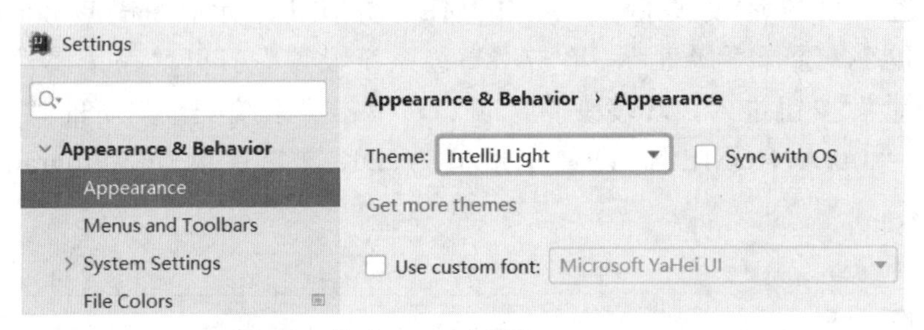

图 1.4　修改 IDEA 主题为 IntelliJ Light

3）关系数据库产品 MySQL

MySQL 是最流行的关系数据库管理系统之一，被广泛应用于各类 Web 应用中。

安装步骤如下。

（1）下载。在 MySQL 官网查找并下载 MySQL 安装软件，如 mysql-installer-community-8.0.27.1.msi。

（2）安装。双击安装软件 mysql-installer-community-8.0.27.1.msi。除了设置管理账号 root 的密码外（如图 1.5 所示），安装过程中默认单击 Next 按钮和 Execute 按钮即可。

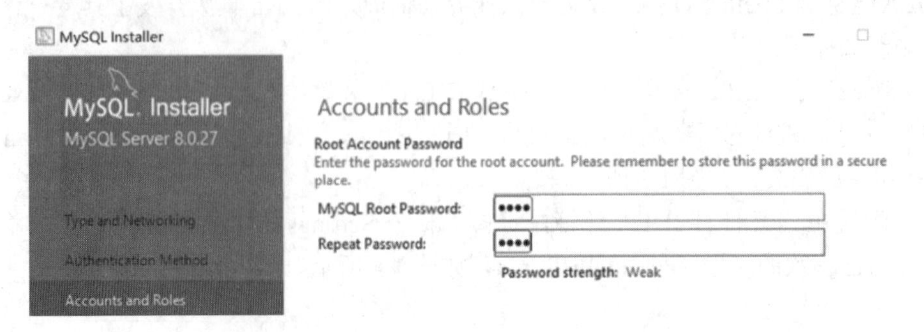

图 1.5　设置 MySQL 管理账号 root 的密码

4）NoSQL 数据库产品 Redis

Redis 是一个开源的 NoSQL 数据库产品。它基于内存对键值对数据进行操作，可作为缓存中间件或消息中间件。

安装步骤如下。

（1）下载。在 GitHub 平台上找到 Windows 版本的 Redis 产品，如 redis-x64-3.0.504.msi，并下载。

（2）安装。双击安装软件 redis-x64-3.0.504.msi，单击 Next 按钮，勾选接受协议。再单击 Next 按钮，勾选“将安装目录加入 PATH 环境变量中”选项。接着单击 Next 按钮，勾选“将 Redis 服务端口 6379 加入 Windows 防火墙入站例外中”选项。最后单击 Next → Next → Install → Finish 按钮完成安装。

（3）测试。在 Redis 安装目录中执行命令“redis-server.exe redis.windows.conf”，启动 Redis 服务，如图 1.6 所示。

```
命令提示符
Microsoft Windows [版本 10.0.18362.1256]
(c) 2019 Microsoft Corporation。保留所有权利。

C:\Users\Cy>cd "c:\Program Files\Redis"

c:\Program Files\Redis>redis-server.exe  redis.windows.conf
```

图 1.6　输入命令启动 Redis 服务

在 Redis 安装目录中使用 redis-cli.exe 命令打开 Redis 客户端后，进行键值对数据的存取操作，如图 1.7 所示，说明 Redis 服务正常。

```
c:\Program Files\Redis>redis-cli.exe
127.0.0.1:6379> set name adams
OK
127.0.0.1:6379> get name
"adams"
```

图 1.7　打开 Redis 客户端进行键值对数据的存取操作

5）HTTP 接口测试工具 Postman

Postman 是一款 HTTP 接口测试工具，能够高效地帮助后端开发人员进行 Web API 接口测试。

安装步骤如下。

（1）下载。在 Postman 官网下载最新版软件，或从其他可信任来源获取稳定版软件，如 postman6.6.1.exe。

（2）安装。双击安装即可完成安装。

（3）测试。在 Postman 软件中，单击 File → New Postman Window 选项，打开 Postman 新窗口。

在窗口的 GET 地址栏中输入测试 URL，如“http://www.baidu.com”，单击 Send 按钮，若在 Response 的 Body 框中呈现 URL 请求的返回内容，则说明 Postman 可用，如图 1.8 所示。

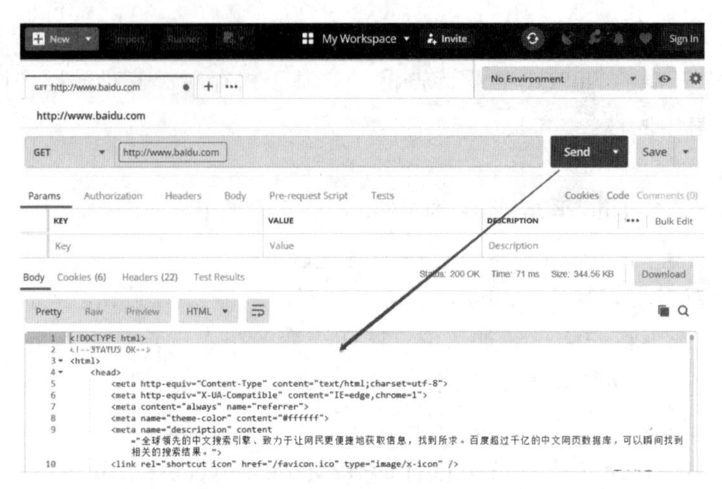

图 1.8　测试说明 Postman 可用

1.2　Spring Boot 项目入门

在 IDEA 集成开发环境中，可以通过向导方式快速构建出 Spring Boot 项目的整体架构。

1.2.1　使用 Maven 创建 Spring Boot 项目

使用 Maven 创建 Spring Boot 项目的基本步骤：创建 Maven 项目→在 pom.xml 文件中增加依赖坐标→编写项目启动类→编写控制器类及请求处理方法→运行、测试。

1. 创建 Maven 项目

打开 IDEA 环境，选择 File → New → Project 选项打开 New Project 对话框，单击 Maven 选项，将 Project SDK 值设置为系统中已安装的 JDK，不勾选 Create from archetype 复选框，单击 Next 按钮创建 Maven 项目，如图 1.9 所示。

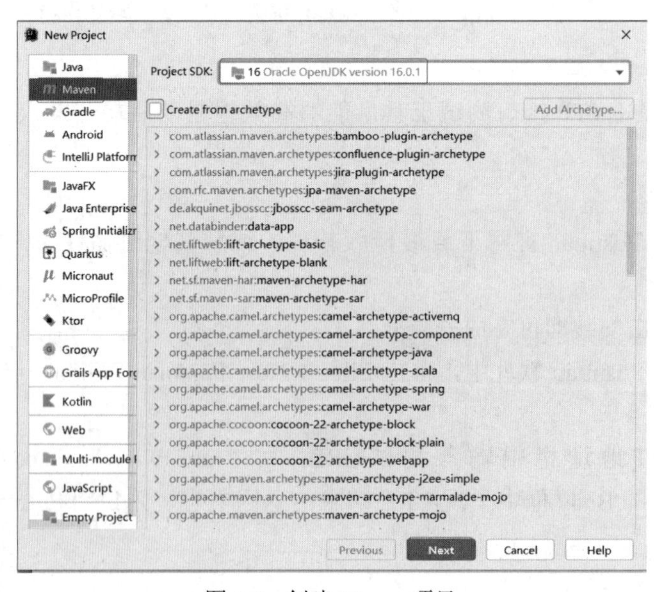

图 1.9　创建 Maven 项目

接着设置项目名，如“hello”。设置 Maven 项目的坐标值（GroupId、ArtifactId 和 Version），单击 Finish 按钮，完成项目创建，如图 1.10 所示。

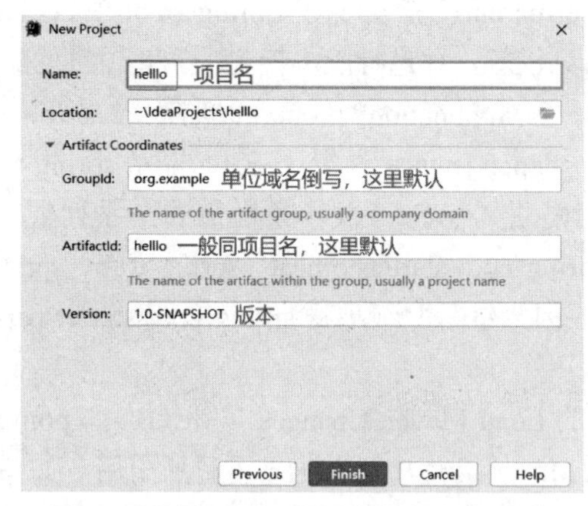

图 1.10　设置 Maven 项目坐标值完成项目创建

以上操作完毕后，会构建出 Maven 项目的整体框架，如图 1.11 所示。

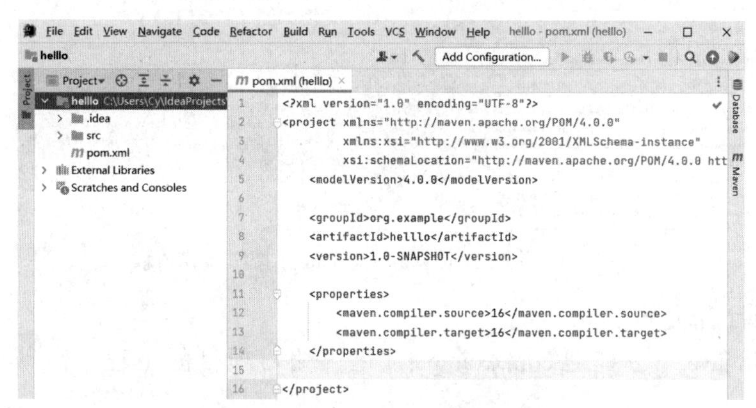

图 1.11　构建出 Maven 项目的整体框架

2. 在 pom.xml 文件中增加依赖坐标

pom.xml 是 Maven 项目的配置文件，pom 全名为 Project Object Model（项目对象模型），除了描述项目自身信息外，主要用以管理项目的依赖关系。

打开 pom.xml 文件，在其 <project> 结点中的下方位置处增加依赖坐标，代码如下。

```
1. <parent>
2.     <groupId>org.springframework.boot</groupId>
3.     <artifactId>spring-boot-starter-parent</artifactId>
4.     <version>2.7.14</version>
5. </parent>
6. <dependencies>
7.     <dependency>
8.         <groupId>org.springframework.boot</groupId>
9.         <artifactId>spring-boot-starter-web</artifactId>
10.     </dependency>
11. </dependencies>
```

依赖坐标用来定位一个 Maven 构件，Maven 构件的常见类型为 JAR 文件。

第 1 ～ 5 行，声明 <parent> 结点，定位的是一个父级项目。父级项目是用来继承的。通过继承 spring-boot-starter-parent，就实现了 Spring Boot 项目的基础特征，如导入大量 Spring Boot 项目所需的常见依赖，并进行版本管理，加载项目的配置文件（**/application*.yml、**/application*.yaml、**/application*.properties）等。

第 7 ～ 10 行，声明 <dependency> 结点，定位的是 spring-boot-starter-web 依赖，这是个依赖启动器。其作用是引入 Web 开发场景所需的一系列依赖，如 spring-boot-starter、spring-boot-starter-json、spring-boot-starter-tomcat、spring-web、spring-webmvc 等。注意，此处不用写 <version> 标签，因为继承父级项目 spring-boot-starter-parent 后，常用依赖引入可省去 <version> 标签。

接下来单击右上角的 Load Maven Changes 按钮 ，pom.xml 中的相关依赖将从 Maven 中央库下载到本地 Maven 仓库中，并为本项目所引用，如图 1.12 所示。

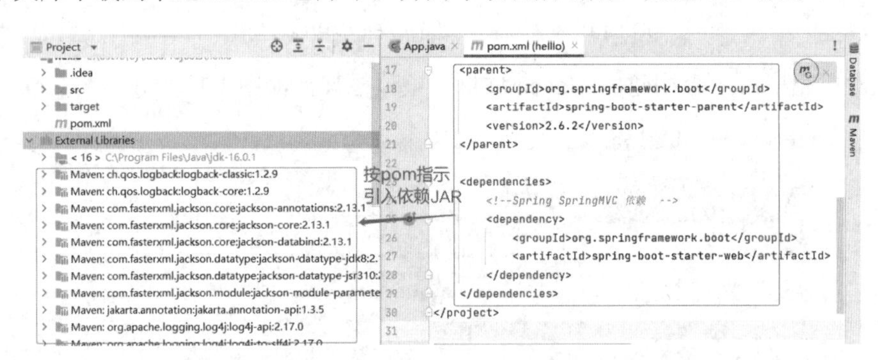

图 1.12　单击 Load Maven Changes 按钮加载依赖

3. 编写项目启动类

在 src\main\java 下创建包 com.example，包内编写项目的主程序启动类 App，代码如下。

```
1.package com.example;
2.import org.springframework.boot.SpringApplication;
3.import org.springframework.boot.autoconfigure.SpringBootApplication;
4.@SpringBootApplication  //Spring Boot 核心注解，设置 " 主程序启动类 "
5.public class App {      //Spring Boot 项目主程序启动类
6.  public static void main(String[] args) {
7.    //运行应用，另因依赖 spring-boot-starter-web 会启动 Tomcat 管理本项目
8.    SpringApplication.run(App.class);
9.  }
10. }
```

第 4 行，@SpringBootApplication 注解将 App 类标注为 Spring Boot 项目的主程序启动类。该注解组合了 @EnableAutoConfiguration、@SpringBootConfiguration、@ComponentScan 等多个注解，作用在于简化 Spring 应用程序的配置和开发过程，实施开启自动配置、定义配置类以及组件扫描等功能。

@EnableAutoConfiguration 注解通常标注在主应用程序类之上，用于启用自动配置功

能。Spring Boot 的自动配置功能根据项目的依赖和配置来自动配置 Spring 应用，它会根据类路径下的资源、类和注解来推断和注册相应的配置类成为 Spring Bean。

注意： Spring Bean 是由 Spring IoC 容器实例化、管理和组装的对象。通过 Spring IoC 容器上下文，Spring Bean 可以以一种松耦合的方式协作完成应用程序的功能。

@SpringBootConfiguration 注解是 @Configuration 的一个特化版本，用以标识“可被组件扫描器扫描”的 Spring Boot 核心配置类，生成对应 Spring Bean 并注册到 Spring IoC 容器中。

@ComponentScan 注解用于指定在哪些包及其子包中扫描组件（如用 @Component、@Controller、@Service、@Repository 标识的类）并实例化为 Spring Bean 后将其注册到 Spring IoC 容器中。

总结来说，@SpringBootApplication 注解和在 main() 方法中调用 SpringApplication.run() 方法是标记 Spring Boot 启动类的常用方式。在 pom.xml 文件中引入 spring-boot-starter-web 依赖，可以使 Spring Boot 项目成为一个 Web 应用程序。启动 Spring Boot 项目时，它会自动启动内置的 Web 应用服务器 Tomcat，并将项目部署在 Tomcat 上。

右击主程序启动类 App，选择 Run 命令，控制台显示 Spring Boot 项目启动信息，如图 1.13 所示：Tomcat 已启动，并监听 8080 端口，以提供对外服务。

```
Run:  App
Console  Actuator
"C:\Program Files\Java\jdk-16.0.1\bin\java.exe" ...
Java HotSpot(TM) 64-Bit Server VM warning: Options -Xverify:none and -noverify were deprecated in JDK 13 and will likely be removed in a f

  .   ____          _            __ _ _
 /\\ / ___'_ __ _ _(_)_ __  __ _ \ \ \ \
( ( )\___ | '_ | '_| | '_ \/ _` | \ \ \ \
 \\/  ___)| |_)| | | | | || (_| |  ) ) ) )
  '  |____| .__|_| |_|_| |_\__, | / / / /
 =========|_|==============|___/=/_/_/_/
 :: Spring Boot ::                (v2.6.2)

2022-01-15 13:10:25.307  INFO 1552 --- [           main] com.example.App                          : Starting App using Java 16.0.1 on DESK
2022-01-15 13:10:25.307  INFO 1552 --- [           main] com.example.App                          : No active profile set, falling back to
2022-01-15 13:10:26.563  INFO 1552 --- [           main] o.s.b.w.embedded.tomcat.TomcatWebServer  : Tomcat initialized with port(s): 8080
2022-01-15 13:10:26.579  INFO 1552 --- [           main] o.apache.catalina.core.StandardService   : Starting service [Tomcat]
2022-01-15 13:10:26.579  INFO 1552 --- [           main] org.apache.catalina.core.StandardEngine  : Starting Servlet engine: [Apache Tomca
2022-01-15 13:10:26.688  INFO 1552 --- [           main] o.a.c.c.C.[Tomcat].[localhost].[/]       : Initializing Spring embedded WebApplic
2022-01-15 13:10:26.688  INFO 1552 --- [           main] w.s.c.ServletWebServerApplicationContext : Root WebApplicationContext: initializa
2022-01-15 13:10:27.126  INFO 1552 --- [           main] o.s.b.w.embedded.tomcat.TomcatWebServer  : Tomcat started on port(s): 8080 (http)
2022-01-15 13:10:27.141  INFO 1552 --- [           main] com.example.App                          : Started App in 2.473 seconds (JVM runn
```

图 1.13　控制台显示 Spring Boot 项目启动信息

用浏览器访问项目首页 http://localhost:8080，出现 404 错误信息，如图 1.14 所示。

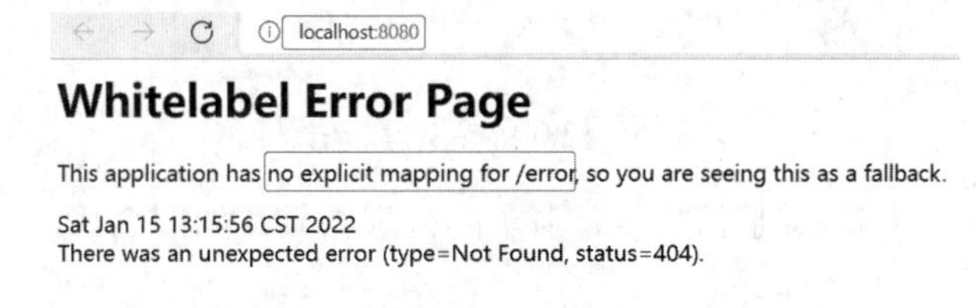

图 1.14　访问项目首页出现 404 错误信息

出现 404 错误的原因是默认请求“/”未被处理，为了解决问题，需要编写相应的控制器类方法来处理该请求。

4. 编写控制器类及请求处理方法

此处控制器用以对“/”请求做映射处理。

先创建包 com.example.controller，包内再创建控制器类 HelloController，编写 index() 方法对“/”请求进行处理。代码如下。

```
1.package com.example.controller;
2.import org.springframework.web.bind.annotation.RequestMapping;
3.import org.springframework.web.bind.annotation.RestController;
4.@RestController                 // 标识控制类，内写方法回应 HTTP 请求
5.public class HelloController {
6.    @RequestMapping("/")    // 请求项目根 "/" 即访问本方法
7.    public String index(){
8.        return "hello";
9.    }
10. }
```

第 4 行，用 @RestController 注解标识 HelloController 类为控制器类。@RestController 注解实际上是 @Controller 和 @ResponseBody 注解的组合。

@Controller 注解用于标识控制器类，即指示该类是一个处理请求的控制器，能接收和处理来自客户端的 HTTP 请求。

@ResponseBody 注解用于指示控制器类方法的返回值，将其直接写入 HTTP 响应体中，而不是通过视图解析器进行视图渲染。在默认情况下，@ResponseBody 注解会使用 Jackson 库来将方法的返回值转换为 JSON 格式，并将其作为 HTTP 响应的一部分返回给客户端。

第 6 行，@RequestMapping("/") 注解用于将“/”请求映射到 index() 方法处理。该注解也可以带 method 参数，用以区分不同的请求方式。以下是映射 Get 和 Post 请求的示例代码。

```
@RequestMapping(method = RequestMethod.GET)
@RequestMapping(method = RequestMethod.POST)
```

5. 运行、测试

单击“重启应用”按钮，控制台可观察到重启信息，如图 1.15 所示。

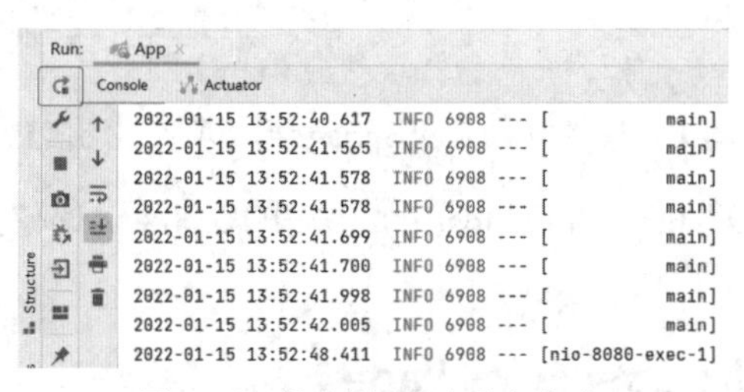

图 1.15　控制台显示重启信息

浏览器刷新请求，可观察到处理“/”请求的处理结果，如图 1.16 所示。

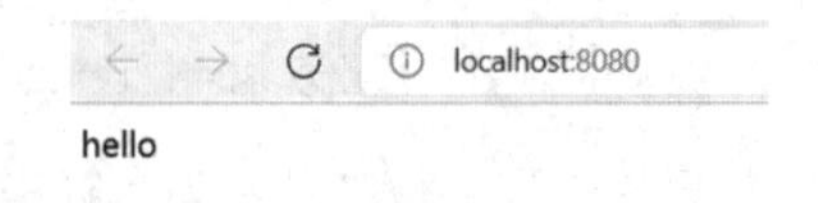

图 1.16　“/”请求的处理结果

1.2.2　使用 Spring Initializr 创建 Spring Boot 项目

除了使用 Maven 创建 Spring Boot 项目外，在 IDEA 中也可以用 Spring Initializr 方式快速创建 Spring Boot 项目。

Spring Initializr 是一个在线工具，用于初始化和生成 Spring Boot 项目。它提供了一个用户友好的可视化界面，可以简化添加依赖坐标、编写项目启动类等操作。因此，推荐使用 Spring Initializr 方式创建 Spring Boot 项目。

使用 Spring Initializr 创建 Spring Boot 项目的基本步骤为：创建 Spring Initializr 项目→编写控制器类及请求处理方法→运行、测试。

1. 创建 Spring Initializr 项目

打开 IDEA 环境，选择 File → New → Project 选项打开 New Project 对话框，单击 Spring Initializr 选项。然后输入项目名“hello2”，选择 Project SDK 版本为 16（即项目所用的 JDK 版本），选择 Java 版本为 11（即项目中会使用到的 Java 语言特性版本）。单击 Next 按钮创建 Spring Initializr 项目，如图 1.17 所示。

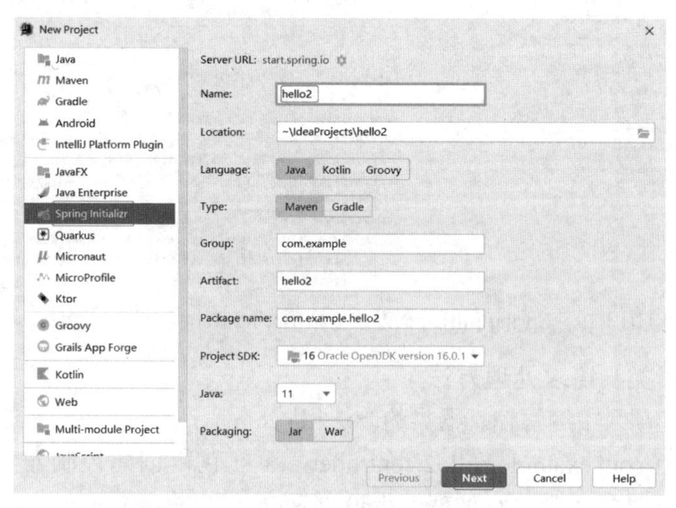

图 1.17　创建 Spring Initializr 项目

在下一个界面中选择 Spring Boot 版本为 2.7.14，勾选 Spring Web 复选框，如图 1.18 所示，接着单击 Finish 按钮，完成项目创建。

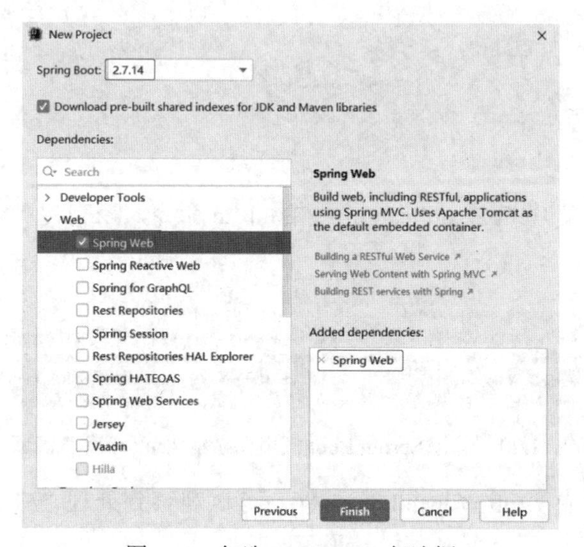

图 1.18　勾选 Spring Web 复选框

注意：本书中默认使用的 Spring Boot 版本为 2.7.14、Project SDK 版本为 16、Java 语言特性版本为 11。

Spring Initializr 方式会生成 Spring Boot 项目完整构架，如图 1.19 所示。构架中有主程序启动类 Hello2Application 和存放 Web 静态资源的 resources 目录，pom.xml 文件中也加入了若干依赖坐标。

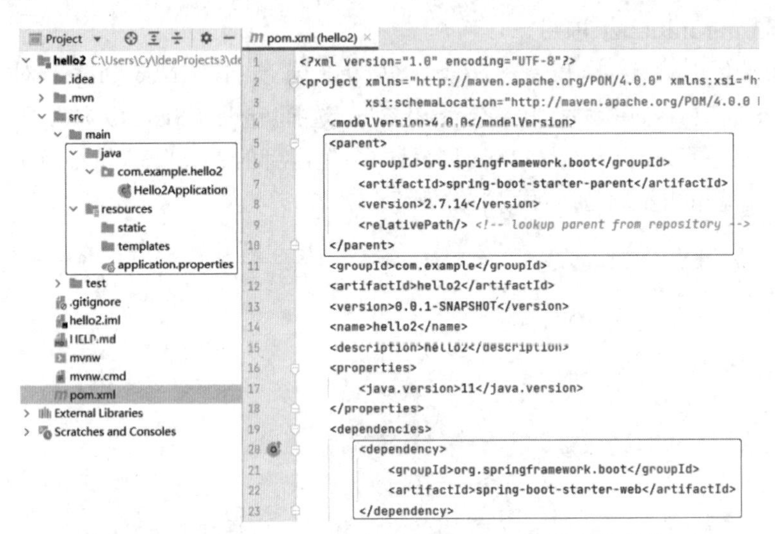

图 1.19　Spring Initializr 方式生成 Spring Boot 项目整体构架

2. 编写控制器类及请求处理方法

与 Maven 创建项目中编写控制器类的方法相同。

先创建 Java 包 com.example.hello2.controller，再在包内创建控制器类 HelloController，编写 index() 方法对请求“/”进行处理。代码如下。

```
@RestController
public class HelloController {
    @RequestMapping("/")
    public String index() {
        return "Hello";
    }
}
```

3. 运行、测试

右击主程序启动类 Hello2Application，选择 Run 命令，控制台可观察到 Tomcat 启动信息，如图 1.20 所示。

```
main] org.apache.catalina.core.StandardEngine    : Starting Servlet engine: [Apache Tomcat/9.0.60]
main] o.a.c.c.C.[Tomcat].[localhost].[/]         : Initializing Spring embedded WebApplicationContext
main] w.s.c.ServletWebServerApplicationContext : Root WebApplicationContext: initialization completed in 814 ms
main] o.s.b.w.embedded.tomcat.TomcatWebServer  : Tomcat started on port(s): 8080 (http) with context path ''
main] com.example.hello2.Hello2Application      : Started Hello2Application in 1.753 seconds (JVM running for 5.62)
```

图 1.20　运行 Spring Boot 应用会显示 Tomcat 启动信息

浏览器访问项目首页 http://localhost:8080，可以观察到处理“/”请求的返回结果，如图 1.21 所示。

图 1.21　访问“/”请求的返回结果

1.2.3　利用 Maven 中心库网站获取依赖坐标

当在 Maven 项目中导入依赖坐标时，如果遇到版本不匹配问题，可以尝试通过在 Maven 中央仓库网站上搜索该依赖的各个版本号，并通过修改 pom.xml 中的 <version> 值来尝试下载匹配的依赖。

以 Spring Boot 父级依赖 spring-boot-starter-parent 为例。Maven 中心库网站搜索坐标过程如下。

1. 在 Maven 中心库中通过关键字查找坐标

打开 Maven 中心库网站，在查询框中输入坐标关键字，如“spring boot starter parent”。然后单击 Search 按钮，在返回结果列表中单击 Spring Boot Starter Parent 链接，如图 1.22 所示。

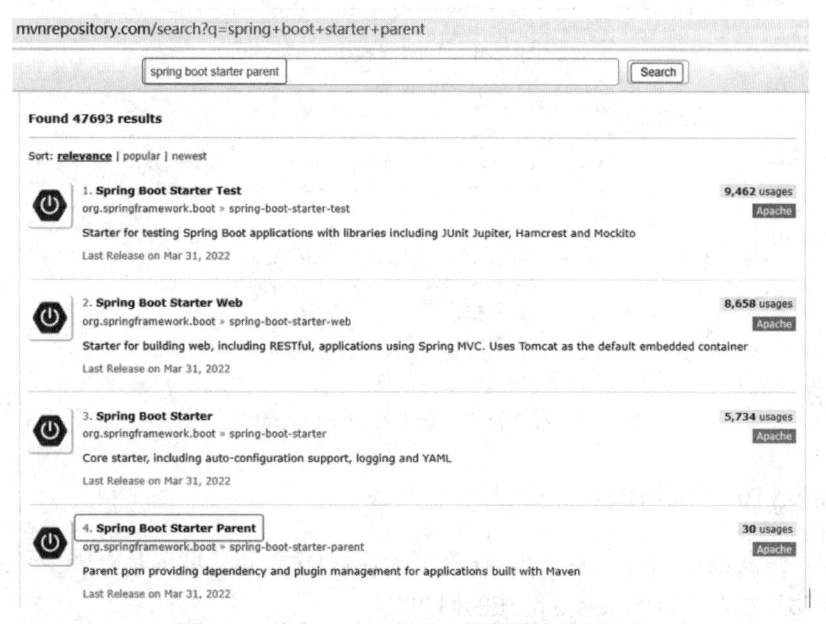

图 1.22　搜索 Maven 依赖坐标并单击结果链接

2. 选择合适的坐标版本

进入版本选择页，选择合适的版本进行下载，如图 1.23 所示。

https://mvnrepository.com/artifact/org.springframework.boot/spring-boot-starter-parent

	2.1.14.RELEASE	Central		May, 2020
	2.1.13.RELEASE	Central	0	Feb, 2020
	2.1.12.RELEASE	Central	6	Jan, 2020
	2.1.11.RELEASE	Central	6	Dec, 2019
	2.1.10.RELEASE	Central	6	Nov, 2019
2.1.x	2.1.9.RELEASE	Central	0	Oct, 2019
	2.1.8.RELEASE	Central	1	Sep, 2019

图 1.23　选择合适的版本进行下载

注意：依赖版本选择时，需考虑如下一些因素。

（1）较新版本：通常会包含一些新功能和修复漏洞，提供更好的性能。

（2）稳定的发布版：经过广泛的测试和验证后，不易出现严重缺陷。

（3）下载用户较多：通常意味着被广泛接受和认可，有更多的支持资源可用。

（4）兼容问题：与项目所用 JDK 版本兼容，与项目中其他依赖无冲突。

3. 复制坐标到 pom.xml

作为一般依赖，仅需将查到的 <dependency> 标签复制到 pom.xml 的 <dependencies> 标签中即可。

但作为父级依赖，则需将 groupId、artifactId 和 version 复制到 <parent> 结点中使用。具体操作是：将如图 1.24 所示 3 个坐标值复制并粘贴到如图 1.25 所示的 pom.xml 文件中。

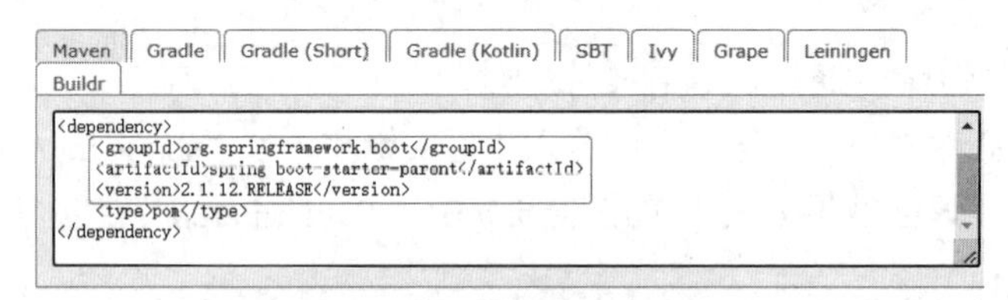

图 1.24　复制依赖坐标值

```
m pom.xml (hello2) ×
1   <?xml version="1.0" encoding="UTF-8"?>
2   <project xmlns="http://maven.apache.org/POM/4.0.0" xmlns:xsi="h
3           xsi:schemaLocation="http://maven.apache.org/POM/4.0.0 
4       <modelVersion>4.0.0</modelVersion>
5       <parent>
6           <groupId>org.springframework.boot</groupId>
7           <artifactId>spring-boot-starter-parent</artifactId>
8           <version>2.1.12.RELEASE</version>
9       </parent>
10      <groupId>com.example</groupId>
11      <artifactId>hello2</artifactId>
```

图 1.25　将依赖坐标值粘贴到 pom.xml 文件中

1.2.4　Spring Boot 项目的单元测试

通过编写单元测试，可以验证代码在符合预期的输入和情境下是否产生了正确的输出和行为，帮助开发人员捕捉和修复潜在的问题。

Spring Boot 提供了一套丰富的测试工具和注解来编写单元测试。此外，为了测试控制器处理 URL 访问的功能，Spring Boot 中可使用 Spring MVC 测试框架 MockMvc，通过 MockMvc 来模拟 HTTP 请求并对返回结果进行断言和验证。

编写 Spring Boot 单元测试的基本步骤：在项目 pom.xml 文件中添加测试依赖→编写单元测试类和方法→测试验证。举例如下。

1. 在项目 pom.xml 文件中添加测试依赖

在 pom.xml 文件的 <dependencies> 结点中添加 spring-boot-starter-test 依赖，代码如下。

```
<dependencies>
  <dependency>
```

```
        <groupId>org.springframework.boot</groupId>
        <artifactId>spring-boot-starter-test</artifactId>
        <scope>test</scope>
    </dependency>
    ...
</dependencies>
```

单击右上角的 Load Maven Changes 按钮 ，将“测试”依赖导入项目。

注意：当使用 Spring Initializr 创建 Spring Boot 项目时，测试作为一个重要的组成部分，spring-boot-starter-test 依赖会自动添加到生成的 pom.xml 文件中。

2. 编写单元测试类和方法

编写控制器类 HelloController，在类中实现 index() 方法处理“/”请求，返回“hello”结果。代码如下。

```
@RestController
public class HelloController {
    @RequestMapping("/")
    public String index(){
        System.out.println("hello");
        return "Hello";
    }
}
```

为了编写 Spring Boot 的单元测试类，需要为测试类添加 @SpringBootTest 注解，并为测试方法添加 @Test 注解。此处还要在测试类上添加 @AutoConfigureMockMvc 注解，以便使用 MockMvc 来模拟 HTTP 请求。可修改项目 test\java 目录下的单元测试类，代码如下。

```
    1.@SpringBootTest             //Spring Boot 的单元测试类
    2.@AutoConfigureMockMvc       //用于 MockMvc 模拟 HTTP 请求
public class Hello2ApplicationTests {
    3.    @Test
    4.    void contextLoads(@Autowired MockMvc mvc) throws Exception {//模拟
                                                            //HTTP 请求的对象
    5.      mvc.perform(MockMvcRequestBuilders.get("/"))            //实际会调用
                                                    //helloController.index()
    6.          .andExpect(MockMvcResultMatchers.status().isOk()); //验证是否访
                                                                //问正常
    7.    }
    8.}
```

第 4 行，注意 contextLoads() 方法中参数的作用：@Autowired 注解会从 IoC 容器取出标注的 MockMvc 对象，并自动装配到 mvc 属性上。

第 5 行，用 MockMvc 对象 mvc 来模拟“Get /”请求（实际处理为 index() 方法）。

第 6 行，用于判断访问请求是否被正常返回。

3. 测试验证

右击测试类 Hello2ApplicationTests，选择 Run 命令。从结果看，测试通过，并且在控制台输出了“hello”信息，如图 1.26 所示。

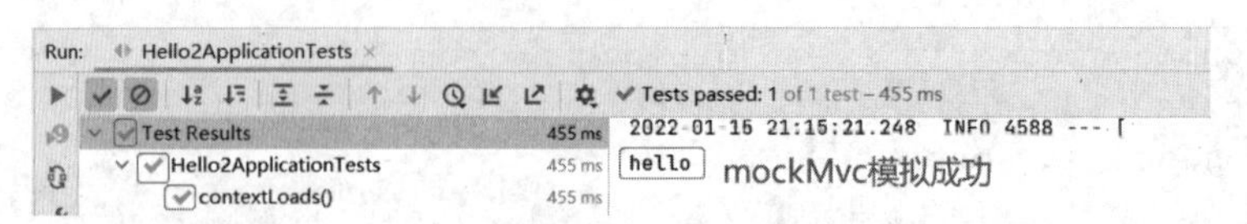

图 1.26　测试均通过且控制台输出了“hello”信息

1.2.5　热部署开发环境

为了提高开发效率，可以在配置开发环境启用“热部署”。这样，在代码变化后，应用程序会自动编译并重新启动，从而减少手动重启的时间和操作。

在 IDEA 开发环境中实现 Spring Boot 项目热部署的基本步骤为：在 pom.xml 文件中添加 spring-boot-devtools 依赖→ IDEA 环境中设置热部署→ Debug 模式下测试热部署是否有效。

1. 在 pom.xml 文件中添加 spring-boot-devtools 依赖

在 pom.xml 文件的 <dependencies> 结点中添加 spring-boot-devtools 依赖，代码如下。

```
<dependencies>
    ...
    <dependency>
      <groupId>org.springframework.boot</groupId>
      <artifactId>spring-boot-devtools</artifactId>
    </dependency>
</dependencies>
```

单击右上角的 Load Maven Changes 按钮，将“热部署工具”依赖导入项目。

2. IDEA 环境中设置热部署

打开 IDEA 环境，选择 File → Settings → Build,Execution,Deployment → Compiler 选项，勾选 Build project automatically（自动构建项目）复选框，如图 1.27 所示。

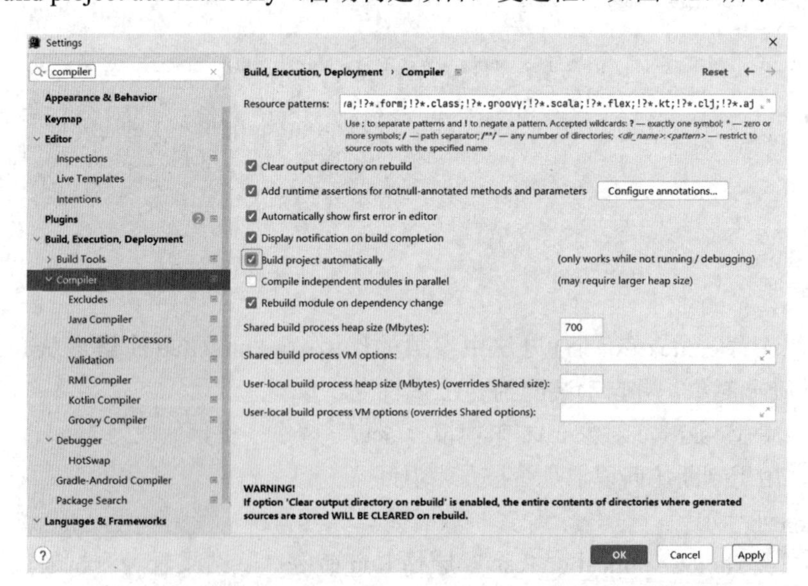

图 1.27　勾选 Build project automatically（自动构建项目）复选框

继续设置：在 Advanced Settings 界面中勾选 Allow auto-make to start even if developed application is currently running（即使在运行状态下也允许启动自动重构）复选框，如图 1.28 所示。

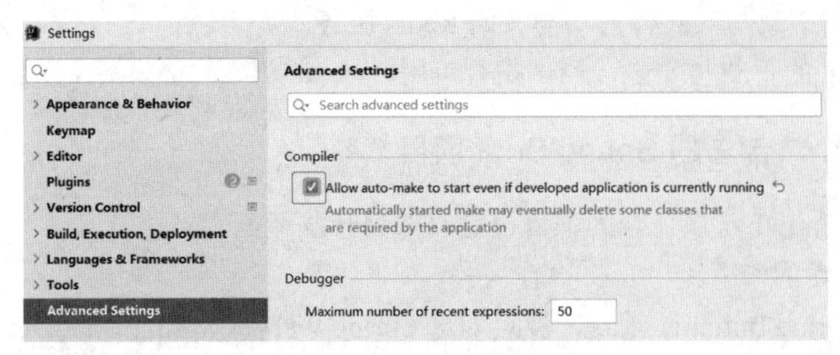

图 1.28　勾选 Allow auto-make to start even if developed application is currently running 复选框

注意：一旦开启了热部署功能，无论应用程序当前是否正在运行，只要代码发生变化，系统将立即进行编译和应用重构。当然，热部署会对系统性能产生一定开销，如果发现对开发环境的性能影响较大时，建议取消该功能。

3. Debuy 模式下测试热部署是否有效

在 IDEA 环境中，右击项目主程序类（如 HelloApplication），选择 Debug 选项，以 Debug 模式启动 Spring Boot 项目；浏览器访问 http://localhost:8080，请求会被映射到 HelloController 类中的 index() 方法进行处理，页面返回一个“hello”信息；修改 index() 方法代码，令其输出两个“hello”信息，保存时控制台会显示项目自动重启信息；浏览器再次访问 http://localhost:8080，控制台显示了两个“hello”信息。以上现象说明代码被成功编译、Spring Boot 项目被重构并进行了自动重启，可以确认热部署成功了，如图 1.29 所示。

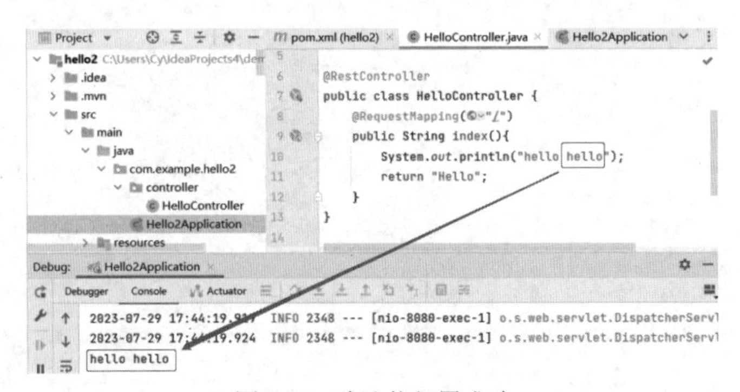

图 1.29　确认热部署成功

注意：如果 IDEA 热部署设置并没有立即生效，尝试关闭 IDEA 并重新启动它。

1.3　巩固练习

1.3.1　搭建 Spring Boot 项目开发的基础环境

开发 Spring Boot 项目前，先要搭建 Spring Boot 项目开发的基础环境。

实现步骤，提示如下。

（1）JDK 的下载与安装，配置 JAVA_HOME。

（2）IDEA 的下载与安装。

（3）MySQL 的下载与安装，配置 root 密码。

（4）Redis 的下载与安装，启动与关闭 Redis 服务。

（5）Postman 的下载与安装，测试是否可用。

1.3.2 创建一个热部署的 Spring Boot 项目

创建 Spring Initializr 项目，为项目设置热部署开发环境。

实现步骤，提示如下。

（1）创建 Spring Initializr 项目，注意勾选 Spring Web 和 Spring Boot DevTools 复选框。

（2）在 IDEA 环境中设置热部署：构建项目，允许重启应用。

（3）编写控制器类：在类上加 @RestController 注解；添加处理方法 welcome()，为方法加 @RequestMapping("/welcome") 注解，并返回“欢迎进入 Spring Boot 世界”信息。

（4）用 Debug 模式启动应用，浏览器访问 http://localhost:8080/welcome 进行测试。

（5）修改 welcome() 方法，返回“这是第一个热部署的 Spring Boot 项目”信息，刷新浏览器观察热部署是否成功。

第2章
Spring Boot 相关配置

为了实现高效的 Spring Boot 项目开发，Spring Boot 对配置进行了极大的简化。它集成了大量常用框架，通过自动配置的方式提供了开箱即用的功能。对于无法自动配置的框架，Spring Boot 还提供了统一的配置文件方式来进行配置，包括全局配置文件、自定义配置文件和多环境配置文件。

视频讲解

2.1 全局配置文件

在 src\main\resources 目录下存放全局配置文件，可对 Spring Boot 项目的默认参数值进行设置。全局配置文件名称默认情况下是固定的，即 application.yml、application.yaml 或 application.properties。对项目参数进行全局配置时使用其中的一个即可，当然也可以三个一起使用，项目启动时会顺序加载、互补配置。

.yml（或 .yaml）文件格式为树状结构，.properties 文件格式为键值对结构。相比而言，.yml 文件格式比 .properties 更简洁，当然两者也可等价转换。

提示：可使用 Toyaml 在线工具将 Properties 格式转换为 Yml 格式，如图 2.1 所示。

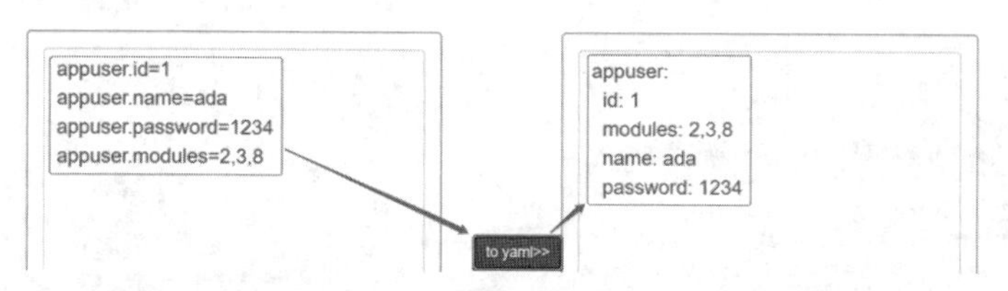

图 2.1　用在线工具将 Properties 格式转换为 Yml 格式

2.1.1 生成默认的全局配置文件

用 Spring Initializr 方式创建 Spring Boot 项目 demo，注意勾选 Spring

Web 复选框。在项目 src\main\resources 目录下将自动生成全局配置文件 application.properties，结果如图 2.2 所示。

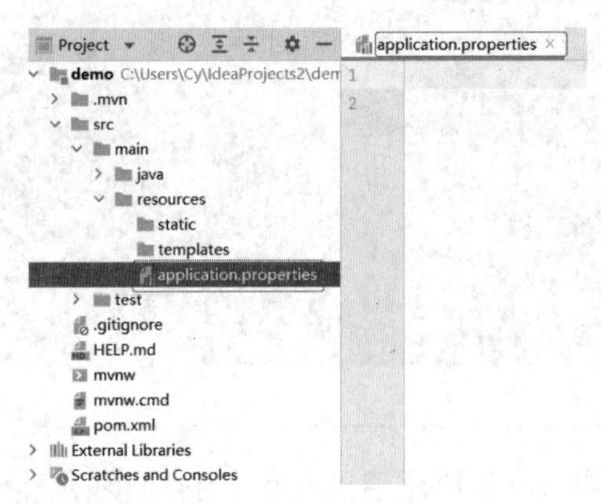

图 2.2　创建项目后自动生成全局配置文件 application.properties

2.1.2　全局配置文件中设置参数

Spring Boot 开发框架遵循"约定优于配置"的原则，虽然项目的全局配置文件 application.properties 默认是空的，却可以按照默认规则自动加载一些常见的项目配置。当然，开发者可以通过全局配置文件来修改默认配置值，如修改 Tomcat 服务器的端口号、MySQL 数据库的连接参数等。另外，还可以在全局配置文件中添加项目的自定义参数，如设置项目名称、版本号、统一日期格式等。

1. 修改项目默认配置值

通过全局配置文件可以修改默认的配置参数值，如 Tomcat 服务器端口号、MySQL 数据库连接参数、Redis 服务器连接参数等。

【例 2.1】将 Tomcat 默认端口号 8080 设置为 8888。

打开 src\main\resources 目录中的 application.properties 文件，添加如下内容。

```
server.port=8888
```

右击 DemoApplication，重启项目后，可在运行控制台看到内置 Tomcat 的启动端口号为 8888，说明修改默认配置值起效，如图 2.4 所示。

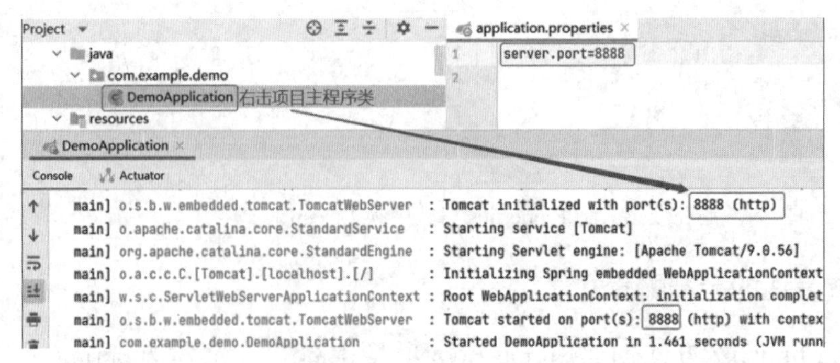

图 2.3　Tomcat 启动端口号为 8888 说明修改默认配置值起效

2. 添加项目自定义参数

通过全局配置文件可添加项目的自定义参数，如统一日期格式、应用的基础信息等。

【例 2.2】将全局配置文件中设置参数用 @Value 注解注入属性中。

将 src\main\resources 目录中的主配置文件 application.properties 内容做如下设置。

```
appuser.id=1
appuser.name=ada
appuser.password=1234
appuser.skills=C,C++,Java
```

对于配置文件中参数值的获取，可使用 @Value 注解或 @ConfiguProperties 注解读取，并将值绑定到属性上。此处选用 @Value 注解获取全局配置文件中的值。

编写 AppUser 类，在属性位置加上 @Value 注解。代码如下。

```
1. @Component                      // 将 AppUser 实例化并注入 Spring IoC 容器
2. public class AppUser {          // 注入默认名为 AppUser
3.     @Value("${appuser.id}")     //@Value 将配置文件中的参数值注入相应属性中
4.     int id;
5.     @Value("${appuser.name}")
6.     String name;
7.     @Value("${appuser.password}")
8.     String password;
9.     @Value("${appuser.skills}")
10.    List<String> skills;
11.    @Override
12.    public String toString() {     // 用于测试：显示输出属性值
13.         return "AppUser{" +
14.                 "id=" + id +  ", name='" + name + '\'' +
15.                 ", password='" + password + '\'' +  ", skills=" + skills +
16.                 '}';
17.     }
18.}
```

第 1 行，使用 @Component 注解对类做实例化处理，并注入 Spring IoC 容器中。注意，要将配置信息读出并绑定到对象属性上，必须先将类实例化并注入 Spring IoC 容器中。

第 3、4 行，使用 @Value 注解及参数 "${appuser.id}"，会读取配置文件中的 appuser.id 参数值，并注入 AppUser 对象的 id 属性中。第 5 ～ 10 行则是对不同类型参数值的读取。

第 5 ～ 8 行，使用 @Value 注解注入参数值到 String 类型属性中。

第 9、10 行，使用 @Value 注解注入参数值到 List 类型属性中。

第 11 ～ 17 行，重写 toString() 方法，用于观测对象属性中是否注入了配置文件的参数值。

接着编写测试类 DemoApplicationTests，观察 AppUser 是否成功注入属性值。代码如下。

```
@SpringBootTest
class DemoApplicationTests {
```

```
    @Autowired
    AppUser appUser;
    @Test
    void contextLoads() {
        System.out.println(appUser);
    }
}
```

右击测试类 DemoApplicationTests，选择 Debug 选项，以调试模式启动应用，可观察到 @Value 注解成功取得了各种类型的配置参数值。结果如下。

```
Appuser{id=1, name='ada ', password='1234', skills=[C, C++, Java]}
```

@ConfigurationProperties 注解用于自动配置绑定，可以将配置文件中的参数值批量注入对象属性上。

【例 2.3】用 @ConfigurationProperties 注解批量获取配置文件中的参数值。

可在 src\main\resources 目录下创建 Yaml 格式全局配置文件 application.yml。在文件中编写如下配置参数。

```
appuser:
  id: 1
  modules: 2,3,8
  name: ada
  password: 1234
```

注意：Yaml 的编写格式是树状结构的，其语法规定要求如下。

（1）在冒号后有一个空格“: ”。

（2）通过缩进代表层次。

（3）表示列表项（List）时，使用一个短横线加一个空格“- ”，例如：

```
user:
  name: ada
  roles:
    - guest
    - admin
```

重新编写 AppUser 类，注意加上 @ConfigurationProperties 注解和 setter() 方法，代码如下。

```
1.@Component
2.//@ConfigurationProperties 中 prefix 的作用：指定参数下所有参数自动注入同名属性
3.@ConfigurationProperties(prefix = "appuser")
4.public class AppUser {
5.    int id;
6.    String name;
7.    String password;
8.    List<String> modules;
9.    public void setId(int id) {
```

```
10.        this.id = id;
11.     }
12.     public void setName(String name) {
13.        this.name = name;
14.     }
15.     public void setPassword(String password) {
16.        this.password = password;
17.     }
18.     public void setModules(List<String> modules) {
19.        this.modules = modules;
20.     }
21.     @Override
22.     public String toString() {
23.        return "AppUser{" +
24.           "id=" + id + ", name='" + name + '\'' +
25.           ", password='" + password + '\'' +  ", modules=" + modules +
26.           '}';
27.     }
28.}
```

第 3 行，使用 @ConfigurationProperties(prefix = " 前缀 ") 注解后，无须对每个属性加 @Value 注解了。用 prefix 指定前缀后的 ConfigurationProperties 注解，可批量获取配置文件中前缀下所有参数，并注入类对象的同名属性中。本处使用 @ConfigurationProperties 注解指定 prefix = "appuser"，表示要获取配置文件中以 appuser 为前缀的参数。然后，将这些参数注入 AppUser 类的相应属性中（如 id、name、password 和 modules）。

编写测试类 DemoApplicationTests，代码同例 2.2 的测试类。右击测试类，选择 Debug 选项，再次测试，可发现 .yml 文件设置效果和使用 .properties 是一样的，输出结果如下。

```
AppUser{id=1, name='ada', password='1234', modules=[2, 3, 8]}
```

注意，AppUser 类中为每个属性加 setter() 方法的编写方式略显烦琐，在项目实际开发中，可使用 Lombok 依赖的 @Data 注解代替，@Data 注解的使用可参考 2.4 节。

2.2 自定义配置文件

对于自定义配置文件，需要用 @PropertySource 注解指定配置文件的位置，用 @Configuration 注解将实体类指定为自定义配置类。当然，将配置文件中参数值注入类对象属性中，还需用 @ConfigurationProperties 注解或 @Value 注解。

【例 2.4】 创建自定义配置文件，读取其参数值注入类属性中。

先用 Spring Initializr 方式创建 Spring Boot 项目，注意勾选 Spring Web 和 Lombok 复选框。

然后在 src\main\resources 目录中创建自定义配置文件 myapp.yml，并设置参数如下。

```
myuser:
  id: 2
```

```
    name: bob
```

编写 MyUser 类，通过注解将 myapp.yml 中参数值注入属性中，代码如下。

```
1.@Data            //自动生成 setter()、getter()、toString() 方法。
2.@Configuration //自定义配置类。会实例化类对象，并注册到 Spring IoC 容器中
3.@PropertySource("classpath:myapp.yml")      //@PropertySourc 指定自定义配置文件路径
4.//@EnableConfigurationProperties 开启配置属性，配合 @ConfigurationProperties 使用
5.@EnableConfigurationProperties(MyUser.class)
6.@ConfigurationProperties(prefix = "myuser")      //指定配置文件中注入属性名前缀
7.public class MyUser {
8.    @Value("${id}")    //将自定义配置文件 myapp.yml 中的 id 参数注入属性 id
9.    int id;
10.    @Value("${name}")
11.    String name;
12.}
```

第 1 行，@Data 注解为类中成员变量自动生成 Set() 和 Get() 方法。@Data 注解的具体使用可参考 2.4 节。

第 2 行，使用 @Configuration 标注 MyUser 为自定义配置类。此处的作用和 @Component 一样，将类实例化并注入 Spring IoC 容器中。

第 3 行，@PropertySource 用以指定自定义配置文件路径，不可或缺。

第 5 行，@EnableConfigurationProperties(MyUser.class) 用以开启配置，将配置文件参数注入指定类的属性中。该注解需和 @ConfigurationProperties 配合使用。

第 6 行，@ConfigurationProperties(prefix =" 前缀 ") 注解，前面表述过，用 prefix 指定前缀后，就可获取配置文件中该前缀下的参数。

第 8 ～ 11 行，用 @Value 注解获取配置文件中指定参数值并注入属性中。

改写测试类 DemoApplicationTests，用于观察 MyUser 对象是否成功注入属性中。代码如下。

```
1.@SpringBootTest
2.class DemoApplicationTests {
3.    @Autowired          //从 Spring IoC 容器中取出 myUser 对象，注入下方属性中
4.    MyUser myUser;    //默认命名应该用驼峰拼写法
5.    @Test
6.    void contextLoads() {
7.      System.out.println(myUser);
8.    }
9.    }
```

第 3 ～ 4 行，用 @Autowired 注解从 IoC 容器中取出标注的 MyUser 对象，并自动装配到 myUser 属性上。

第 5 ～ 6 行，用 @Test 注解告知单元测试框架 JUnit，将 contextLoads() 方法作为单元测试方法执行。

第 7 行，用输出 myUser 属性值来判断“获取配置文件中指定参数值”是否成功。从结果来看是成功的，如下所示。

```
MyUser(id=2, name=bob)
```

2.3　多环境配置文件

应用通常需要部署到不同的环境中运行，如开发环境、测试环境、生产环境等，此时的配置要求往往是不同的。为了解决这个问题，Spring Boot 框架提供了多环境配置方式。在不同的环境中启动应用时，可以根据特定的环境加载不同的配置文件，而不是使用默认的全局配置文件。

2.3.1　多环境配置文件编写与激活

可在 src\main\resources 目录下创建多个环境配置文件，文件名必须为 application-{profile}.properties 格式，当然文件后缀也可以用 .yml、.yaml。

【例 2.5】针对开发、测试和生产环境分别创建不同的配置文件。

在 src\main\resources 目录下创建分别针对开发、测试和生产环境的配置文件：application-dev.properties、application-tst.properties 和 application-prd.properties。再分别为配置文件设置参数，如下所示。

application-dev.properties 中设置参数为：

```
server.port=8080
```

application-tst.properties 中设置参数为：

```
server.port=8081
```

application-prd.properties 中设置参数为：

```
server.port=80
```

在全局配置文件 application.properties 中，通过设置 spring.profiles.active 属性来激活某个特定的多环境配置文件。这样，在启动应用程序时，Spring Boot 将加载与激活的配置文件相对应的配置。如果要激活“开发环境配置文件”，在 application.properties 中可做如下设置。

```
spring.profiles.active=dev
```

右击运行 Spring Boot 主程序，可在运行控制台看到 Tomcat 启动端口号为 80，这说明激活了“开发环境配置文件”，如图 2.4 所示。

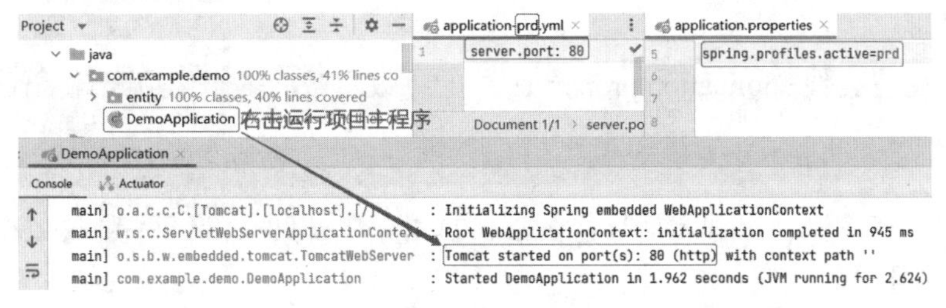

图 2.4　Tomcat 启动端口号为 80 说明激活了“开发环境配置文件”

在全局配置文件 application.properties 中，修改 spring.profiles.active 属性，代码如下。

```
spring.profiles.active=prd
```

再次运行，可看到 Tomcat 启动端口改为了 80，则说明激活了“生产环境配置文件”application-prd.properties。

2.3.2　用 @Profile 注解实现多环境配置

@Profile 注解的作用是：按照当前激活的环境配置，动态地加载、注册相应的 Bean 到 Spring IoC 容器中。

1. @Profile 注解标注“@Bean 方法”

将带有环境变量的 @Profile 注解放置在多个“@Bean 方法”前，应用启动后会激活特定“环境”，对应环境的“@Bean 方法”会执行返回 Bean 实例，并注册到 Spring IoC 容器中。

【例 2.6】用 @Profile 注解根据环境变量动态注册 Bean。

在例 2.5 项目基础上编写一个模拟数据库连接用的类 Connector。注意该类用 @Configuration 注解，因此会实例化注入 Spring IoC 容器中。在 Connector 中添加 3 个方法，分别模拟在开发、测试、生产环境下注册对应 Bean 实例。Connector 类具体代码如下。

```
@Configuration      // 实例化配置类，结合 @Bean 方法返回对象，注册到 Spring IoC 容器中
public class Connector {
    @Bean
    @Profile("dev") // 指定环境配置
    public Connector getDataSource_dev()  {
        System.out.println(" 获取开发环境数据库连接 ");
        return null;
    }
    @Bean
    @Profile("tst") // 指定环境配置
    public Connector getDataSource_tst(){
        System.out.println(" 获取测试环境数据库连接 ");
        return null;
    }
    @Bean
    @Profile("prd") // 指定环境配置
    public Connector getDataSource_prd(){
        System.out.println(" 获取产品环境数据库连接 ");
        return null;
    }
}
```

修改全局配置文件 application.properties 中的参数，激活生产环境配置，代码如下。

```
spring.profiles.active=prd
```

运行项目，在控制台出现激活环境配置信息“prd”和“获取产品环境数据库连接”内容，如图 2.5 所示。

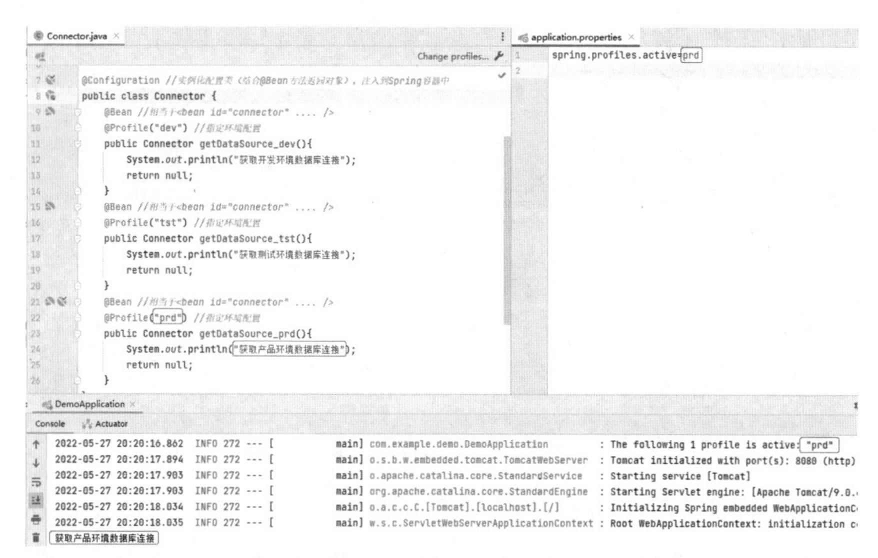

图 2.5　控制台出现激活环境配置信息“prd”和“获取产品环境数据库连接”内容

项目启动时读主配置文件 spring.profiles.active 的参数，激活了生产环境 prd；因此，会选用 @Profile(“prd”) 对应 getDataSource_prd() 方法返回实例对象。

此外，@Profile 注解可作用到类上，并通过其 value 属性指定环境配置。

2. @Profile 注解标注“类”

用 @Profile 注解标注“类”，并通过 value 属性指定环境配置，以创建出相应环境的类对象。

【例 2.7】用 @Profile 注解来分别指定不同环境下需要创建的类对象。

用 Spring Initailizr 方式创建项目后，先在全局配置文件中激活环境配置，即在 application.properties 中设置激活“prd”环境配置，代码如下。

```
spring.profiles.active=prd
```

接着编写接口类 DBConnector 和对应的实现类 DevConnnector、PrdConnnector。注意用 @Profile 注解分别对两个实现类指定环境配置 value="dev" 和 value="prd"，具体代码如下。

```
//DevConnnector.java
interface DBConnector{ }

//DevConnnector.java
@Component @Profile(value="dev")
class DevConnnector implements DBConnector {
   {System.out.println("dev Connector");}
}

//PrdConnnector.java
@Component @Profile(value="prd")
class PrdConnnector implements DBConnector {
   {System.out.println("prd Connector");}
}
```

运行项目后，在控制台出现了激活环境配置信息“prd”和实例化 Bean 过程中输出信息“prd Connector”，如图 2.6 所示。

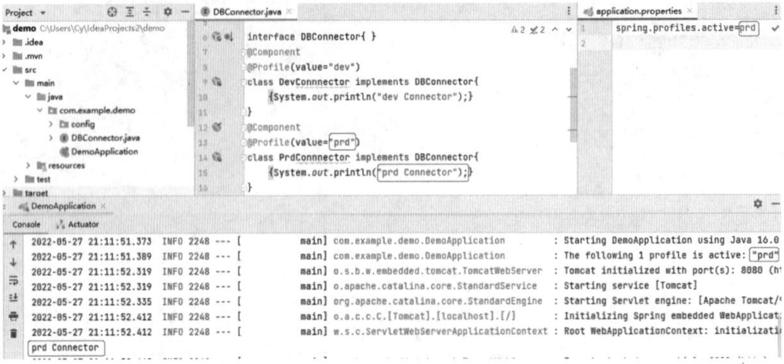

图 2.6　控制台出现激活环境配置信息“prd”和实例化 Bean 过程中输出信息“prd Connector”

主配置文件中激活了“prd”环境配置，所以对应 @Profile(vlue="prd") 的 ProdConnector 类被实例化注入了 Spring IoC 容器。

2.4　拓展知识

Lombok 是一个非常实用的 Java 库，其提供的一组注解，可以自动为 Java 类生成常见的方法、构造函数、getter() 和 setter() 方法、equals() 和 hashCode() 方法，甚至可以自动为类字段生成日志记录和线程安全等功能。通过在类上添加相应的注解，Lombok 会在编译期间根据注解信息自动生成相应的代码，从而消除 Java 类中的大量样板代码，提升开发的效率。

Lombok 常用注解如下。

（1）@Getter 注解，标注的属性将生成 getter() 方法。

（2）@Setter 注解，标注的属性将生成 setter() 方法。

（3）@ToString 注解，标注的类将生成 toString() 方法，属性值会被输出。

（4）@EqualsAndHashCode 注解，标注的类将生成 equals() 和 hashCode() 方法。

（5）@NoArgsConstructor 注解，标注的类将生成无参构造方法。

（6）@RequiredArgsConstructor 注解，标注的类将生成带参构造函数。

（7）@AllArgsConstructor 注解，标注的类将生成带参构造方法，且对所有属性值都初始化。

（8）@Data 注解，组合了 @ToString、@EqualsAndHashCode、@RequiredArgsConstructor、@Getter，以及非 final 字段的 @Setter 功能。

（9）@Builder 注解，标注类的实体可进行 Builder 方式初始化。用 @Builder 后，可用如下形式创建对象和设置其属性值。

```
Emp emp = Emp.builder().name("Ada").sex("F").build();
emp = emp.toBuilder().name("Ada").sex("F").build();
```

第 3 章
整合持久层框架 MyBatis

MyBatis 是一个开源的 Java 持久层框架，它提供了半自动的 ORM（Object Relational Mapping，对象关系映射）功能。开发者可以编写原生 SQL 来映射方法，执行方法就相当于执行了对应的 SQL 语句，方法返回的结果则可再映射到指定的 POJO（Plain Ordinary Java Object，普通 Java 对象）类型。MyBatis 这种处理方式实现了 SQL 语句与代码的分离，开发者可以更轻松地修改和维护 SQL 语句，而无须深入修改 Java 代码。

除了基本的 CRUD（Create 创建、Read 读取、Update 更新、Delete 删除）操作之外，MyBatis 还允许开发者根据数据库自身特点来灵活书写 SQL 语句，完成诸如模糊查询、查询分页和动态 SQL 等复杂的数据库操作功能。

在 Spring Boot 中整合 MyBatis 框架则非常简便，只需在项目的 pom.xml 文件中添加 MyBatis 的依赖启动器，并进行少量参数设置，即可完成整合。

视频讲解

3.1 Spring Boot 整合 MyBatis

在 IDEA 环境中，遵从如下步骤，就可实现在 Spring Boot 项目中整合和使用 MyBatis 框架。

3.1.1 构建项目时引入 MyBatis 相关依赖

在 IDEA 环境中，单击 File → New → Project 选项，选择 Spring Initializr 方式创建项目，输入项目名“demo-sp-mybatis”，单击 Next 按钮，如图 3.1 所示。

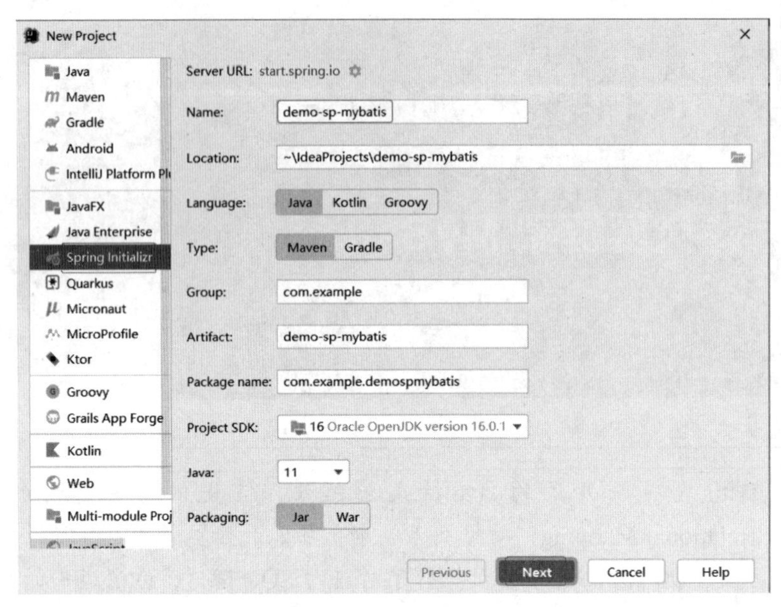

图 3.1　以 Spring Initializr 方式创建 Spring Boot 项目

接着勾选 Lombok、MySQL Driver、MyBatis Framework 和 Spring Web 依赖，单击 Finish 按钮，如图 3.2 所示。

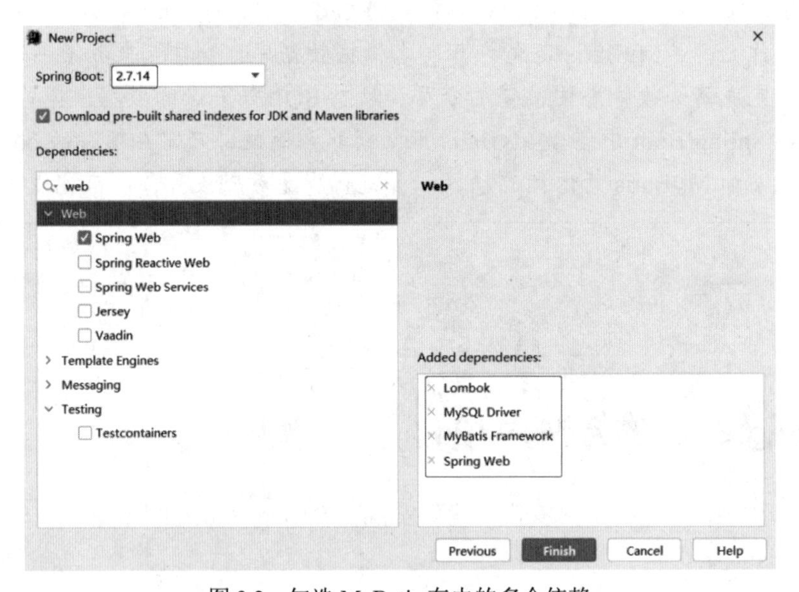

图 3.2　勾选 MyBatis 在内的多个依赖

其中，MyBatis Framework 是 Spring Boot 整合 MyBatis 的关键依赖；MySQL Driver 是用以访问 MySQL 数据库的驱动程序；Spring Web 为开发 Spring MVC 项目所必需；Lombok 是一个 Java 库，用以简化编写实体类代码。

以上操作后，在 pom.xml 文件的 <dependencies> 结点中，会加入对应的依赖。代码如下。

```
<dependencies>
```

```
        <dependency>
            <groupId>org.springframework.boot</groupId>
            <artifactId>spring-boot-starter-web</artifactId>
        </dependency>
        <dependency>
            <groupId>org.mybatis.spring.boot</groupId>
            <artifactId>mybatis-spring-boot-starter</artifactId>
            <version>2.3.1</version>
        </dependency>
        <dependency>
            <groupId>com.mysql</groupId>
            <artifactId>mysql-connector-j</artifactId>
            <scope>runtime</scope>
        </dependency>
        <dependency>
            <groupId>org.projectlombok</groupId>
            <artifactId>lombok</artifactId>
            <optional>true</optional>
        </dependency>
        <dependency>
            <groupId>org.springframework.boot</groupId>
            <artifactId>spring-boot-starter-test</artifactId>
            <scope>test</scope>
        </dependency>
        <dependency>
            <groupId>org.mybatis.spring.boot</groupId>
            <artifactId>mybatis-spring-boot-starter-test</artifactId>
            <version>2.3.1</version>
            <scope>test</scope>
        </dependency>
    </dependencies>
```

3.1.2　设置数据库连接参数

打开 src\main\resources 目录下的项目主配置文件 application.properties，在文件中设置连接数据库参数，此处用账号 root 和密码 1234 来连接本机上 MySQL 8 的示例数据库 Sakila，参数设置如下。

```
spring.datasource.url=jdbc:mysql://localhost:3306/sakila
spring.datasource.username=root
spring.datasource.password=1234
```

为了能在控制台显示 MyBatis 执行的 SQL 语句，可在 application.properties 中加入如下格式参数设置。

```
logging.level.mapper 所在包路径 =debug
mybatis.configuration.log-impl=org.apache.ibatis.logging.stdout.
StdOutImpl
```

本项目中，“mapper 所在包路径”实际为 com.example.demospmybatis.mapper，因此最

终的参数设置为

```
logging.level.com.example.demospmybatis.mapper=debug
mybatis.configuration.log-impl=org.apache.ibatis.logging.stdout.StdOutImpl
```

3.1.3　创建对应实体类

以 MySQL 8 示例数据库 Sakila 中的 actor 表为例，其表结构和数据如图 3.3 所示。

WHERE　　ORDER BY

	actor_id	first_name	last_name	last_update
46	46	PARKER	GOLDBERG	2006-02-15 04:34:3
47	47	JULIA	BARRYMORE	2006-02-15 04:34:3
48	48	FRANCES	DAY-LEWIS	2006-02-15 04:34:3
49	49	ANNE	CRONYN	2006-02-15 04:34:3
50	50	NATALIE	HOPKINS	2006-02-15 04:34:3
51	51	GARY	PHOENIX	2006-02-15 04:34:3

@localhost 1 of 6
sakila
tables 16
actor
columns 4
actor_id
first_name
last_name
last_update

图 3.3　actor 表的结构和数据

为便于 ORM 方式操作 actor 表数据，可创建相应的演员实体类 Actor，Actor 类的属性应与 actor 表结构中的列“一致”，代码如下。

```
1.package com.example.demospmybatis.entity;
2.import lombok.Data;
3.import java.util.Date;
4.@Data
5.public class Actor {
6.    Integer actorId;
7.    String firstName;
8.    String lastName;
9.    Date lastUpdate;
10.}
```

第 4 行，@Data 是 Lombok 注解，此处的主要作用是：为 Actor 类的成员变量自动添加 getter() 和 setter() 方法。

3.1.4　创建 MyBatis 的 Mapper 接口类

为实现对 actor 表数据的新增、编辑、删除、查询功能，可创建 MyBatis 接口类 ActorMapper，在接口类 ActorMapper 中定义对应的方法，并映射相应的 SQL 语句，核心代码如下。

```
1.@Mapper  //动态代理技术生成 Mapper 代理对象，并注册到 Spring IoC 容器中
2.public interface ActorMapper {
3.   @Insert("insert into actor(first_name,last_name) values(#{firstName},
#{lastName})")
4.   int insert(Actor actor);       //返回影响行数，即插入成功行数
5.   @Delete("delete from actor where actor_id=#{actorId}")
6.   int delete(Integer actorId);  //返回影响行数，即删除成功行数
7.   @Update("update actor set first_name=#{firstName},last_name=#{lastName} " +
8.           " where actor_id=#{actorId}")
9.   int update(Actor actor);       //返回影响行数，即修改成功行数
10.  @Select("select actor_id as actorId,first_name firstName,last_name,last_
update lastUpdate " +
```

```
11.            " from actor where actor_id=#{actorId}")
12.   Actor findById(Integer actorId);
13.  @Results( value = {      //value 是集合，内含多个 @Result 用于类属性名和 SQL
                              // 字段名映射
14.        @Result(property = "actorId", column = "actor_id", id = true),
                                                       //id = true 主键映射
15.         @Result(property = "firstName", column = "first_name"), // 非主键
                                                              // 映射
16.         @Result(property = "lastName", column = "last_name"),
17.   })
18.   @Select("select actor_id,first_name,last_name,last_update from actor " +
19.           " where actor_id=#{actorId}")
20.   Actor findById2(Integer actorId);
21.  @Select("select actor_id actorId,first_name firstName,last_name lastName, " +
22.           " last_update lastUpdate from actor")
23.   List<Actor> findAll();
24.}
```

第 1 行，@Mapper 注解用于标注 MyBatis 的映射器接口（Mapper Interface）。此处作用是通过使用动态代理技术，为 MyBatis 接口类 ActorMapper 生成 Mapper 代理对象，并将其注册到 Spring IoC 容器中。

第 3 ～ 23 行，分别声明了与新增、编辑、删除、查询相关的 6 个 Mapper 接口方法，以及对应的 SQL 语句。Mapper 接口方法编写的一般规则是：新增功能方法使用 @Insert 注解映射 Insert SQL 语句；编辑功能方法使用 @Update 注解映射 Update SQL 语句；删除功能方法使用 @Delete 注解映射 Delete SQL 语句；查询功能方法使用 @Select 注解映射 Select SQL 语句。在 SQL 中出现的 #{ } 占位符实际上会替换为问号，然后调用 JDBC 中 PreparedStatement 的 set() 方法来赋值；#{ } 中可以是参数变量名，也可以是参数对象的属性名，最终替换为相应的变量值和属性值。使用 #{ } 占位符可以提高代码的安全性和可读性，同时也能够减少编写 SQL 语句的拼接代码需求。

第 10 ～ 12 行，当查询返回字段名与类属性名不一致时，将产生无法映射属性值的问题。对此可提供与属性同名的别名来解决，如 Actor 类中有 actorId 属性，没有 actor_id 属性，可在查询中设置 select actor_id as actorId …的写法（当然 as 关键字可省略）。

第 13 ～ 20 行，当查询返回字段名与类属性名不一致，无法映射属性值时，也可以用 @Result 注解实现 SQL 字段名与类属性名的映射。@Results 注解中的 value 参数是集合，内含多个 @Result 注解。@Result 注解用于实现 SQL 字段名与类属性名的映射，如 @Result(property=" 属性名 ", column="SQL 字段名 ") 实现普通字段与属性的映射；又如 @Result(property=" 属性名 ", column="SQL 字段名 ", id=true)，注意此处多了 id=true 属性，用于实现主键字段与属性的映射。

3.1.5　编写单元测试类

创建单元测试类 ActorMapperTest，对 MyBatis 接口类 ActorMapper 中声明的新增、编辑、删除、查询各功能进行测试。步骤如下。

鼠标移至 ActorMapper 接口名之上，右击，在弹出框中单击 More actions 链接，如图 3.4

所示。再单击 Create Test 选项，如图 3.5 所示。

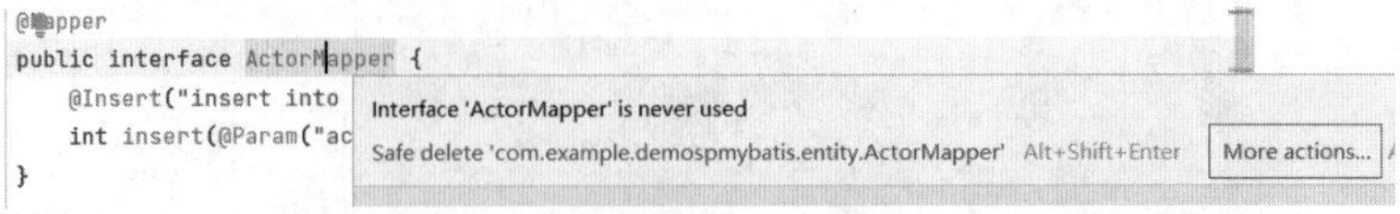

```
@Mapper
public interface ActorMapper {
    @Insert("insert into
    int insert(@Param("ac
}
```

Interface 'ActorMapper' is never used
Safe delete 'com.example.demospmybatis.entity.ActorMapper' Alt+Shift+Enter More actions...

图 3.4　右击 ActorMapper 接口名后单击 More actions 链接

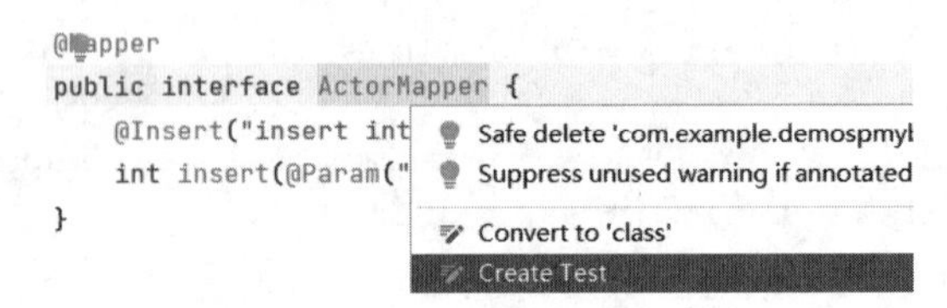

图 3.5　单击 Create Test 选项

单元测试类需要继承主程序测试类，所以接着选择继承 DemoSpMybatisApplication Tests 这一主程序测试类，如图 3.6 所示。

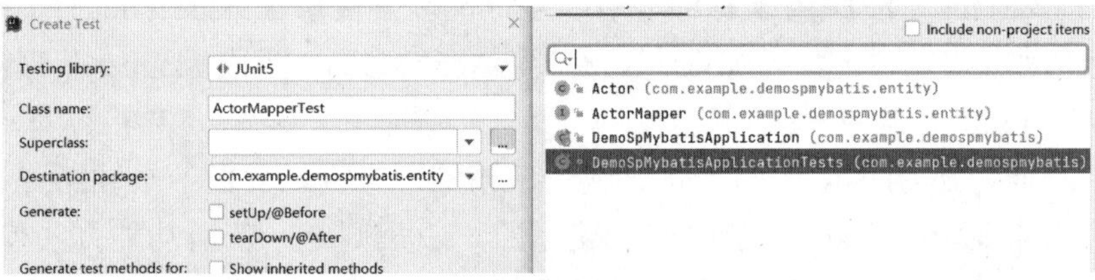

Create Test
Testing library: JUnit5
Class name: ActorMapperTest
Superclass:
Destination package: com.example.demospmybatis.entity
Generate: setUp/@Before
tearDown/@After
Generate test methods for: Show inherited methods

Include non-project items
Actor (com.example.demospmybatis.entity)
ActorMapper (com.example.demospmybatis.entity)
DemoSpMybatisApplication (com.example.demospmybatis)
DemoSpMybatisApplicationTests (com.example.demospmybatis)

图 3.6　选择继承主程序测试类

然后勾选要测试的 6 个方法，如图 3.7 所示。

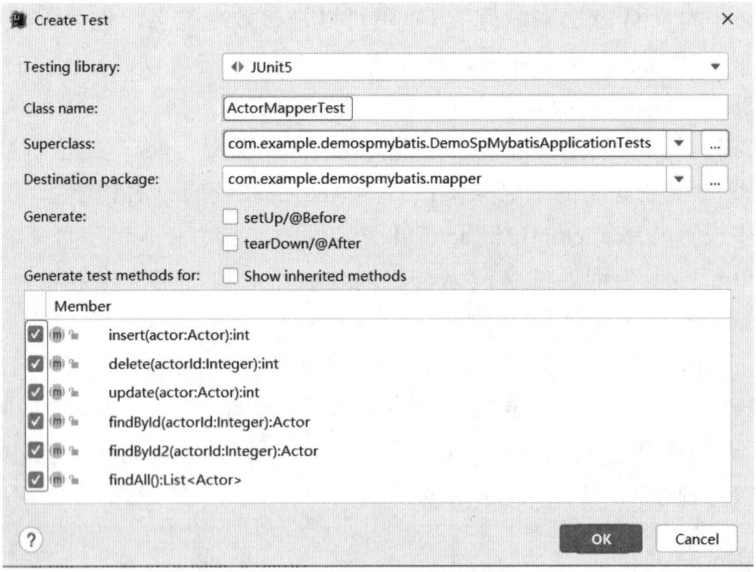

Create Test
Testing library: JUnit5
Class name: ActorMapperTest
Superclass: com.example.demospmybatis.DemoSpMybatisApplicationTests
Destination package: com.example.demospmybatis.mapper
Generate: setUp/@Before
tearDown/@After
Generate test methods for: Show inherited methods
Member
insert(actor:Actor):int
delete(actorId:Integer):int
update(actor:Actor):int
findById(actorId:Integer):Actor
findById2(actorId:Integer):Actor
findAll():List<Actor>
OK　Cancel

图 3.7　勾选要测试的 6 个方法

注意需将主程序测试类 DemoSpMybatisApplicationTests 的访问修饰符修改为 public，否则跨包继承会报错。

接着为 ActorMapperTest 类编写完整的测试功能，核心代码如下。

```
1.class ActorMapperTest extends DemoSpMybatisApplicationTests { //父类设置
                                                                //public
2.        @Autowired
3.        ActorMapper actorMapper;
4.        @Test
5.        void insert() {
6.            Actor actor =new Actor();
7.            actor.setFirstName("Adams");   actor.setLastName("Bobie");
8.            actorMapper.insert(actor);
9.      }
10.     @Test
11.     void update() {
12.         Actor actor = new Actor();
13.         actor.setActorId(201);       actor.setFirstName("Ali");
14.         actor.setLastName("Billy");  actor.setLastUpdate(new Date());
15.         actorMapper.update(actor);
16.     }
17.     @Test
18.     void findById() {
19.         Actor actor = actorMapper.findById(201);
20.         System.out.println(actor);
21.     }
22.     @Test
23.     void findById2() {
24.         Actor actor = actorMapper.findById2(201);
25.         System.out.println(actor);
26.     }
27.     @Test
28.     void delete() {
29.         actorMapper.delete(201);
30.     }
31.     @Test
32.     void findAll() {
33.         List<Actor> actors=actorMapper.findAll();
34.         for (Actor actor : actors) {
35.             System.out.println(actor);
36.         }
37.     }
38.}
```

第 1 行，通过继承项目的主程序测试类 DemoSpMybatisApplicationTests（该类在项目创建时自动生成，且带有 @SpringBootTest 注解），使 ActorMapperTest 成为一个测试类。

第 2 ～ 3 行，@Autowired 注解会从 IoC 容器取出标注的 ActorMapper 对象，并自动装配到 actorMapper 属性上。

第 4 ～ 37 行，在 6 个方法上添加了 @Test 注解，告知单元测试框架 JUnit 将这些方法作为单元测试方法执行。

3.1.6 测试 MyBatis 集成

右击测试类 ActorMapperTest 中的 insert() 方法，选择 Run 命令，新增功能方法测试通过，如图 3.8 所示。

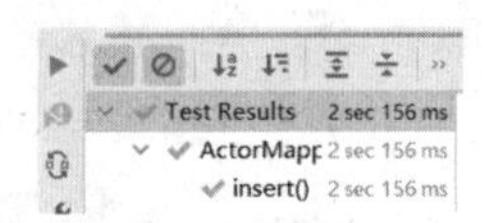

图 3.8 新增功能方法 insert() 测试通过

此时，查看数据库 actor 表，发现在表中新增了一行，如图 3.9 所示。

	actor_id	first_name	last_name	last_update
199	199	JULIA	FAWCETT	2006-02-15 04:34:
200	200	THORA	TEMPLE	2006-02-15 04:34:
201	201	Adams	Bobie	2022-02-24 23:17:

图 3.9 actor 表中新增了一行

右击测试类 ActorMapperTest 中的 update() 方法，选择 Run 命令，编辑功能方法测试通过。查看数据库 actor 表，actor_id 值为 201 的行数据发生了改变，如图 3.10 所示。

	actor_id	first_name	last_name	last_update
199	199	JULIA	FAWCETT	2006-02-15 04:34:33
200	200	THORA	TEMPLE	2006-02-15 04:34:33
201	201	Ali	Billy	2022-02-24 23:19:39

图 3.10 编辑功能方法 update() 测试后 actor 表相应行数据发生了改变

右击测试类 ActorMapperTest 中的 findById() 方法，选择 Run 命令，通过 id 值查询 Actor 对象的方法测试通过。查看控制台显示结果，发现查询字段名与对象属性名不一致时，无法正常赋值，因此 lastName 属性值显示为 null，如图 3.11 所示。

字段名与属性名不一致时值为null

```
2022-02-25 23:13:06.041  INFO 8772 --- [           main] c.e.d.mapper.ActorMapperTest
2022-02-25 23:13:06.571  INFO 8772 --- [           main] com.zaxxer.hikari.HikariDataSource
2022-02-25 23:13:07.041  INFO 8772 --- [           main] com.zaxxer.hikari.HikariDataSource
Actor(actorId=201, firstName=Ali, lastName=null, lastUpdate=Thu Feb 24 23:19:39 CST 2022)
2022-02-25 23:13:07.119  INFO 8772 --- [ionShutdownHook] com.zaxxer.hikari.HikariDataSource
2022-02-25 23:13:07.119  INFO 8772 --- [ionShutdownHook] com.zaxxer.hikari.HikariDataSource
```

图 3.11 查询字段名与对象属性名不一致时无法正常赋值

右击测试类 ActorMapperTest 中的 findById2() 方法，选择 Run 命令，方法测试通过。查看控制台显示结果，其效果和 findById() 相同。

右击测试类 ActorMapperTest 中的 delete() 方法，选择 Run 命令，删除功能方法测试通过。查看数据库 actor 表，actor_id 值为 201 的行数据被删除了，如图 3.12 所示。

	actor_id	first_name	last_name	last_update
198	198	MARY	KEITEL	2006-02-15 04:34:33
199	199	JULIA	FAWCETT	2006-02-15 04:34:33
200	200	THORA	TEMPLE	2006-02-15 04:34:33

图 3.12 actor_id 值为 201 的行数据被删除

右击测试类 ActorMapperTest 中的 findAll() 方法，选择 Run 命令，查询所有 Actor 对象的方法测试通过。查看控制台显示结果，获取了 actor 表所有的数据行，如图 3.13 所示。

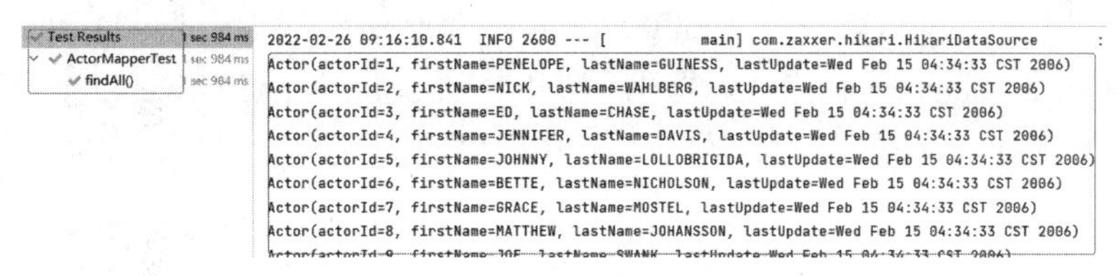

图 3.13　获取 actor 表中所有数据行

通过以上简单案例操作过程，应该学会了如何在 Spring Boot 项目中整合 MyBatis，并利用 MyBatis 框架实现单表的新增、编辑、删除和查询操作。

对于其他常用的 MyBatis 开发技术，也值得进一步示例化讲解，以便在 Spring Boot 项目实践中参考使用。

3.1.7　主键增量值和开启驼峰功能

另外，补充两个集成 MyBatis 后 Spring Boot 项目中常用的基础功能。

（1）获取主键增量值。

如果数据库中的主键 id 被设置为自动增长（如使用 AUTO_INCREMENT），并且希望在插入数据后获取自动生成的 id 值，则可以使用 MyBatis 的 @Options 注解。代码如下。

```
    @Insert("insert into actor(first_name,last_name) values(#{firstName},#{lastName})")
    @Options(useGeneratedKeys=true,keyProperty="actorId")
    int insert(@Param("actor") Actor actor);
```

（2）开启驼峰功能。

为了自动将数据库表字段的命名方式（使用下画线连接单词，如 first_name）转换为 Java 标识符的驼峰命名方式（使用首字母大写拼接单词，如 firstName），以避免编写大量的 @Result 注解来映射列和属性的代码，可以在主配置文件 application.properties 中添加配置项以启用驼峰功能。代码如下。

```
    mybatis.configuration.map-underscore-to-camel-case=true
```

3.2　MyBatis 复杂关系映射开发

在 3.1 节的入门案例中，使用 MyBatis 实现了 Spring Boot 项目环境中对单表的映射操作。在实际使用中，MyBatis 通常用于复杂关系映射开发。本章将从搭建环境开始，以案例形式，对 MyBatis 复杂关系映射开发进行详细讲解。

3.2.1　项目环境搭建

1. 创建 MyBatis 依赖的项目

在 IDEA 环境中，用 Spring Initializr 方式构建 Spring Boot 项目 demo-sp-mybatis，注意

勾选 Lombok、MySQL Driver、MyBatis Framework、Spring Web 四个相关依赖。

2. 设计数据库和表结构

在 IDEA 环境中，单击 View → Tool Windows → Database 选项，打开 Database 窗口，单击"+"号按钮→ Data Source → MySQL 选项，打开 Data Sources and Drivers 对话框，输入 User 和 Password 参数（如 root 和 1234），单击 OK 按钮以连接 MySQL 数据源，如图 3.14 所示。

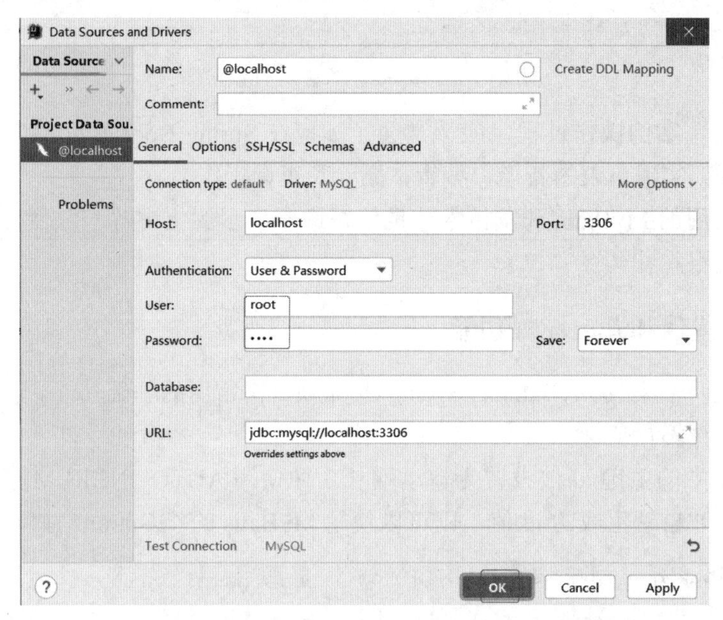

图 3.14　输入 User 和 Password 连接 MySQL 数据源

在 Database 窗口中，单击 @localhost → New → Schema 选项，打开用于创建数据库的 Create 窗口，如图 3.15 所示。

图 3.15　打开用于创建数据库的 Create 窗口

在 Create 窗口中输入数据库的 Name 和 Collation 参数（如 empdb 和 utf8mb4_bin），单击 OK 按钮，创建 empdb 数据库，如图 3.16 所示。其中，Collation 参数用于设置数据库字符集，建议使用 utf8mb4_bin 字符集，以支持 UTF-8 补充字符且区分大小写。

图 3.16　创建支持 utf8mb4_bin 字符集的数据库 empdb

在 Database 窗口中会多出新建数据库 empdb 的入口。右击 empdb 选择 New → Table 选项，打开 Create New Table 对话框，如图 3.17 所示。

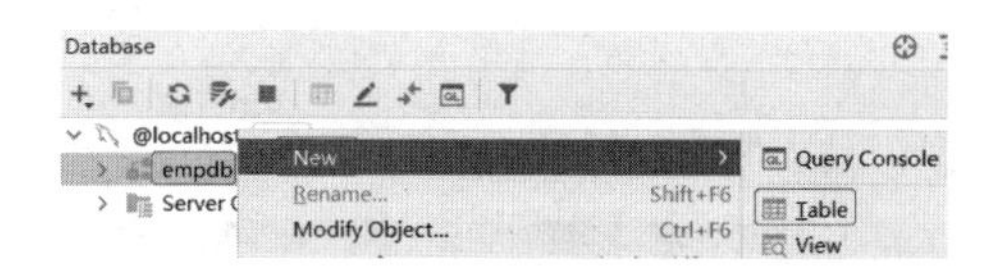

图 3.17　打开 Create New Table 对话框

在 Create New Table 对话框中创建部门表 dept。Table 处输入表名“dept”，Columns 处输入两个列：int 类型的 id、nvarchar(60) 类型的 name，如图 3.18 所示。

注意：其中，id 为主键且为自动增量，所以需要勾选 Auto inc 和 Primary key 两个选项。

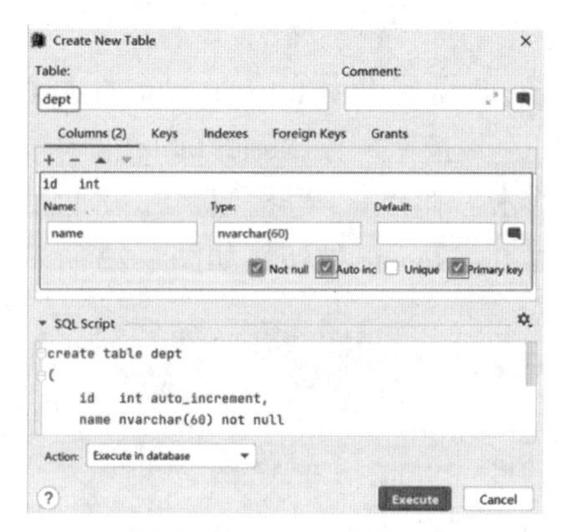

图 3.18　创建部门表 dept 并设置 id 和 name 字段

接着为新建的部门表 dept 添加测试数据。右击 tables 下的 dept，选择 Edit Data 选项，如图 3.19 所示。

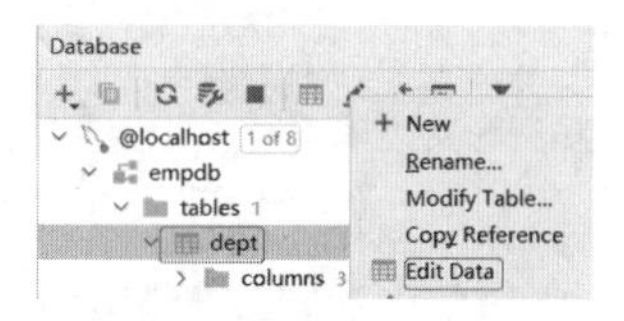

图 3.19　编辑 dept 表数据

在打开的表数据编辑窗体中添加两条部门数据：研发部、生产部，然后单击“向上箭头”按钮做数据提交操作，如图 3.20 所示。

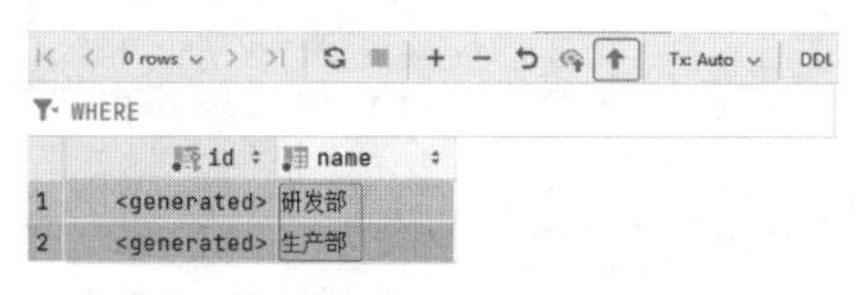

图 3.20　添加部门数据并提交

按照类似操作，创建员工表 emp，并添加一些用于测试的员工记录，如下。

创建员工表 emp，添加 6 个字段：int 类型的 id、nvarchar(60) 类型的 name、nchar(1) 类型的 sex、date 类型的 birth、nvarchar(20) 类型的 tel、int 类型的 dept_id 等，如图 3.21 所示。

注意：其中，id 为主键且为自动增量，所以需要勾选 Auto inc 和 Primary key 两个选项。

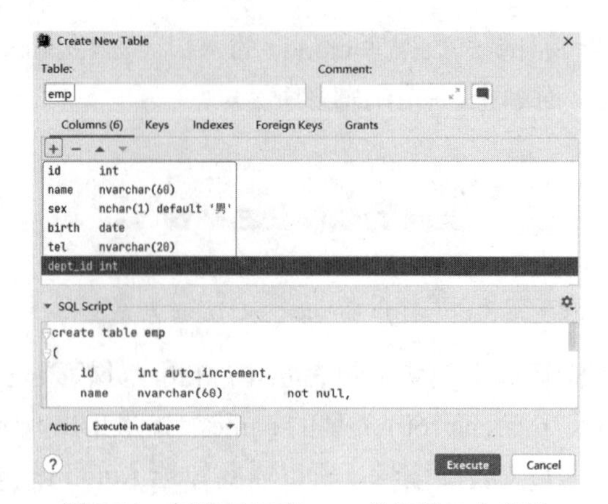

图 3.21　创建员工表 emp 并设置 6 个字段

另外，员工表 emp 中 dept_id 需要引用部门表 dept 的主键 id，对此设置外键处理：单击 Foreign keys，单击左侧"+"号按钮，在 Target table 框中输入"dept"，设置 Update rule 和 Delete rule 值为 restrict，单击右侧"+"号按钮，From 框中输入外键"dept_id"，To 框中输入引用主键"id"，最后单击 Execute 按钮，如图 3.22 所示。

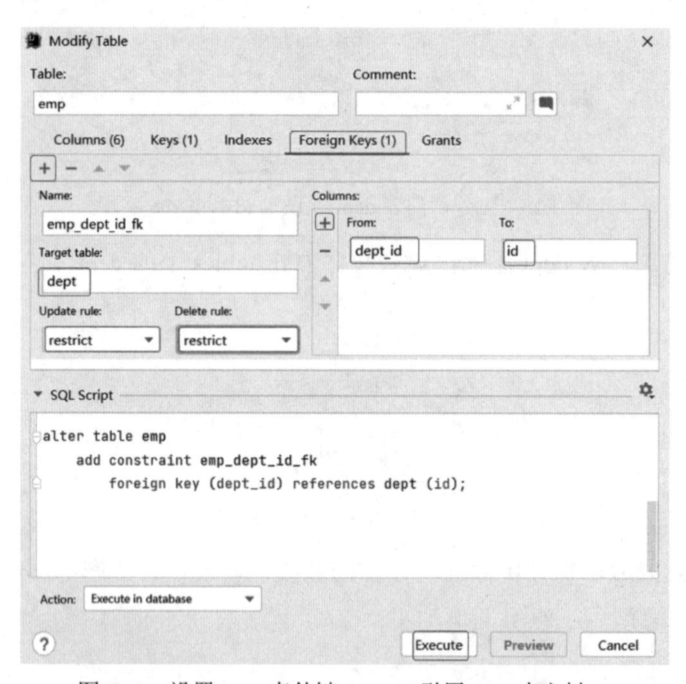

图 3.22　设置 emp 表外键 dept_id 引用 dept 表主键 id

为 emp 表添加 4 条员工数据，然后单击"向上箭头"按钮做数据提交操作，如图 3.23 所示。

	id	name	sex	birth	tel	dept_id
1	1	楚俊文	男	1997-04-25	13801830695	1
2	2	曹燕英	女	1998-03-09	13651929726	2
3	3	秦宇	男	1999-05-29	13902378920	2
4	4	张新闻	女	1982-07-02	13789239023	2

图 3.23　添加员工数据并提交

以上创建数据库、表和插入测试数据任务，也可使用组合键 Ctrl+Shift+F10 打开 SQL Console 窗口，在窗口中直接执行 SQL 语句来完成。相应的 SQL 语句如下。

```
create database empdb collate utf8mb4_bin;
use empdb;
create table dept(
    id int auto_increment primary key,
    name nvarchar(60) not null
);
insert into dept(name) values('研发部'),('生产部');
create table emp(
    id int auto_increment primary key,
    name nvarchar(60) not null,
    sex nchar(1) default '男',
    birth date,
    tel nvarchar(20),
    dept_id int references dept(id)
);
insert into emp(name,sex,birth,tel,dept_id)
values('楚俊文','男','1997-04-25','13801830695',1),
      ('曹燕莺','女','1998-03-09','13651929726',2),
      ('秦宇','男','1999-05-29','13902378920',2),
      ('张新闻','女','1982-07-02','13789239023',2);
```

3. 配置项目参数

打开位于 src\main\resources 目录中的项目主配置文件 application.properties，设置参数以连接到新的数据库 empdb，同时确保能在控制台显示 MyBatis 执行的 SQL 语句。代码如下。

```
spring.datasource.url=jdbc:mysql://localhost:3306/empdb
spring.datasource.username=root
spring.datasource.password=1234
logging.level.com.example.demospmybatis.mapper=debug
mybatis.configuration.log-impl=org.apache.ibatis.logging.stdout.StdOutImpl
```

注意：MyBatis 映射接口定义在项目的 com.example.demospmybatis.mapper 包中。

4. 创建 Java 包

为了方便查找和管理类代码，在项目目录 src\main\java 下创建两个 Java 包，分别命名为 entity 和 mapper。其中，entity 包用于存放实体类，mapper 包用于存放持久层 Mapper 接口，如图 3.34 所示。

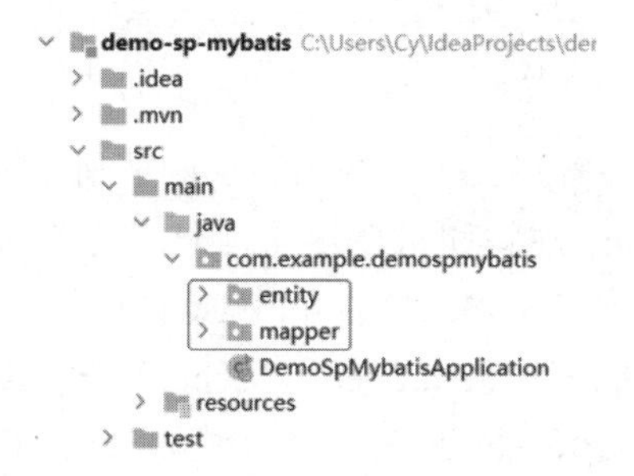

图 3.24　创建 Java 包 entity 和 mapper

3.2.2 MyBatis 复杂关系映射简介

在 MyBatis 中，可通过 @One 注解和 @Many 注解处理复杂关系映射。@One 注解映射“对一”关系，@Many 注解映射“对多”关系。

“多对一”表示多个实体对象对应一个实体对象的关系，如多个员工对应一个部门。在这种情况下，可以在员工实体类中添加一个部门对象属性，并在对应的 Mapper 接口中使用 @One 注解来定义“对一”关联配置，以关联查询来获取员工和部门的信息。

“一对多”表示一个实体对象对应多个实体对象的关系，如一个部门对应多个员工。在这种情况下，可以在部门实体类中添加一个员工列表属性，并在对应的 Mapper 接口中使用 @Many 注解来定义“对多”关联配置，以关联查询来获取部门和员工列表的信息。

1. @One 处理“对一”的关系

@One 注解处理“对一”的关系，通过指定查询返回“单个对象值”。

@One 注解中常用属性如下。

（1）select 属性用于指定关联对象的查询语句，以获取单个对象值。

（2）fetchType 属性用于指定关联对象的加载策略。如值 FetchType.EAGER 为立即加载（查询主对象时同时加载关联对象），值 FetchType.LAZY 为延迟加载（访问关联对象属性时才进行关联对象的加载），FetchType.DEFAULT 为默认加载（由 MyBatis 配置文件中的全局设置决定，通常情况下其值为延迟加载）。

在 @Result 注解中，@One 注解的使用格式为

```
@Result(column=" 列名 ", property=" 列映射到对象内单值属性的名称 ",
        one=@One( select=" 查询语句 ", fetchType= 关联对象的加载策略 )
)
```

【例 3.1】查询员工及其所属的部门。

为了实现员工到部门的“对一”映射规则，在 Mapper 接口类 EmpMapper 中编写如下核心代码。

```
1.@Results(value = {         // 用 @One 的 select 将列 dept_id 值映射为属性 dept 值
2.    @Result(property="dept", column="dept_id",
3.    one = @One(select = "com.example.demospmybatis.mapper.DeptMapper.findById",
4.            fetchType= FetchType.EAGER)   // 立即加载，默认为延迟加载 LAZY
5.    )
6.})
7.@Select("select id,name,sex,birth,tel,dept_id from emp where id=#{id}")
8.Emp findById(Integer id);
```

第 1 行，使用 @Results 注解定义了一组结果映射规则，将查询结果映射为对象。

第 2 ～ 4 行，使用 @Result 注解和 @One 注解来定义“对一”关联的配置。

其中，column="dept_id" 代表 @Select 注解中 SQL 执行返回的 dept_id 列值，将作为参数传递给 select 属性指定方法来处理；property="dept" 代表 select 属性指定方法返回结果会赋值给对象的 dept 属性。此处 select 属性指定方法为 DeptMapper.findById()，会返回一个

部门对象。此处 fetchType 属性指示加载策略为立即加载（EAGER），即在查询员工时立即加载部门信息。

第 7 ～ 8 行，使用 MyBatis 注解实现查询：根据传入的员工 id 参数值，查询 emp 表中的数据，并将查询结果数据映射为 Emp 对象。其中，第 7 行，使用 @Select 注解定义了查询员工信息的 SQL 语句。SQL 中的 #{id} 是占位符，表示根据传入的 id 参数进行查询。第 8 行，定义了一个名为 findById 的方法，调用该方法时会执行 @Select 注解定义的 SQL，从而返回员工查询结果。

为了更加清晰地理解以上 @One 注解示例，可使用流程图来描述，如图 3.25 所示。

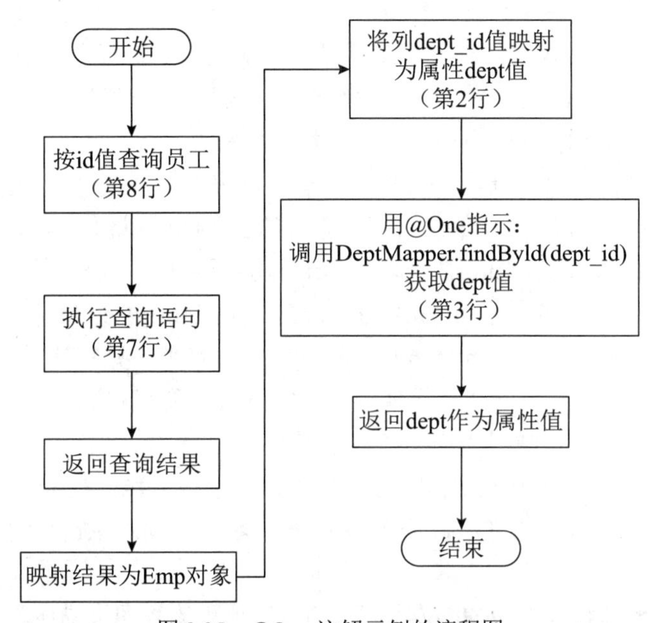

图 3.25　@One 注解示例的流程图

注意：MyBatis“对一”关系映射更为具体的实现和测试过程，可参考例 3.3。

2. @Many 处理“对多”的关系

@Many 注解处理“对多”的关系，通过指定查询返回“集合对象值”。

@Many 注解中常用属性如下。

（1）select 属性用于指定关联对象的查询语句，以获取集合对象值。

（2）fetchType 属性用于指定关联对象的加载策略。其取值和作用与 @One 注解中的 fetchType 属性相同。

在 @Result 注解中，@Many 注解的使用格式为

```
@Result(column="列名", property="列映射到对象内集合属性的名称",
        many=@Many( select="查询语句", fetchType=关联对象的加载策略 )
)
```

【例 3.2】查询部门及其所属的员工列表。

为了实现部门到员工的“对多”映射规则，在 Mapper 接口类 DeptMapper 中编写如下核心代码。

```
1.@Results(value={        //用@Many的select()方法将列id值映射为属性emps值
2.    @Result(property="id", column="id", id=true), //主键映射
3.   @Result(property="emps",column="id",//用@Many的select将列id值映射为属
                                          //性emps值
4.            many=@Many( // EmpMapper.findByDeptId(id)方法获取emps这个many值
5.                  select="com.example.demospmybatis.mapper.EmpMapper.findBy
DeptId")
6.            )
7.})
8.@Select("select id,name from dept where id=#{id}")
9.Dept findById(Integer id);
```

第 1 行，使用 @Results 注解定义了一组结果映射规则，将查询结果映射为对象。

第 2 行，使用 @Result 注解定义了一个结果映射规则，将查询结果中的 id 列值映射到对象的 id 属性上，同时通过 id=true 指定该属性为主键。

第 3 ～ 7 行，使用 @Result 注解和 @Many 注解来定义"对多"关联的配置。其中，column="id" 代表 @Select 注解中 SQL 执行返回的 id 列值，将作为参数传递给 select 属性指定方法来处理；property="emps" 代表 select 属性指定方法的返回结果会赋值给对象的 emps 属性。@Many 属性 select 指定方法为 EmpMapper.findByDeptId()，会返回所在部门的员工列表。注意，这里没有指定 @Many 的 fetchType 属性值，则默认采用延迟加载策略。

第 8 ～ 9 行，使用 MyBatis 注解实现查询：根据传入的部门 id 参数值，查询 dept 表中的数据，并将查询结果数据映射为 Dept 对象。其中，第 8 行使用 @Select 注解定义了查询部门信息的 SQL 语句，SQL 中的 #{id} 是占位符，表示根据传入的 id 参数进行查询。第 9 行定义了一个名为 findById 的方法，调用该方法时会执行 @Select 注解定义的 SQL，从而返回部门查询结果。

为了更加清晰地理解以上 @Many 注解示例，可使用流程图来描述，如图 3.26 所示。

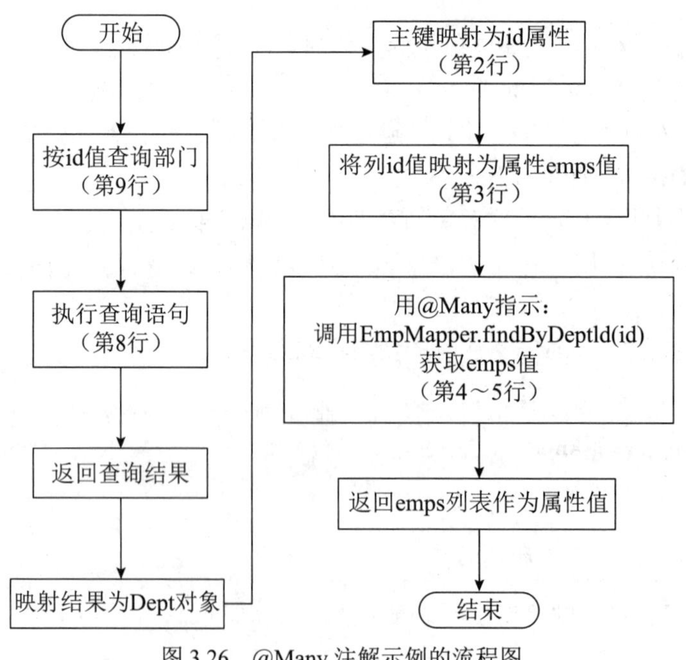

图 3.26 @Many 注解示例的流程图

注意： MyBatis“对多”关系映射更为具体的实现和测试过程，可参考例 3.4。

3.2.3 数据表间“多对一”关系映射实践

对 MyBatis 来说，数据表（或实体）间的“多对一”关系关注的是“对一”关系映射处理。接下来，在项目环境搭建基础上（参考 3.2.1 节），通过一个完整的 Spring Boot 项目示例来实践 MyBatis“对一”关系映射的实践用法。

【例 3.3】获取员工及其所属部门信息。

在 empdb 数据库中，emp 表和 dept 表之间存在“多对一”关系，即“一个员工所属一个部门，一个部门有多个员工”。对于 MyBatis，关注的是“对一”关系，即“所属一个部门”。为了实现这个关系，在员工类中应该添加一个部门属性。

用 MyBatis 的 @One 注解实现“加载员工信息时加载员工所属部门信息”功能。具体步骤如下。

1. 编写实体类

编写实体类 Dept 和 Emp，注意在 Emp 类中需设置 Dept 属性 dept。具体操作如下。

创建实体包 com.example.demospmybatis.entity，在该实体包中创建部门实体类 Dept，其属性应与 dept 表结构的字段一致。代码如下。

```
@Data   //自动添加 toString()，setter() 和 getter() 方法
public class Dept {
    Integer id;
    String name;
}
```

在实体包中继续创建员工实体类 Emp，其属性应与 emp 表结构的字段一致。但注意，要将外键 dept_id 替换为部门类属性 dept，体现 MyBatis 的“对一”映射特征。代码如下。

```
@Data //自动添加 toString()，setter() 和 getter() 方法
public class Emp {
   Integer id;
   String name;
   String sex;
   Date birth;
   String tel;
   Dept dept;   //用类属性 dept 替换外键 dept_id，是体现“对一”映射的关键
}
```

2. 编写持久层 Mapper 接口

为实现“对一”映射，编写接口类 DeptMapper，在其内声明获取部门用的方法 Dept findById(Integer id)；另外创建 Mapper 接口 EmpMapper，在该接口中声明获取员工用的方法 Emp findById(Integer id)，此外，通过 @One 注解指定 DeptMapper.findById() 方法来获得员工所在部门。

具体操作如下。

先创建映射包 com.example.demospmybatis.mapper，然后在其内编写两个 Mapper 接口。

1）DeptMapper 接口

在映射包中创建 DeptMapper 接口，代码如下。

```
@Mapper
public interface DeptMapper {
    @Select("select id,name from dept where id=#{id}")
    Dept findById(Integer id);
}
```

在 DeptMapper 中声明了通过 id 值返回部门对象的方法 findById()，以及对应的 Select SQL 语句。

2）EmpMapper 接口

在映射包中创建 EmpMapper 接口，代码如下。

```
@Mapper
public interface EmpMapper {
    @Results(value = {    //通过@One的select方法，将列dept_id值得到属性dept值
        @Result(property = "dept",column = "dept_id",
          one = @One( select
                  = "com.example.demospmybatis.mapper.DeptMapper.findById",
                  fetchType= FetchType.EAGER))   //立即加载
    })
    @Select("select id,name,sex,birth,tel,dept_id from emp where id=#{id}")
    Emp findById(Integer id);
}
```

用 EmpMapper 的 findById() 方法可获得 id 值对应的员工，以及对应的 Select SQL 语句；再通过“对一”映射，将 dept_id 值映射为属性 dept 值。

3. 编写测试类

编写测试类 EmpMapperTest，测试 EmpMapper 中的“对一”关系映射是否有效。

先将主程序测试类 DemoSpMybatisApplicationTests 的访问修饰符设置为 public。

然后在 test 目录下的 com.example.demo.mapper 包中创建 EmpMapperTest 类，令其继承主程序测试类 DemoSpMybatisApplicationTests。对 EmpMapper 中的 findById() 方法进行单元测试，代码如下。

```
class EmpMapperTest extends DemoSpMybatisApplicationTests {
    @Autowired
    EmpMapper empMapper;
    @Test
    void findById() {
        Emp emp=empMapper.findById(2);
        System.out.println(emp);
    }
}
```

右击 EmpMapperTest 类中的 findById() 方法，选择 Run 命令进行测试。在控制台上可以观察到 id 值为 2 的 Emp 对象的 dept 属性值，这证明 MyBatis 的“对一”映射编写是有效的，如图 3.27 所示。

```
2022-02-26 14:22:53.901  INFO 1320 --- [           main] com.zaxxer.hikari.HikariDataSource       : HikariPool-1
Emp(id=2, name=曹燕英, sex=女, birth=Mon Mar 09 00:00:00 CST 1998, tel=13651929726, dept=Dept(id=2, name=生产部))
2022-02-26 14:22:53.963  INFO 1320 --- [ionShutdownHook] com.zaxxer.hikari.HikariDataSource       : HikariPool-1
```

图 3.27　MyBatis“对一”映射 dept 属性值成功

3.2.4　数据表间“一对多”关系映射实践

对于 MyBatis 来说，数据表（或实体）间的“一对多”关系关注的是“对多”关系映射处理。接下来，在项目环境搭建基础上（参考 3.2.1 节），通过 Spring Boot 项目完整示例来实践 MyBatis“对多”关系映射的实践用法。

【例 3.4】获取部门及其所属员工列表。

empdb 数据库中 dept 表与 emp 表间是“一对多”关系，即“一个部门有多个员工”，对于 MyBatis，关注的是“对多”关系，即“有多个员工”，为此在部门类中应该设置一个员工列表属性。

用 MyBatis 的 @Many 注解实现“加载某部门信息时加载该部门所有员工信息”，具体步骤如下。

1. 编写实体类

编写实体类 Dept 和 Emp，注意 Dept 中有列表属性 emps。具体操作如下。

在 com.example.demospmybatis.entity 包中创建员工实体类 Emp，其属性与 emp 表结构的字段一致。代码如下。

```
@Data
public class Emp {
    Integer id;
    String name;
    String sex;
    Date birth;
    String tel;
    Integer deptId;// 为符合 Java 标识符驼峰式编写要求，表字段名 dept_id 对应写成 deptId
}
```

在 com.example.demospmybatis.entity 包中创建部门类 Dept，其属性与 dept 数据表结构的字段一致。注意关键点，Dept 实体类中应加入员工列表属性 List<Emp> emps，以体现“对多”特征。代码如下。

```
@Data
public class Dept {
    Integer id;
    String name;
    List<Emp> emps; // 体现“对多”特征
}
```

2. 编写持久层 Mapper 接口

实现“对多”映射，编写接口类 EmpMapper，在其内声明获取员工用的方法 Emp findByDeptId(Integer id)；另外编写接口类 DeptMapper，在其内声明获取部门的方法 Dept findById(Integer id)，此外，通过 @Many 注解指定 EmpMapper.findByDeptId() 方法来获得部门中对应的多个员工。

具体操作如下。

1）EmpMapper 接口

在 com.example.demospmybatis.mapper 包中创建 EmpMapper 接口，代码如下。

```
@Mapper
public interface EmpMapper {
    @Results(value = {@Result(property = "deptId",column = "dept_id")})
     @Select("select id,name,sex,birth,tel,dept_id from emp where dept_
id=#{deptId}")
     List<Emp> findByDeptId(Integer deptId);
}
```

2）DeptMapper 接口

在 com.example.demospmybatis.mapper 包中创建 DeptMapper 接口，代码如下。

```
@Mapper
public interface DeptMapper {
  @Results(value={  // 用 @Many 的 select 方法将列 id 值映射为属性 emps 值
     @Result(property = "emps",column = "id",
            many = @Many(
              select="com.example.demospmybatis.mapper.EmpMapper.findBy
DeptId") )
  })
  @Select("select id,name from dept where id=#{id}")
  Dept findById(Integer id);
}
```

3. 编写测试类

编写测试类 DeptMapperTest，测试 DeptMapper 中的“对多”关系映射是否有效。

先将主程序测试类 DemoSpMybatisApplicationTests 的访问修饰符设置为 public。

然后在 test 目录下 com.example.demo.mapper 包中创建 DeptMapperTest 类，令其继承主程序测试类 DemoSpMybatisApplicationTests。对 DeptMapper 中的 findById() 方法进行单元测试，代码如下。

```
class DeptMapperTest extends DemoSpMybatisApplicationTests {
    @Autowired
    DeptMapper deptMapper;
    @Test
    void findById() {
        Dept dept1 = deptMapper.findById(1);
        System.out.println(dept1);
        Dept dept2 = deptMapper.findById(2);
        System.out.println(dept2);
    }
}
```

右击 DeptMapperTest 类中的 findById() 方法，选择 Run 命令进行测试。在控制台可观察到获取部门信息同时获取了其 emps 属性值，这证明 MyBatis“对多”映射编写是有效的，如图 3.28 所示。

```
Dept(id=1, name=研发部, emps=[Emp(id=1, name=楚俊文, sex=男, birth=Fri Apr 25 00:00:00 CST 1997, tel=13801830695, deptId=1)])
Dept(id=2, name=生产部, emps=[Emp(id=2, name=曹燕英, sex=女, birth=Mon Mar 09 00:00:00 CST 1998, tel=13651929726, deptId=2), Emp(id=3, name=秦宇, sex=男,
```

图 3.28　MyBatis“对多”映射 emps 属性值成功

同时控制台也可观察到有两次 PreparedStatment 查询，其中后一句为“对多”查询语句，如图 3.29 所示。

```
2022-02-26 23:22:13.490  INFO 6848 --- [           main] com.zaxxer.hikari.HikariDataSource       : H
JDBC Connection [HikariProxyConnection@817896503 wrapping com.mysql.cj.jdbc.ConnectionImpl@39a7eca5]
==> Preparing: select id,name from dept where id=?
==> Parameters: 1(Integer)
<==    Columns: id, name
<==        Row: 1, 研发部
====> Preparing: select id,name,sex,birth,tel,dept_id from emp where dept_id=?
====> Parameters: 1(Integer)
<====    Columns: id, name, sex, birth, tel, dept_id
<====        Row: 1, 楚俊文, 男, 1997-04-25, 13801830695, 1
<====      Total: 1
<==      Total: 1
Closing non transactional SqlSession [org.apache.ibatis.session.defaults.DefaultSqlSession@7ea71fc2]
```

图 3.29　控制台显示“对多”的查询语句

3.2.5　数据表间“多对多”关系映射实践

项目中多对多关系也普遍存在，接下来，在项目环境搭建基础上（参考 3.2.1 节），通过 Spring Boot 项目完整示例，学习 MyBatis 针对“多对多”关系映射的实践用法。

【例 3.5】获取工作组及其所属员工列表。

工作组和员工之间是多对多的关系。在数据库表设计中，表 team（工作组）与表 emp（员工）间是“多对多”关系，该“多对多”关系则通过中间表 team_emp 维系。对应在 MyBatis 中，从 team（工作组）获取其组内 emp（员工）列表通过“对多”关系实现，即“一个工作组有多个员工”，为此在工作组类 Team 中应该设置一个员工列表属性 emps。反之，如果从员工获取其所属的工作组列表，也表现对“对多”，需要在员工类 Emp 中加工作组列表属性 teams。

用 MyBatis 的 @Many 注解实现“加载某工作组信息时加载该工作组所有员工信息”，具体步骤如下。

1. 数据表创建

在 empdb 数据库中，创建工作组表 team，以及维系多对多关系的中间表 team_emp，并添加部分测试数据。具体 SQL 语句如下。

```
use empdb;
create table team(
    id int auto_increment primary key,
    name nvarchar(60) not null
);
insert into team(name) values('CRM 开发组'),('SCM 研发组');
create table team_emp(
    id int auto_increment primary key,
    team_id int references team(id),
```

```
    emp_id int references emp(id)
);
insert into team_emp(team_id,emp_id)
values(1,1),(1,2),(2,3),(2,4);
```

2. 编写实体类

编写实体类 Team 和 Emp，注意 Team 中有列表属性 emps。具体操作如下。

在 com.example.demospmybatis.entity 包中创建员工实体类 Emp，其属性与 emp 表结构的字段一致。代码如下。

```
@Data
public class Emp {
    Integer id;
    String name;
    String sex;
    Date birth;
    String tel;
    Integer deptId;
}
```

在 com.example.demospmybatis.entity 包中创建工作组类 Team，其属性与 team 数据表结构的字段一致。注意关键点，Team 实体类中应加入员工列表属性 List<Emp> emps，以体现从工作组到员工的“对多”特征。代码如下。

```
@Data
public class Team{
    Integer id;
    String name;
    List<Emp> emps; // 体现 " 对多 " 特征
}
```

3. 编写持久层 Mapper 接口

实现“对多”映射，须编写接口类 EmpMapper，在其内声明获取员工用的方法 EmpfindByTeamId(Integer id)；另须编写接口类 TeamMapper，在其内声明获取工作组的方法 TeamfindById(Integer id)，此外，通过 @Many 注解指定 EmpMapper.findByTeamId() 方法来获得工作组中对应的多个员工。

具体操作如下。

1）EmpMapper 接口

在 com.example.demospmybatis.mapper 包中创建 EmpMapper 接口，代码如下。

```
@Mapper
public interface EmpMapper {
    @Results(value = {@Result(property = "deptId",column = "dept_id")})
    @Select("select emp.id,name,sex,birth,tel,dept_id from emp " +
            "left join team_emp te on emp.id = te.emp_id " +
            "where te.team_id=#{teamId}")
    List<Emp> findByTeamId(Integer teamId);
}
```

2）TeamMapper 接口

在 com.example.demospmybatis.mapper 包中创建 TeamMapper 接口，代码如下。

```
@Mapper
public interface TeamMapper{
  @Results(value={   // 用 @Many 的 select 方法将列 team_id 值映射为属性 emps 值
     @Result(property = "emps",column = "team_id",
            many = @Many(
               select="com.example.demospmybatis.mapper.EmpMapper.findBy
TeamId") )
  })
  @Select("select id,id as team_id,name from team where id=#{id}")
  Team findById(Integer id);
}
```

4. 编写测试类

编写测试类 TeamMapperTest，测试 TeamMapper 中的关系映射是否有效。

先将主程序测试类 DemoSpMybatisApplicationTests 的访问修饰符设置为 public。

然后在 test 目录下 com.example.demo.mapper 包中创建 TeamMapperTest 类，令其继承主程序测试类 DemoSpMybatisApplicationTests。对 TeamMapper 中的 findById() 方法进行单元测试，代码如下。

```
class TeamMapperTest extends DemoSpMybatisApplicationTests {
    @Autowired
    TeamMapper teamMapper;
    @Test
    void findById() {
        Team team1= teamMapper.findById(1);
        System.out.println(team1);
        Team team2= teamMapper.findById(2);
        System.out.println(team2);
    }
}
```

右击 TeamMapperTest 类中的 findById() 方法，选择 Run 命令进行测试。在控制台可观察到获取工作组信息的同时获取了其 emps 属性值，这证明表与表间“多对多”关联查询是可以通过 MyBatis“对多”映射实现的，如图 3.30 所示。

```
Team(id=1, name=CRM开发组, emps=[Emp(id=1, name=楚俊文, sex=男, birth=Fri Apr 25 00:00:00 CST 1997, tel=13801830695, deptId=1), Emp(id=2, name=曹燕莺,
Team(id=2, name=SCM研发组, emps=[Emp(id=3, name=秦宇, sex=男, birth=Sat May 29 00:00:00 CST 1999, tel=13902378920, deptId=2), Emp(id=4, name=张新闻, se
```

图 3.30 “多对多”关联查询通过 MyBatis“对多”映射实现

除了复杂关系映射开发，MyBatis 还可以处理模糊查询、查询分页、动态 SQL 等操作。

3.3 MyBatis 模糊查询

Spring Boot 项目中经常会用到 MyBatis 模糊查询，它是通过 Where 子句中使用 Like 关键字结合通配符 % 实现的。

【例 3.6】按姓名模糊查询，返回匹配员工列表。

在项目环境搭建基础上（参考 3.2.1 节）学习 MyBatis 模糊查询的用法，步骤如下。

1. 编写实体类

在 com.example.demospmybatis.entity 包中创建员工实体类 Emp，其属性与 emp 表结构字段一致。代码如下。

```
@Data
public class Emp {
    Integer id;
    String name;
    String sex;
    Date birth;
    String tel;
    Integer deptId;// 为符合 Java 标识符驼峰式编写要求，表字段名 dept_id 对应写成
                   //deptId
}
```

2. 编写持久层 Mapper 接口

在 com.example.demospmybatis.mapper 包中创建 EmpMapper 接口，在 EmpMapper 接口中加 findByName() 方法，代码如下。

```
@Mapper
public interface EmpMapper {
  @Results(value = { @Result(property="deptId", column="dept_id")})
  @Select("select id,name,sex,birth,tel,dept_id from emp "
        +"where name like CONCAT('%',#{name},'%')" )
   List<Emp> findByName(String name);
}
```

注意： CONCAT() 为 MySQL 函数，用于字符串拼接。

3. 编写测试类

先将主程序测试类 DemoSpMybatisApplicationTests 的访问修饰符设置为 public。

然后在 com.example.demo.mapper 包中创建 EmpMapperTest 类，令其继承主程序测试类 DemoSpMybatisApplicationTests。对 EmpMapper 中的 findByName() 方法进行单元测试：查找姓名中带“曹”字符的员工。代码如下。

```
@Test
class EmpMapperTest extends DemoSpMybatisApplicationTests {
    @Autowired
    EmpMapper empMapper;
    @Test
    void findByName() {
         List<Emp> emps = empMapper.findByName("曹");
         emps.forEach(emp -> { System.out.println(emps); });
    }
}
```

右击 EmpMapperTest 类中的 findByName() 方法，选择 Run 命令进行测试。可看到控制台中有模糊查询的 SQL 语句，返回的员工数据也符合模糊查询的要求，如图 3.31 所示。

```
==>  Preparing: select id,name,sex,birth,tel,dept_id from emp where name like CONCAT('%',?,'%')
==> Parameters: 曹(String)
<==    Columns: id, name, sex, birth, tel, dept_id
<==        Row: 2, 曹燕英, 女, 1998-03-09, 13651929726, 2
<==      Total: 1
Closing non transactional SqlSession [org.apache.ibatis.session.defaults.DefaultSqlSession@6a8a551e]
Emp(id=2, name=曹燕英, sex=女, birth=Mon Mar 09 00:00:00 CST 1998, tel=13651929726, deptId=2)
```

图 3.31　返回符合模糊查询要求的员工数据

3.4　MyBatis 查询分页

如果一个 Web 应用程序没有使用分页查询技术，当加载的数据过多时，很容易导致服务器或客户端浏览器崩溃。此外，当查询数据库的数据量很大时，查询的时间也会非常长。

针对分页查询场景，不同的数据库产品使用不同的分页 SQL 语句来实现。如 MySQL 使用 LIMIT、Oracle 使用 ROWNUM、SQL Server 使用 TOP，等等。

以 MySQL 的分页 SQL 语句“select * from emp LIMIT 10, 5”为例，其功能为：从员工表 emp 中获取第 10 行开始的 5 行数据。假设每页显示 5 行，那么第 1 页将显示第 0 ～ 4 行，第 2 页将显示第 5 ～ 9 行。因此，使用“LIMIT 10, 5”可以获取第 3 页的数据。进行翻页时，往往需要计算分页参数，这一过程相对烦琐。幸运的是，在 MyBatis 框架中，可以使用分页插件 PageHelper 来简化这一过程。

PageHelper 是 MyBatis 的通用分页插件，支持 Oracle、MySQL、MariaDB、SQLite、HSQLDB、PostgreSQL 等常见关系数据库产品。PageHelper 底层通过拦截器的方式来实现分页功能。当应用程序使用 PageHelper 进行分页查询时，PageHelper 会自动拦截 SQL 查询请求，并在其前后添加合适的分页语句，以实现分页查询的功能。

【例 3.7】获取员工分页信息。

在项目环境搭建基础上（参考 3.2.1 节）学习 MyBatis 分页的用法，步骤如下。

1. 添加分页插件依赖

在 pom.xml 文件中添加 PageHelper 依赖。代码如下。

```
<dependency>
    <groupId>com.github.pagehelper</groupId>
    <artifactId>pagehelper-spring-boot-starter</artifactId>
    <version>1.4.1</version>
</dependency>
```

需要注意插件版本与 Spring Boot 版本的兼容性。如果不匹配，可能会导致报错或不可预测的行为。

2. 设置分页插件参数

在项目主配置文件 application.properties 中设置 PageHelper 插件的分页参数。代码如下。

```
pagehelper.helper-dialect=mysql
pagehelper.reasonable=true
pagehelper.support-methods-arguments=true
pagehelper.params=count=countSql
```

实际上，目前的高版本 PageHelper 会自动检测当前使用的数据库类型，并进行适当的配置。因此，项目中往往会省略以上参数设置，使用默认参数值即可。

3. 编写实体类

在 com.example.demospmybatis.entity 包中创建员工实体类 Emp，其属性与 emp 表结构字段一致。代码如下。

```
@Data
public class Emp {
    Integer id;
    String name;
    String sex;
    Date birth;
    String tel;
    Integer deptId;// 为符合 Java 标识符驼峰式编写要求，表字段名 dept_id 对应写成 deptId
}
```

4. 编写持久层 Mapper 接口

在 com.example.demospmybatis.mapper 包中创建 EmpMapper 接口，在 EmpMapper 接口中添加 findAll() 方法，代码如下。

```
@Mapper
public interface EmpMapper {
   @Results(value = {@Result(property = "deptId",column = "dept_id")})
   @Select("select id,name,sex,birth,tel,dept_id from emp")
   List<Emp> findAll();
}
```

5. 编写分页测试类

先将主程序测试类 DemoSpMybatisApplicationTests 的访问修饰符设置为 public。

然后在 com.example.demo.mapper 包中创建 EmpMapperTest 类，并继承主程序测试类 DemoSpMybatisApplicationTests，再编写分页测试方法 findAllPaging()，代码如下。

```
class EmpMapperTest extends DemoSpMybatisApplicationTests {
1.      @Autowired
2.      EmpMapper empMapper;
3.      @Test
4.      void findAllPaging(){
5.        Page<Emp> pageInfo=PageHelper.startPage(1, 3); // 页码及每页大小。
                                                        // 页码从 1 开始
6.        List<Emp> emps1=empMapper.findAll();  // 紧跟 PageHelper.start
                                              //Page()，以防出错
7.        int pageNum = pageInfo.getPageNum();     // 获取当前页页码
8.        long total = pageInfo.getTotal();        // 获取总行数
9.        List<Emp> emps = pageInfo.getResult();   // 和上面的 emps1 结果相同
```

```
10.        System.out.printf(" 页码：%s，页内行数：%s，总行数：%s \n",
11.               pageNum,emps.size(),total);
12.         emps.forEach(emp -> {
13.               System.out.println(emp);
14.         });
15.         System.out.println(pageInfo);
16.     }
17.}
```

第 5 行上的 PageHelper.startPage() 方法会拦截下一个 SQL 语句，也就是第 6 行上的 empMapper.findAll() 方法执行的 SQL 语句，并把这个 SQL 语句改造成一个数据库本地化分页 SQL 语句，同时还会生成对应的查询总行数 SQL 语句。

右击 EmpMapperTest 类中的 findAllPaging() 方法，选择 Run 命令进行测试。可观察到控制台显示执行了由 PageHelper 插件生成的分页相关 SQL 语句，方法返回的员工列表信息也符合分页要求，如图 3.32 所示。

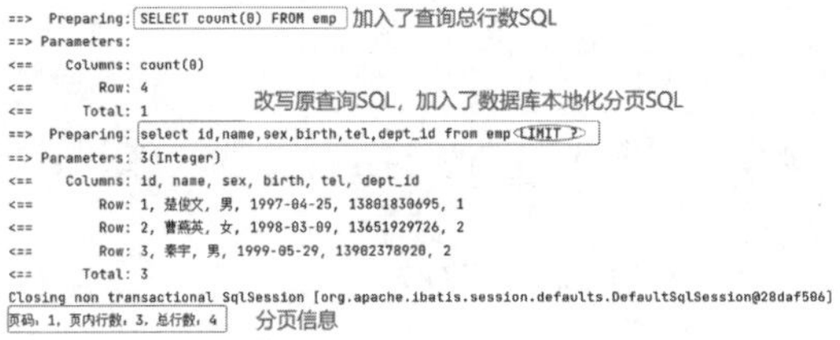
==> Preparing: SELECT count(0) FROM emp
加入了查询总行数SQL
==> Parameters:
<== Columns: count(0)
<== Row: 4
<== Total: 1
改写原查询SQL，加入了数据库本地化分页SQL
==> Preparing: select id,name,sex,birth,tel,dept_id from emp LIMIT ?
==> Parameters: 3(Integer)
<== Columns: id, name, sex, birth, tel, dept_id
<== Row: 1, 楚俊文, 男, 1997-04-25, 13801830695, 1
<== Row: 2, 曹燕英, 女, 1998-03-09, 13651929726, 2
<== Row: 3, 秦宇, 男, 1999-05-29, 13902378920, 2
<== Total: 3
Closing non transactional SqlSession [org.apache.ibatis.session.defaults.DefaultSqlSession@28daf506]
页码：1，页内行数：3，总行数：4
分页信息

图 3.32 控制台显示 PageHelper 插件处理的分页 SQL 和方法返回的员工列表信息

3.5 MyBatis 动态 SQL 查询

为实现动态 SQL 查询，传统实现方式是按照条件拼接 SQL 语句，代码较为复杂。在 MyBatis 框架中可简化这一过程：先使用 <script></script> 标签来包裹动态 SQL 语句块，然后嵌入 <if>、<foreach>、<set>、<where>、<bind>、<choose>、<when>、<otherwise> 等标签，实现各种动态拼接 SQL 语句的需求。

3.5.1 if 标签

<if> 为条件标签，当条件满足时 SQL 块生效。

<if> 标签语法格式：

```
<if test=" 条件 "> 满足条件生效的 SQL 块 </if>
```

【例 3.8】按性别查询员工。

编写动态 SQL 实现按性别查询员工：如有输入性别则作为条件，无输入则不考虑性别。实现步骤如下。

1. 编写实体类

在 com.example.demospmybatis.entity 包中创建员工实体类 Emp，其属性与 emp 表结构

字段一致。代码如下。

```
@Data
public class Emp {
    Integer id;
    String name;
    String sex;
    Date birth;
    String tel;
    Integer deptId;   // 为符合 Java 标识符驼峰式编写要求，表字段名 dept_id 对应写
                      // 成 deptId
}
```

2. 编写持久层 Mapper 接口

在 com.example.demospmybatis.mapper 包中创建 EmpMapper 接口，在 EmpMapper 接口中添加 findBySex() 方法，代码如下。

```
1. @Mapper
2. public interface EmpMapper {
3.    @Select("<script>select id,name,sex,birth,tel,dept_id from emp "
4.            +  "<if test='sex != null'>where sex = #{sex}</if>"
5.            + "</script>")
6.    List<Emp> findBySex(String sex);
7. }
```

第 4 行 <if test='sex != null'>where sex = #{sex}</if> 代码的作用：判断 sex != null 值为真，则将 where sex = #{sex} 代码动态拼接到整体 Select 语句中。其中，占位符 #{sex} 的值为 findBySex(String sex) 方法实际传入参数 sex 的值。

3. 编写动态 SQL 测试类

先将主程序测试类 DemoSpMybatisApplicationTests 的访问修饰符设置为 public。

然后在 com.example.demo.mapper 包中创建 EmpMapperTest 类，并继承主程序测试类 DemoSpMybatisApplicationTests，编写动态 SQL 测试方法 findBySex()。代码如下。

```
@Test
class EmpMapperTest extends DemoSpMybatisApplicationTests {
  @Autowired
  EmpMapper empMapper;
  @Test
  void findBySex() {
     List<Emp> emps = empMapper.findBySex(" 女 ");
      emps.forEach(emp -> {
        System.out.println(emp);
     });
     emps = empMapper.findBySex(null);
     emps.forEach(emp -> {
        System.out.println(emp);
     });
  }
}
```

右击 EmpMapperTest 类中的 findBySex() 方法，选择 Run 命令进行测试。在控制台中可观察到有两条 SQL 语句，实现了动态处理性别有值和无值时的查询，如图 3.33 所示。

```
==>  Preparing: select id,name,sex,birth,tel,dept_id from emp where sex = ?
==> Parameters: 女(String)
<==    Columns: id, name, sex, birth, tel, dept_id
<==        Row: 2, 曹燕英, 女, 1998-03-09, 13651929726, 2
<==        Row: 4, 张新闻, 女, 1982-07-02, 13789239023, 2
<==      Total: 2
Closing non transactional SqlSession [org.apache.ibatis.session.defaults.DefaultSqlSession@3ec9f8d]
Emp(id=2, name=曹燕英, sex=女, birth=Mon Mar 09 00:00:00 CST 1998, tel=13651929726, deptId=2)
Emp(id=4, name=张新闻, sex=女, birth=Fri Jul 02 00:00:00 CST 1982, tel=13789239023, deptId=2)

==>  Preparing: select id,name,sex,birth,tel,dept_id from emp
==> Parameters: 
<==    Columns: id, name, sex, birth, tel, dept_id
<==        Row: 1, 楚俊文, 男, 1997-04-25, 13801830695, 1
<==        Row: 2, 曹燕英, 女, 1998-03-09, 13651929726, 2
<==        Row: 3, 秦宇, 男, 1999-05-29, 13902378920, 2
<==        Row: 4, 张新闻, 女, 1982-07-02, 13789239023, 2
<==      Total: 4
Closing non transactional SqlSession [org.apache.ibatis.session.defaults.DefaultSqlSession@238ad211]
Emp(id=1, name=楚俊文, sex=男, birth=Fri Apr 25 00:00:00 CST 1997, tel=13801830695, deptId=1)
Emp(id=2, name=曹燕英, sex=女, birth=Mon Mar 09 00:00:00 CST 1998, tel=13651929726, deptId=2)
Emp(id=3, name=秦宇, sex=男, birth=Sat May 29 00:00:00 CST 1999, tel=13902378920, deptId=2)
Emp(id=4, name=张新闻, sex=女, birth=Fri Jul 02 00:00:00 CST 1982, tel=13789239023, deptId=2)
```

图 3.33 实现动态 SQL 来处理性别有值和无值查询

3.5.2 foreach 标签

<foreach> 为循环标签，依次取出 collection 中的值放入 item 变量中，然后拼接 item 值到 SQL 中。

<foreach> 标签语法格式：

```
    <foreach item = 'item' index = 'index' collection='list' separator=',',
open='(',close=')'>
        #{item}
    </foreach>
```

【例 3.9】获取若干部门中的员工。

在例 3.8 的基础上，编写动态 SQL 实现获取指定部门 id 列表所对应的员工。

实现步骤如下。

1. 编写持久层 Mapper 接口

在 EmpMapper 接口中添加 findByDeptIds() 方法，代码如下。

```
    1.@Select("<script>select id,name,sex,birth,tel,dept_id deptId from emp
where dept_id in"
    2.+ "<foreach item='item' collection='list' open='(' close=')'
separator=','>#{item}</foreach>"
    3.+"</script>")
    4.List<Emp> findByDeptIds(Collection<Integer> list);
```

第 2 行 <foreach> 标签的作用是：将 list 集合中的元素逐个取出，替换到 #{item} 占位符中；然后将结果用逗号分隔，两边再用圆括号包裹。最后将结果拼接到 SQL 语句中。

2. 编写测试类

在测试类 EmpMapperTest 中添加 findByDeptIds() 方法，代码如下。

```
@Test
void findByDeptIds(){
    List<Integer> deptIds=new ArrayList<Integer>();
    deptIds.add(1);
    deptIds.add(2);
    List<Emp> emps = empMapper.findByDeptIds(deptIds);
    emps.forEach(emp -> {
        System.out.println(emp);
    });
}
```

右击 EmpMapperTest 类中的 findByDeptIds() 方法，选择 Run 命令进行测试。控制台中可观察到多个部门 id 值（1 和 2）被动态拼接到 SQL 中，同时也返回了这些部门中的员工信息，如图 3.34 所示。

```
==>  Preparing: select id,name,sex,birth,tel,dept_id from emp where dept_id in ( ? , ? )
==> Parameters: 1(Integer), 2(Integer)
<==    Columns: id, name, sex, birth, tel, dept_id
<==        Row: 1, 楚俊文, 男, 1997-04-25, 13801830695, 1
<==        Row: 2, 曹燕英, 女, 1998-03-09, 13651929726, 2
<==        Row: 3, 秦宇, 男, 1999-05-29, 13902378920, 2
<==        Row: 4, 张新闻, 女, 1982-07-02, 13789239023, 2
<==      Total: 4
Closing non transactional SqlSession [org.apache.ibatis.session.defaults.DefaultSqlSession@448cdb47]
Emp(id=1, name=楚俊文, sex=男, birth=Fri Apr 25 00:00:00 CST 1997, tel=13801830695, deptId=1)
Emp(id=2, name=曹燕英, sex=女, birth=Mon Mar 09 00:00:00 CST 1998, tel=13651929726, deptId=2)
Emp(id=3, name=秦宇, sex=男, birth=Sat May 29 00:00:00 CST 1999, tel=13902378920, deptId=2)
Emp(id=4, name=张新闻, sex=女, birth=Fri Jul 02 00:00:00 CST 1982, tel=13789239023, deptId=2)
```

图 3.34　多个部门 id 值被动态拼接到 SQL

3.5.3　set 标签

<set> 为设置标签，用于在 Update 语句中动态更新字段。

<set> 标签语法格式：

```
<set> 设置字段语句 </set>
```

【例 3.10】编辑员工信息，仅修改非空属性。

在编辑信息时，只有那些已经有值的属性才会被修改。如果某个属性的值为空（null），那么在编辑过程中将不会对该属性进行任何修改操作。这样可以避免无意义的修改或者覆盖已有的有效属性值。

实现步骤如下。

1. 编写持久层 Mapper 接口

在 EmpMapper 接口中添加 update(Emp emp) 方法，代码如下。

```
1. @Update("<script>"
2.     + "UPDATE emp "
```

```
3.        + "<set>"
4.        +   "<if test='name != null'>name = #{name}, </if>"
5.        +   "<if test='sex != null'>sex = #{sex}, </if>"
6.        +   "<if test='birth != null'>birth = #{birth}, </if>"
7.        +   "<if test='tel != null'>tel = #{tel}, </if>"
8.        + "</set>"
9.        + "WHERE id = #{id}"
10.        + "</script>")
11.void update(Emp emp);
```

此处 <set> 标签块的作用如下。

第 4 行，判断 name 字段不为 null 时，生成“name = #{name},”部分。

第 5 行，判断 sex 字段不为 null 时，生成“sex = #{sex},”部分。

第 6 行，判断 birth 字段不为 null 时，生成“birth = #{birth},”部分。

第 7 行，判断 tel 字段不为 null 时，生成“tel = #{tel},”部分。

2. 编写测试类

在测试类 EmpMapperTest 中添加 update() 方法，代码如下。

```
@Test
void update() {
    Emp emp= new Emp();
    emp.setId(1); // 原数据 (1, 楚俊文 , 男 , 1997-04-25, 13801830695, 1)
    emp.setTel("13052111817"); // 修改 tel 值
    empMapper.update(emp);
}
```

右击 EmpMapperTest 类中的 update() 方法，选择 Run 命令进行测试。控制台中可观察到 tel 字段被动态拼接到 Update SQL 中，其他字段都未处理，如图 3.35 所示。

```
==>  Preparing: UPDATE emp SET tel = ? WHERE id = ?
==> Parameters: 13052111817(String), 1(Integer)
<==    Updates: 1
```

图 3.35　tel 字段被动态拼接到 SQL

从生成的动态 SQL 看，确实有值的属性才做修改，而 null 值的属性并没有参与修改。

3.5.4　where 标签

<where> 为条件标签，用于动态拼接查询条件。

<where> 标签语法格式：

```
<where> 条件子句 </where>
```

【例 3.11】将对象的非空属性加入查询条件中。

具体实现如下。

1. 编写持久层 Mapper 接口

在 EmpMapper 接口中添加 findByEmp() 方法，代码如下。

```
1.@Select("<script>select id,name,sex,birth,tel,dept_id from emp "
2.          + "<where>"
3.          + "<if test='name != null'>AND name like CONCAT('%',#{name},'%') </if>"
4.          +   "<if test='sex !=null'>AND sex = #{sex}  </if>"
5.          +   "<if test='birth !=null'>AND birth = #{birth}  </if>"
6.          +   "<if test='tel !=null'>AND tel = #{tel}  </if>"
7.          +   "<if test='deptId !=null'>AND dept_id = #{deptId} </if>"
8.          + "</where></script>")
9.List<Emp> findByEmp(Emp empQuery);
```

此处 <where> 标签块的作用如下。

第 3 行，判断 name 字段不为 null 时，生成“AND name like CONCAT('%',#{name},' %') ”部分。

第 4 行，判断 sex 字段不为 null 时，生成“AND sex = #{sex} ”部分。

第 5 行，判断 birth 字段不为 null 时，生成“AND birth = #{birth} ”部分。

第 6 行，判断 tel 字段不为 null 时，生成“AND tel = #{tel} ”部分。

第 7 行，判断 deptId 字段不为 null 时，生成“AND dept_id = #{deptId} ”部分。

注意：<where> 标签会自动去除 SQL 中多余的“AND”或“OR”关键字，以避免引入多余的关键字而引起语法报错。

2. 编写测试类

在测试类 EmpMapperTest 中添加 findByEmp() 方法，代码如下。

```
@Test
void findByEmp() throws ParseException {
     Emp empQuery= new Emp();
     empQuery.setName(" 俊 ");
     empQuery.setSex(" 男 ");
     String sBirth="1997-04-25";
     try{
         Date birth=new SimpleDateFormat("yyyy-MM-dd").parse(sBirth);
         empQuery.setBirth(birth);
    }catch (Exception ex){
         // 略
    }
    empQuery.setTel("13052111817");
    empQuery.setDeptId(1);
    List<Emp> emps = empMapper.findByEmp(empQuery);
    emps.forEach(emp -> {
        System.out.println(emp);
    });
}
```

右击 EmpMapperTest 类中的 findByEmp() 方法，选择 Run 命令进行测试。控制台中可观察到除了部门 id 属性因为无值没有加入查询条件外，其他有值属性都被动态拼接到查询条件中，如图 3.36 所示。

```
==>  Preparing: select id,name,sex,birth,tel,dept_id from emp
              WHERE name like CONCAT('%',?,'%') AND sex = ? AND birth = ? AND tel = ? AND dept_id = ?
==> Parameters: 俊(String), 男(String), 1997-04-25 00:00:00.0(Timestamp), 13052111817(String), 1(Integer)
<==    Columns: id, name, sex, birth, tel, dept_id
<==        Row: 1, 楚俊文, 男, 1997-04-25, 13052111817, 1
<==      Total: 1
Closing non transactional SqlSession [org.apache.ibatis.session.defaults.DefaultSqlSession@3181d4de]
Emp(id=1, name=楚俊文, sex=男, birth=Fri Apr 25 00:00:00 CST 1997, tel=13052111817, deptId=1)
```

图 3.36　有值属性都被动态拼接到查询条件中

3.5.5　choose 标签

<choose> 为选择标签，一般用于动态拼接单个条件的查询语句。

<choose> 标签语法格式：

```
<choose>
  <when test=' 条件 1'> 条件 1SQL</when>
  <when test=' 条件 2'> 条件 2SQL</when>
  ...
  <otherwise> 其他情况 SQL</otherwise>
</choose>
```

<choose> 标签中可以包含多个 <when> 标签和一个可选的 <otherwise> 标签。每个 <when> 标签包含一个条件，如果该条件成立，则生成对应条件下的查询语句片段。如果没有任何条件成立，且存在 <otherwise> 标签，则会生成 <otherwise> 标签中的查询语句片段。

【例 3.12】将对象的第一个非空属性加入查询条件中。

具体实现如下。

1. 编写持久层 Mapper 接口

在 EmpMapper 接口中添加 findByEmp2() 方法，代码如下。

```
1.@Select("<script>select id,name,sex,birth,tel,dept_id from emp "
2.          + "<where>"
3.          + "<choose>"
4.          +   "<when test='name != null'>AND name like CONCAT('%',#{name}, '%')
</when>"
5.          +   "<when test='sex !=null'>AND sex = #{sex} </when>"
6.          +   "<when test='birth !=null'>AND birth = #{birth} </when>"
7.          +   "<when test='tel !=null'>AND tel = #{tel} </when>"
8.          +   "<when test='deptId !=null'>AND dept_id = #{deptId}</when>"
9.          +   "<otherwise>1=1 </otherwise>"
10.         + "</choose>"
11.         + "</where></script>")
12.List<Emp> findByEmp2(Emp empQuery);
```

此处 <choose> 标签块的作用如下。

第 4 行，判断 name 参数不为 null 时，生成“AND name like CONCAT('%',#{name}, '%')”部分，即查询名字中包含给定关键字的记录。

第 5 行，判断 sex 参数不为 null 时，生成“AND sex = #{sex}”部分，即查询性别等于给定值的记录。

第 6 行，判断 birth 参数不为 null 时，生成“AND birth = #{birth} ”部分，即查询生日等于给定值的记录。

第 7 行，判断 tel 参数不为 null 时，生成“AND tel = #{tel} ”部分，即查询电话号码等于给定值的记录。

第 8 行，判断 deptId 参数不为 null 时，生成“AND dept_id = #{deptId}”部分，即查询所属部门 id 等于给定值的记录。

第 9 行，如果以上条件都不成立时，则生成“1=1”部分，即查询不添加任何附加条件。

2. 编写测试类

在测试类 EmpMapperTest 中添加 findByEmp2() 方法，代码如下。

```
@Test
void findByEmp2() throws ParseException {
    Emp empQuery= new Emp();
    empQuery.setName(" 俊 ");
    empQuery.setSex(" 男 ");
    String sBirth="1997-04-25";
    try {
        Date birth=new SimpleDateFormat("yyyy-MM-dd").parse(sBirth);
        empQuery.setBirth(birth);
    } catch (Exception ex){
        // 略
    }
    empQuery.setTel("13052111817");
    empQuery.setDeptId(1);
    List<Emp> emps = empMapper.findByEmp2(empQuery);
    emps.forEach(emp -> {
        System.out.println(emp);
    });
}
```

右击 EmpMapperTest 类中的 findByEmp2() 方法，选择 Run 命令进行测试。控制台中可观察到 empQuery 对象中的第一个有值属性 name 被动态拼接到查询条件中，其他属性没有被拼接，如图 3.37 所示。

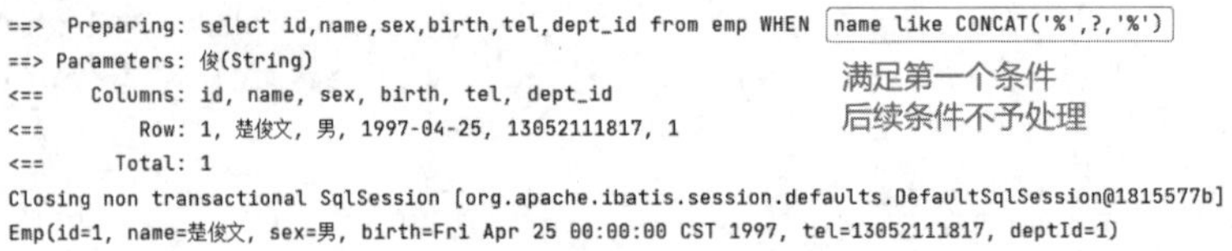

```
==>  Preparing: select id,name,sex,birth,tel,dept_id from emp WHEN name like CONCAT('%',?,'%')
==> Parameters: 俊(String)
<==    Columns: id, name, sex, birth, tel, dept_id
<==        Row: 1, 楚俊文, 男, 1997-04-25, 13052111817, 1
<==      Total: 1
Closing non transactional SqlSession [org.apache.ibatis.session.defaults.DefaultSqlSession@1815577b]
Emp(id=1, name=楚俊文, sex=男, birth=Fri Apr 25 00:00:00 CST 1997, tel=13052111817, deptId=1)
```

满足第一个条件
后续条件不予处理

图 3.37　第一个有值属性 name 被动态拼接到查询条件中

3.6　巩固练习

用 MyBatis 实现对甜点数据的添加、编辑、删除、获取、列表、查询操作。

3.6.1 Spring Boot 整合 MyBatis 项目环境搭建

Spring Boot 整合 MyBatis 项目大体包括以下步骤：创建数据库 dessertsdb，创建分类表 category、甜点表 desserts，并输入测试数据；创建 Spring Boot 项目 desserts 并设置全局参数、创建 Java 包、添加插件 PageHelper 依赖。

具体实现步骤，提示如下。

（1）数据库环境搭建。

创建数据库、表和添加测试数据。实现步骤，提示如下。

①创建数据库 dessertsdb。

②创建分类表 category、甜点表 desserts。

category 表包含 3 个字段：id 主键、分类名称 name、分类描述 descp。desserts 表包含 4 个字段：id 主键、甜点名称 name、甜点描述 descp、category_id 甜点的所属分类 id。

③增加测试数据。

在 category 表中添加 2 条数据：

```
(1,'传统系列','传统甜品个个经典'), (2,'雪山系列','雪山高颜越嚼越劲')
```

在 desserts 表中添加 9 条数据：

```
(1,'芝麻糊黑糯', '芝麻糊加圆黑糯米球，入口醇香',1),
(2,'鲜杂果椰汁', '新鲜水果料足量多，引人眼球',2),
(3,'生磨果椰露', '手工研磨琥珀果椰露，细腻润滑',2),
(4,'芝麻糊黑糯Ⅱ', '芝麻糊加圆黑糯米球，入口醇香',2),
(5,'鲜杂果椰汁Ⅱ', '新鲜水果料足量多，引人眼球',2),
(6,'生磨果椰露Ⅱ', '手工研磨琥珀果椰露，细腻润滑',2),
(7,'芝麻糊黑糯Ⅲ', '芝麻糊加圆黑糯米球，入口醇香',2),
(8,'鲜杂果椰汁Ⅲ', '新鲜水果料足量多，引人眼球',2),
(9,'生磨果椰露Ⅲ', '手工研磨琥珀果椰露，细腻润滑',2)
```

（2）创建 Spring Boot 项目时添加 MyBatis 相关依赖。

用 Spring Initializr 方式构建 Spring Boot 项目 sbmbDesserts，加上 Lombok、MySQL Driver、MyBatis Framework、Spring Web 四个相关依赖。

（3）配置项目全局参数。

在主配置文件 application.properties 中设置与数据库 dessertsdb 的连接参数，开启控制台打印 MyBatis 执行 SQL。

（4）创建 Java 包。

创建存放实体类和 Mapper 接口的 Java 包：entity、mapper。

（5）添加分页插件 PageHelper 依赖。

3.6.2 用 MyBatis 实现对甜点数据的操作

用 MyBatis 框架完成对甜点数据的新增、编辑、删除、获取、列表、查询操作。实现步骤，提示如下。

（1）编写实体类 Category（类别）、Desserts（甜点）和 DessertsDetails（甜点详情）。

在 entity 包中创建实体类 Category 和 Desserts，类结构应参考表结构。另外，为了查询甜点后同时返回甜点的分类名称，编写一个甜点详情类 DesserstDetails，内含甜点 id、甜点名称和所属类别名称。

（2）编写 Mapper 接口类 DessertsMapper。

在 mapper 包中创建接口类 DessertsMapper，定义甜点的新增、编辑、删除、获取、列表、查询等方法。

①新增甜点：int insert(Desserts desserts)。

②编辑甜点：int update(Desserts desserts)。

注意：update() 方法实施的是动态 SQL，仅对有值属性修改。

③删除甜点：int delete(Integer id)。

④获取甜点：Desserts get(Integer id)。

⑤甜点列表：List<DessertsDetails> getAll()。

⑥查询甜点：List<DessertsDetails> search(SearchCondition condition)。

注意：search() 方法实施的是动态 SQL 实现条件查询；而 SearchCondition 类中包含与查询相关的属性，如 name（甜点名称）、categoryName（所属分类名称），categoryId（所属分类 id）。

（3）测试 DessertsMapper 方法。

创建测试类 DessertsMapperTest，对 DessertsMapper 中的方法按序逐一测试。

①新增甜点：甜点名“杨枝甘露”，描述“浓浓芒果香”，所在分类 id 值为 2。

②编辑甜点：改变 id 值为 10 的甜点信息，将甜点描述改为“芒果清香柚酸甜”。

③删除甜点：删除 id 值为 10 的甜点。

④获取甜点：获取 id 值为 1 的甜点。

⑤甜点列表：获取甜点表中所有数据。

⑥查询甜点：查询名称中含有“椰”字的甜点，并返回第 2 页数据（设每页 5 行）。

第 4 章 整合非关系数据库 Redis

Redis（Remote Dictionary Server）作为一款高性能的 NoSQL 数据库产品，广泛应用于缓存中间件、消息中间件等场景。在 Spring Boot 中引入 Redis 依赖启动器，进行少量参数设置后，就可整合使用 Redis 产品了。

视频讲解

4.1 Redis 简介

Redis 是一个开源的、遵循 BSD（Berkeley Software Distribution，伯克利软件发行）许可协议的高性能 NoSQL（Not Only SQL）数据库。Redis 基于内存以键值对（Key-Value）的形式管理数据，并提供了丰富的数据结构来处理不同类型的数据。

Redis 的特点如下。

（1）Redis 数据结构简单，且存储在内存中，具有极快的读写速度。为此，Redis 可作为缓存中间件、消息中间件使用。

（2）Redis 支持数据的持久化，可以将内存中的数据保存到磁盘中，重启时可以再次加载到内存中使用。

（3）Redis 操作“键值对”数据，其中的值类型可以为 String（字符串）、Hash（哈希值）、List（列表）、Set（集合）、Zset（Sorted Set，有序集合）等多种数据结构。

（4）Redis 操作具有原子性。任务要么执行成功，要么执行失败。

4.2 Redis 使用

4.2.1 Redis 下载安装

在 GitHub 平台下载 Windows 版本的 Redis。

注意：最新的稳定版 Redis，应该从 Redis 官网下载。但目前官网并不提供 Windows 版本 Redis，因此可到 GitHub 网站上寻找并下载。

具体安装过程参见 1.1.2 节。

4.2.2 启动 Redis 服务

打开命令窗口，在 Redis 安装目录中输入命令：

```
redis-server.exe redis.windows.conf
```

就可启动 Redis 服务，Redis 服务监听端口号为 6379，如图 4.1 所示。

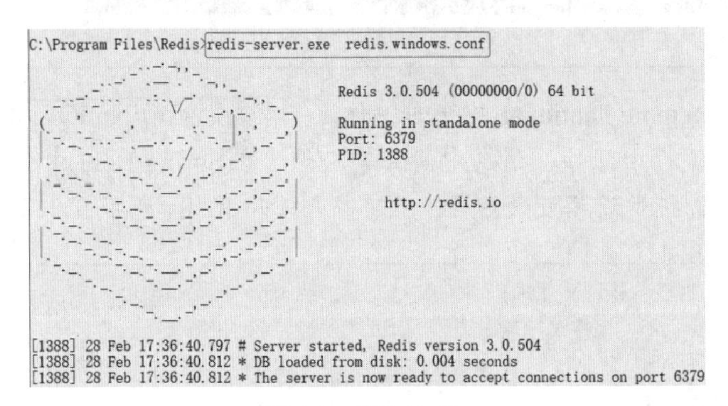

图 4.1　启动 Redis

此外，可以在 Redis 客户端中关闭 Redis 服务：以 redis-cli 命令启动 Redis 客户端，然后通过 shutdown 命令来关闭 Redis 服务，用 exit 命令退出命令窗口，如图 4.2 所示。

```
Microsoft Windows [版本 10.0.19042.1526]
(c) Microsoft Corporation。保留所有权利。

C:\Program Files\Redis>redis-cli
127.0.0.1:6379> shutdown
not connected> exit
```

图 4.2　在 Redis 客户端中关闭 Redis 服务并退出

4.2.3 Redis 数据存取

在 Redis 安装目录中，用 redis-cli 命令打开 Redis 客户端，如下。

```
C:\Program Files\Redis>redis-cli
```

接下来，通过 Redis 客户端就可以对 Redis 服务中的各类数据进行存取测试了。

1. 字符串操作

字符串（String）类型数据是 Redis 中最为常见的存储数据。

常用命令如下。

（1）set：设置键值对。

（2）get：获取给定键的值。

（3）del：删除键值对。

（4）mset：设置多个键值对。

（5）mget：获取多个给定键的值。

【例 4.1】对字符串类型值的操作。

```
1.127.0.0.1:6379> set name adams
2.OK
3.127.0.0.1:6379> get name
4."adams"
5.127.0.0.1:6379> del name
6.(integer) 1
7.127.0.0.1:6379> get name
8.(nil)
9.127.0.0.1:6379> mset name bob age 20
10.OK
11.127.0.0.1:6379> mget name age
12."bob"
13."20"
```

第 1 行，用 set 命令设置 name 键对应的值为 adams，返回 OK 代表操作成功。若失败会返回 error。如果在 set 命令中出现两个值（如 ad 和 ams），会导致语法错误，如下。

```
127.0.0.1:6379> set name ad ams
(error) ERR syntax error
```

第 3 行，用 get 命令获取 name 键对应的值。

第 5 行，用 del 命令删除 name 键对应的键值对数据。此时（第 7 行）再用 get name 获取 name 值将返回 “(nil)”，nil 代表无值。

第 9 行，用 mset 命令设置多个键值对：name 键对应的值为 bob、age 键对应的值为 20。

第 11 行，用 mget 命令获取多个键的值，这里分别返回 name 的值和 age 的值。

2. 哈希值操作

哈希（Hash）值以散列表形式存放，散列表形式特别适合用于存储对象。

常用命令如下。

（1）hset：设置键的属性值。

（2）hget：获取键的属性值。

（3）hmset：设置键的多个属性值。

（4）hmget：获取多个给定键的值。

【例 4.2】对哈希类型值的操作。

```
1.127.0.0.1:6379> hset emp1 name adams
2.(integer) 1
3.127.0.0.1:6379> hset emp1 age 20
4.(integer) 1
5.127.0.0.1:6379> hget emp1 name
6."adams"
7.127.0.0.1:6379> hmset emp2 name bob age 21
```

```
8.OK
9.127.0.0.1:6379> hmget emp2 name age
10."bob"
11."21"
```

第 1 行，用 hset 命令设置 emp1 的 name 属性值为 adams，返回 1 代表操作成功。

第 3 行，用 hset 命令设置 emp1 的 age 属性值为 20。

第 5 行，用 hget 命令获取 emp1 的 name 属性值，返回了前面 hset 命令设置的值 adams。

第 7 行，用 hmset 命令设置 emp2 的多个属性值：name 属性值为 bob、age 属性值为 21。返回 OK 代表操作成功。

第 9 行，用 hmget 命令同时获取 emp2 的 name 属性值和 age 属性值。第 10、11 行返回了正确的结果。

3. 列表操作

列表（List）值以字符串列表形式存放，且按照插入顺序从左到右进行排序。

常用命令如下。

（1）lpush：插入键值。

（2）lpop：头部删除元素并返回该值

（3）rpop：尾部删除元素并返回该值。

（4）lrange：获取列表指定范围内的元素。

【例 4.3】对列表类型值的操作。

```
1.127.0.0.1:6379> lpush top3 java
2.(integer) 1
3.127.0.0.1:6379> lpush top3 python
4.(integer) 2
5.127.0.0.1:6379> lpush top3 c
6.(integer) 3
7.127.0.0.1:6379> lpush top3 csharp
8.(integer) 4
9.127.0.0.1:6379> lrange top3 0 -1
10."csharp"
11."c"
12."python"
13."java"
14.127.0.0.1:6379> rpop top3
15."java"
16.127.0.0.1:6379> lrange top3 0 -1
17."csharp"
18."c"
19."python"
```

第 1 行，用 lpush 命令在 top3 列表中插入元素 java，返回 1 代表操作成功。

第 3、5、7 行，用 lpush 命令在 top3 列表中分别再插入元素 python、c、csharp。此时

在 top3 键位置有 4 个元素，且是排序的。

第 9 行，用 lrange 命令获取 top3 列表中的元素值。因为列表中元素是排序的，所以命令返回值为 csharp、c、python、java。注意：lrange 的第 2 个和第 3 个参数，分别代表起、止下标位置。而 0 为列表起始下标（列表下标从 0 开始）、-1 为列表结束下标（代表尾部）。

第 14 行，用 rpop 命令从列表中删除尾部元素并返回该值，所以返回了 java。

第 16 行再次运行 lrange 命令，返回列表中少了被 14 行 rpop 命令移除的 java 元素。

4. 集合操作

集合（Set）数据是无序的，并且每个成员都是唯一的。对集合可进行交集、差集和并集等操作。

常用命令如下。

（1）sadd：插入集合元素。

（2）smembers：获取集合的元素。

（3）sinter：交集运算。

（4）sdiff：差集运算。

（5）sunion：并集运算。

【例 4.4】对集合类型值的操作。

```
1.127.0.0.1:6379> sadd role1_users adams
2.(integer) 1
3.127.0.0.1:6379> sadd role1_users bob
4.(integer) 1
5.127.0.0.1:6379> sadd role1_users cindy
6.(integer) 1
7.127.0.0.1:6379> sadd role2_users cindy
8.(integer) 1
9.127.0.0.1:6379> sadd role2_users danie
10.(integer) 1
11.127.0.0.1:6379> smembers role2_users
12."danie"
13."cindy"
14.127.0.0.1:6379> sinter role1_users role2_users
15."cindy"
16.127.0.0.1:6379> sdiff role1_users role2_users
17."adams"
18."bob"
19.127.0.0.1:6379> sunion role1_users role2_users
20."danie"
21."adams"
22."bob"
23."cindy"
```

第 1 行，用 sadd 命令在 role1_users 集合中插入元素 adams，返回 1 代表操作成功。

第 3、5 行，用 sadd 命令在 role1_users 集合中分别插入了元素 bob、cindy。

注意：若用 sadd 命令将相同值元素插入集合中，集合中只会保留一个数据，因为集合元素是不允许重复的。

第 7、9 行，用 sadd 命令在 role2_users 集合中分别插入了元素 cindy、danie。

第 11 行，用 smembers 命令取出 role2_users 集合中元素，返回为 cindy、danie。

第 14 行，用 sinter 命令对 role1_users 和 role2_users 两个集合做交集运算，结果为 cindy。

第 16 行，用 sdiff 命令对 role1_users 和 role2_users 两个集合做差集运算，结果为 adams、bob。

第 19 行，用 sunion 命令对 role1_users 和 role2_users 两个集合做并集运算，结果为 danie、adams、bob、cindy。

5. 有序集合操作

有序集合（Sorted Set，Zset）数据为多个不重复元素，每个元素都会关联一个 double 类型的分值。通过分值来为集合中的元素进行排序。

常用命令如下。

（1）zadd：插入集合元素。

（2）zrange：获取集合的元素。

【例 4.5】对有序集合类型值的操作。

```
1.127.0.0.1:6379> zadd databases 1 python
2.(integer) 1
3.127.0.0.1:6379> zadd databases 1 mysql
4.(integer) 1
5.127.0.0.1:6379> zadd databases 2 oracle
6.(integer) 1
7.127.0.0.1:6379> zadd databases 3 mssql
8.(integer) 1
9.127.0.0.1:6379> zadd databases 4 mssql
10.(integer) 0
11.127.0.0.1:6379> zrange databases 0 -1 withscores
12."mysql"
13."1"
14."python"
15."1"
16."oracle"
17."2"
18."mssql"
19."4"
```

第 1、3、5、7、9 行，用 zadd 命令在有序集合 databases 中插入了 5 个数据。注意每个数据都有两个值，一个是分值，另一个是元素值。其中，分值代表了排序值，是可以重复的，但元素值作为集合成员是不可重复的。观察第 1 行和第 3 行中分值都为 1，zadd 操作没有问题；第 9 行 zadd 操作返回 0（代表操作失败），这是因为第 7 行已经加过相同元素值 mssql。

第 11 行，用 zrange 命令获取有序集合 databases 中的元素。从运行结果可以看出，分数值可重复，但元素值不可重复。

提示：使用 keys * 命令，可查看所有的键。

4.3 Spring Boot 整合 Redis

在 IDEA 环境中，遵从如下步骤，就可以实现在 Spring Boot 项目中整合和使用 Redis 框架。

4.3.1 构建项目时引入 Redis 相关依赖

在 Spring Boot 项目的 pom.xml 文件中加入 Redis 依赖坐标，就可整合 Redis，如下。

```
<dependency>
    <groupId>org.springframework.boot</groupId>
    <artifactId>spring-boot-starter-data-redis</artifactId>
</dependency>
```

实际开发时，使用 Spring Initializr 方式构建 Spring Boot 项目，勾选 Redis 相关依赖即可，这样更为简便，且不易出错。具体操作如下。

在 IDEA 环境中，单击 File → New → Project 选项，选择 Spring Initializr 方式，输入项目名“demo-sp-redis”，单击 Next 按钮，如图 4.3 所示。

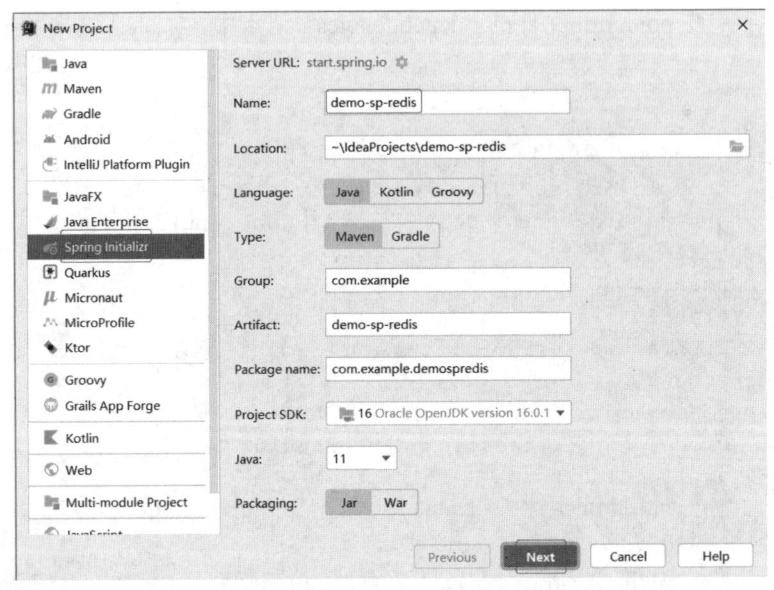

图 4.3　选择 Spring Initializr 方式创建 Spring Boot 项目

接着勾选 Spring Web、Lombok 和 Spring Data Redis（Access+Driver）依赖，单击 Finish 按钮，如图 4.4 所示。

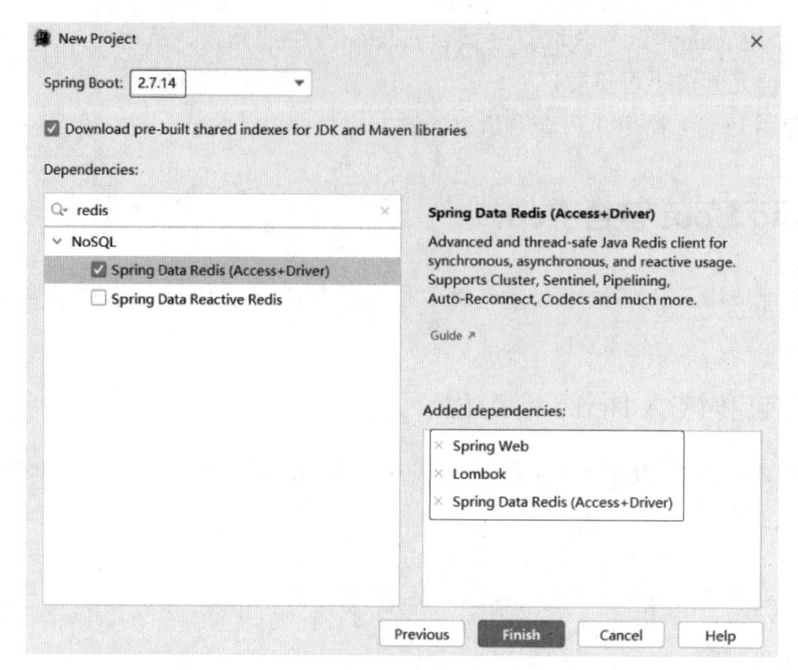

图 4.4　勾选 Spring Data Redis 在内的多个依赖

依赖说明：Spring Data Redis 是 Spring Boot 整合 Redis 的关键，在 Spring Boot 项目中，对 Redis 数据操作，实际是通过 Spring Data Redis 依赖实现的。此外，Spring Web 为开发 Spring MVC 项目所必需，Lombok 则用以简化编写实体类代码。

以上操作后，在 pom.xml 文件的 <dependencies> 结点中，加入了 3 个相应的依赖，代码如下。

```
<dependencies>
     <dependency>
         <groupId>org.springframework.boot</groupId>
         <artifactId>spring-boot-starter-web</artifactId>
     </dependency>
     <dependency>
         <groupId>org.springframework.boot</groupId>
         <artifactId>spring-boot-starter-data-redis</artifactId>
     </dependency>
     <dependency>
         <groupId>org.projectlombok</groupId>
         <artifactId>lombok</artifactId>
         <optional>true</optional>
     </dependency>
     ...
</dependencies>
```

4.3.2　配置连接 Redis 数据库参数

打开 src\main\resources 目录下的项目主配置文件 application.properties，在文件中设置 Redis 参数。此处的 Redis 安装于本机，侦听端口为 6379，未设密码。代码如下。

```
spring.redis.host=127.0.0.1
spring.redis.port=6379
spring.redis.password=
```

4.3.3 创建实体类

创建一个员工实体类 Emp，代码如下。

```
1.@Data
2.public class Emp implements Serializable {
3.    Integer id;
4.    String name;
5.    @DateTimeFormat(pattern = "yyyy-MM-dd HH:mm:ss")  //前端传递过来的数
                                                      //据格式
6.    @JsonFormat(pattern="yyyy-MM-dd",timezone = "GMT+8") //按指定 Pattern
                                                    //转 JSON 格式返回结果
7.    Date birth;
8.}
```

第 5 ～ 6 行，@DateTimeFormat 的作用为：当使用字符串值设置该字段时，会根据 pattern 属性指定的日期格式进行转换，将字符串解析为对应的日期对象。而 @JsonFormat 的作用为：在将 Java 对象转换为 JSON 字符串时，会按照 pattern 属性指定的日期格式进行格式化。如此可以确保从前端传递过来的日期数据能够正确地设置到 Date 属性中，以及 Date 属性能按照日期格式要求转换为 JSON 数据返回给前端。

4.3.4 创建控制器类

RedisTemplate 是个实现了对 Redis 各种操作的 Java 工具类，利用 RedisTemplate 提供的 API，可优雅地对 Redis 数据进行增、删、改、查处理。

此处创建控制器类 EmpController。在 EmpController 类中使用 RedisTemplate API，对员工实体类 Emp 数据进行增、删、改、查操作。代码如下。

```
1.@RestController
2.@RequestMapping("/emp")
3.public class EmpController {
4.     @Resource  //@Autowired 注解按照 type 注入，若出错则用 @Resource 注解按
                  //name 注入
5.     RedisTemplate redisTemplate;
6.     @PostMapping({"", "/add"})  //添加员工
7.     public boolean add(@RequestBody Emp emp){ //JSON 格式请求，参数绑定对
                                                 //象属性
8.         redisTemplate.opsForValue().set(emp.getId(), emp);
9.         return redisTemplate.hasKey(emp.getId()); //id 存在说明成功加入 Redis
10.     }
11.     @GetMapping("/{id}")         //获取员工
12.     public Emp get(@PathVariable("id")Integer id){
13.         return (Emp) redisTemplate.opsForValue().get(id);
14.     }
```

```
15.     @DeleteMapping("/{id}")     // 删除员工
16.     public boolean delete(@PathVariable("id") String id){
17.         redisTemplate.delete(id);
18.         return !redisTemplate.hasKey(id); //id 不存在说明删除成功
19.     }
20.     @PutMapping({"", "/edit"})  // 编辑员工
21.     public boolean update(@RequestBody Emp emp){//JSON 格式请求，参数绑
                                                    // 定对象属性
22.         if(redisTemplate.hasKey(emp.getId())) { //id 值存在，说明 Redis
                                                    // 中存在对应的 emp
23.             redisTemplate.opsForValue().set(emp.getId(), emp);//Redis
                                                    // 中替换 id 值对应的 emp
24.             return redisTemplate.hasKey(emp.getId());
25.         }
26.         return false;
27.     }
28.}
```

第 1 行，用 @RestController 注解相当于使用了 @ResponseBody 加 @Controller 两个注解。其作用是：指定控制器不返回视图，而是返回文本、JSON、XML 或自定义 MediaType 内容。本处用于返回 JSON 数据。

第 4 ～ 5 行，@Resource 注解自动从 Spring IoC 容器中装配一个 RedisTemplate 对象，并将其注入类型为 RedisTemplate 的属性 redisTemplate 中。如此装配 redisTemplate 后，就可以通过 RedisTemplate API 操作 Redis 数据了，如 redisTemplate.opsForValue().set(key,value) 代码可将数据放入 Redis 库中或替换库中的数据，redisTemplate.opsForValue().get(key) 代码可以取出 Redis 库中数据，redisTemplate.delete(key) 可删除 Redis 库中数据。

第 6 ～ 10 行，定义了添加员工方法。@RequestBody Emp emp 代码会将前端提交参数封装到 emp 对象属性中，redisTemplate.opsForValue().set(emp.getId(), emp) 代码则将员工 id 值和员工对象作为“键值对”保存到 Redis 库中。

第 11 ～ 14 行，定义了获取员工方法。@PathVariable("id") 代码会解析路径参数获得员工 id 值，再通过 redisTemplate.opsForValue().get(id) 从 Redis 库获取 id 值所对应的员工对象。

第 15 ～ 19 行，定义了删除员工方法。@PathVariable("id") 代码解析路径参数获得员工 id 值，再通过 redisTemplate.delete(id) 代码从 Redis 库中删除 id 值所对应的员工对象。

第 20 ～ 27 行，定义了编辑员工方法。@RequestBody Emp emp 代码将前端提交参数封装到 emp 对象属性中；用 redisTemplate.hasKey(emp.getId()) 代码判断 Redis 库中是否存在 id 值对应的员工；如果存在员工数据，则用 redisTemplate.opsForValue().set(emp.getId(), emp) 代码实现对 Redis 库中原有员工数据的替换。

4.3.5 测试控制器类方法

在各 Redis 测试方法上设置断点，如图 4.5 所示。然后以 Debug 模式启动应用。

```
EmpController.java
13    @PostMapping({"", "/add"})  //restful风格，提交方式
14    public boolean add(@RequestBody Emp emp){//JSON格式请求
15        redisTemplate.opsForValue().set(emp.getId(),emp);
16        return redisTemplate.hasKey(emp.getId());//id存在说明成功加入redis
17    }
18    @GetMapping("/{id}")
19    public Emp get(@PathVariable("id")Integer id){
20        return (Emp) redisTemplate.opsForValue().get(id);
21    }
22    @DeleteMapping("/{id}")
23    public boolean delete(@PathVariable("id") String id){
24        redisTemplate.delete(id);
25        return !redisTemplate.hasKey(id);//id不存在说明删除成功
26    }
27    @PutMapping({"", "/edit"})
28    public boolean update(@RequestBody Emp emp){//JSON格式请求
29        if(redisTemplate.hasKey(emp.getId())) { //id不存在，说明redis中不存在该emp
30            redisTemplate.opsForValue().set(emp.getId(), emp);//redis中替换id对应emp
31            return redisTemplate.hasKey(emp.getId());
32        }
33        return false;
34    }
```

图 4.5　在各 Redis 测试方法上设置断点

接下来，使用 Postman 工具对上述方法进行 HTTP 接口测试。

在 Postman 环境中，单击 File → New Postman Window 选项，打开 Postman 测试窗口，如图 4.6 所示。

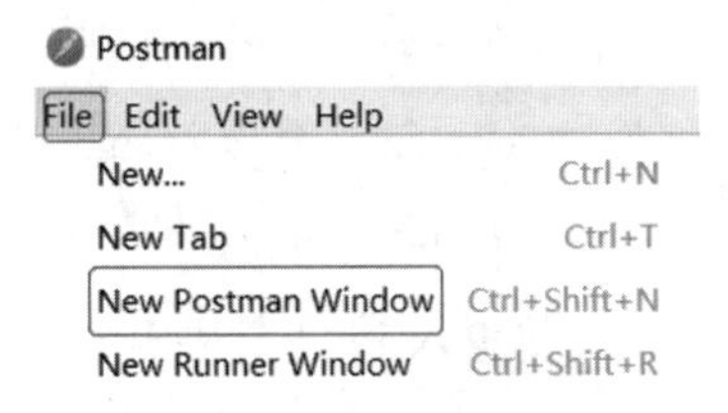

图 4.6　打开 Postman 测试窗口

1. 测试 add() 方法

在 Postman 测试窗口中，选择 POST 方式，输入 URL “http://localhost:8080/emp”，单击 Body → raw 选项，下拉选择 JSON，输入如下 JSON 数据。

```
{
  "id":1,
  "name":"Adams",
  "birth":"2000-3-4"
}
```

然后单击 Send 按钮，具体操作如图 4.7 所示。

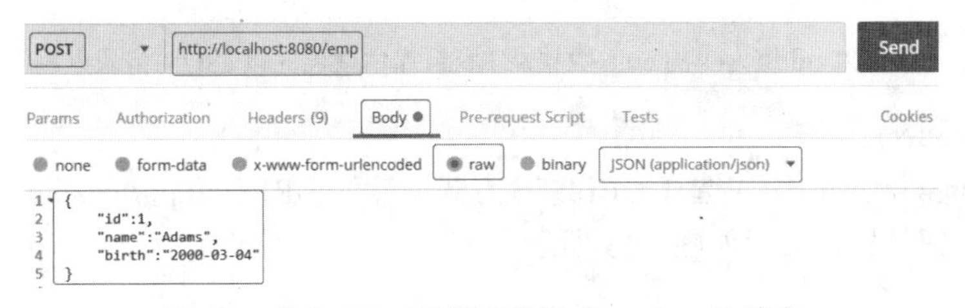

图 4.7　输入 JSON 数据并发送 “Post/emp” 请求

单击 Send 按钮后，程序会在如图 4.8 所示第 15 行断点处停下，可观察到请求被正确

映射到 add() 方法处理，JSON 数据也被正确组装到 emp 对象中，继续执行第 16 行代码后 emp 对象数据会加入 Redis 库中，最后 add() 方法返回 true，如图 4.9 所示。

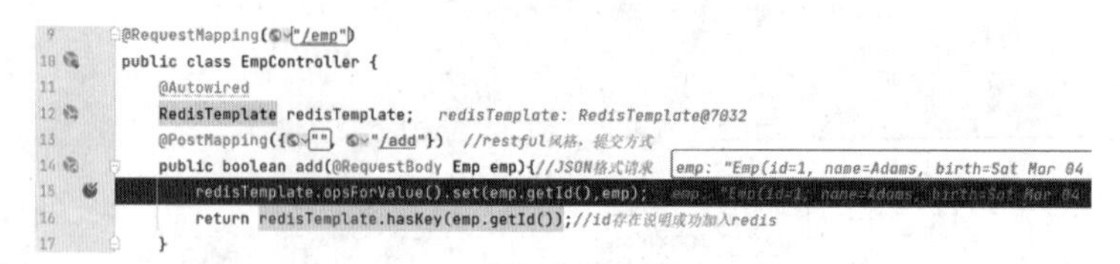

图 4.8 “Post /emp”请求被映射到 add() 方法处理

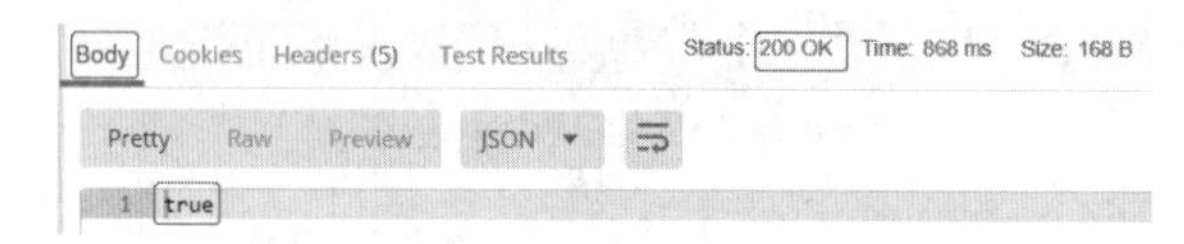

图 4.9 数据插入 Redis 成功后方法返回 true

2. 测试 get() 方法

在 Postman 测试窗口中，选择 GET 方式，输入 URL“http://localhost:8080/emp/1”，并单击 Send 按钮，操作界面如图 4.10 所示。

图 4.10 通过 Postman 发送“Get/emp/1”请求

单击 Send 按钮后，程序在如图 4.11 所示断点处停下，可观察到请求被正确映射到 get() 方法处理，参数值 1 被正确捕获并置入 id 变量中。

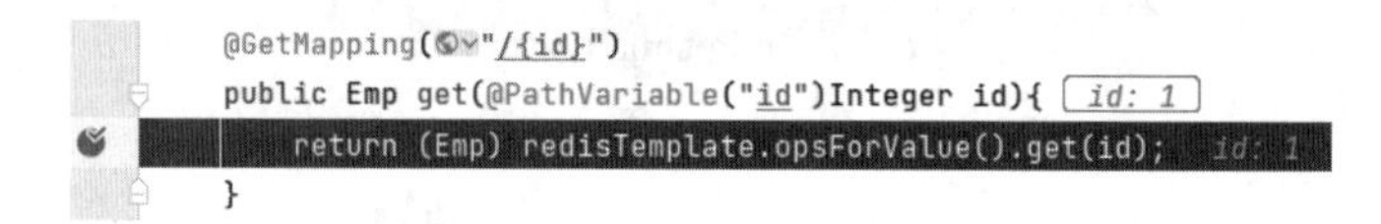

图 4.11 “Get /emp/1”请求被映射到 get() 方法处理

继续运行，id 值为 1 的 emp 数据从 Redis 数据库中被读出，并以 JSON 格式返回前端，如图 4.12 所示。

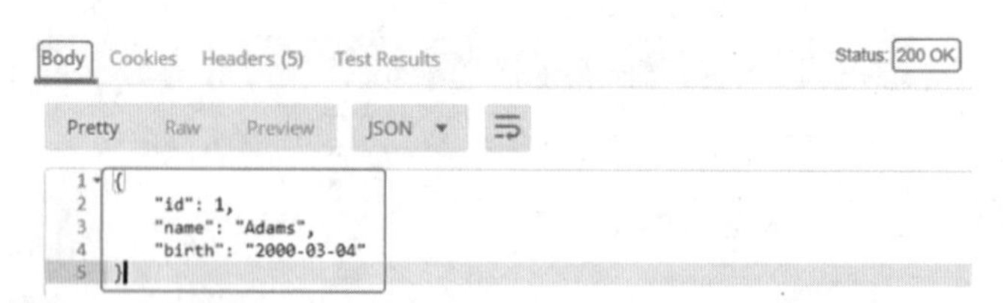

图 4.12 id 值为 1 的 emp 数据从 Redis 库中读出并以 JSON 格式返回

3. 测试 delete() 方法

在 Postman 测试窗口中，选择 DELETE 方式，输入 URL“http://localhost:8080/emp/1”，并单击 Send 按钮，操作界面如图 4.13 所示。

图 4.13 通过 Postman 发送“Delete /emp/1”请求

单击 Send 按钮后，程序在如图 4.14 所示断点处停下，请求被正确映射到 delete() 方法处理，参数值 1 被正确捕获并置入 id 变量中。

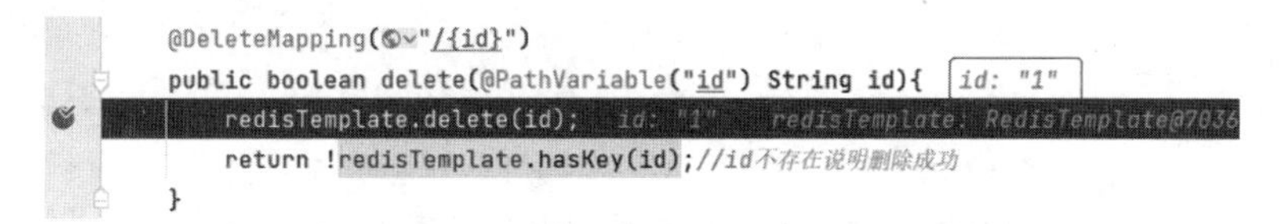

图 4.14 “Delete /emp/1”请求被映射到 delete() 方法处理

继续运行，id 值为 1 的 emp 数据从 Redis 数据库中删除，最终 delete() 方法返回为 true，如图 4.15 所示。

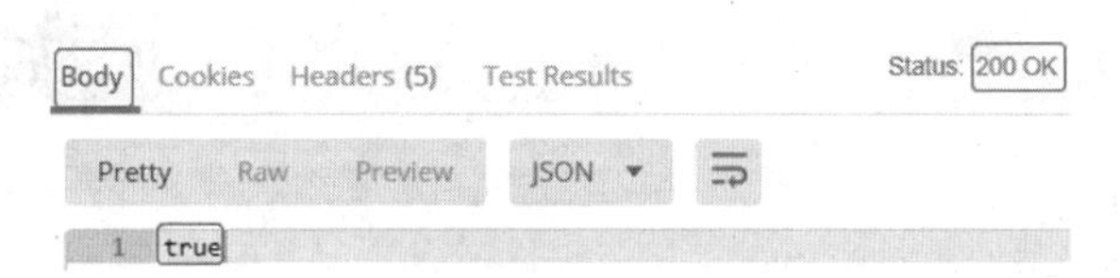

图 4.15 id 值为 1 的 emp 数据从 Redis 库中删除并返回 true 值

4. 测试 update() 方法

在 Postman 测试窗口中，选择 PUT 方式，输入 URL “http://localhost:8080/emp”，单击 Body → raw 选项，下拉选择 JSON，输入如下 JSON 数据。

```
{
  "id":1,
  "name":"Ada",
  "birth":"2001-04-05"
}
```

然后单击 Send 按钮，如图 4.16 所示。

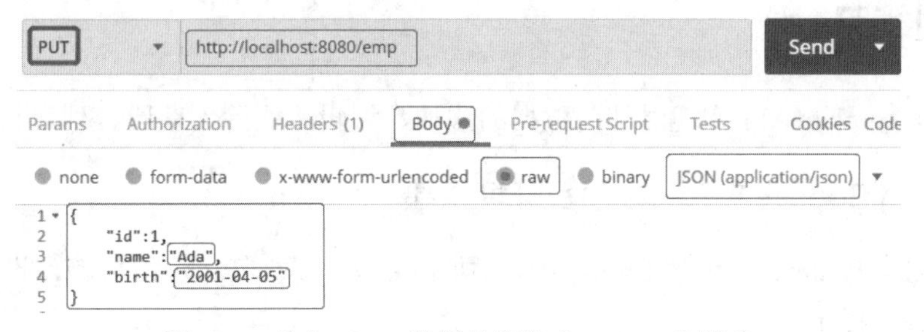

图 4.16 输入 JSON 数据并发送“Put /emp”请求

单击 Send 按钮后，在如图 4.17 所示断点处停下，请求被正确映射到 update() 方法处理，此时 JSON 数据会被正确组装到 emp 对象中。

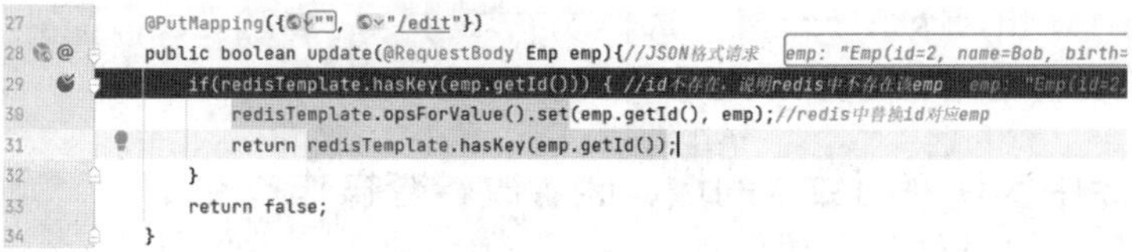

```
27 @PutMapping({"", "/edit"})
28 public boolean update(@RequestBody Emp emp){//JSON格式请求   emp: "Emp(id=2, name=Bob, birth=
29     if(redisTemplate.hasKey(emp.getId())) { //id不存在，说明redis中不存在该emp   emp: "Emp(id=2
30         redisTemplate.opsForValue().set(emp.getId(), emp);//redis中替换id对应emp
31         return redisTemplate.hasKey(emp.getId());
32     }
33     return false;
34 }
```

图 4.17 “Put/emp”请求被映射到 add() 方法处理

继续运行，emp 对象数据被写回 Redis 数据库中，最终 update() 方法返回为 true，如图 4.18 所示。

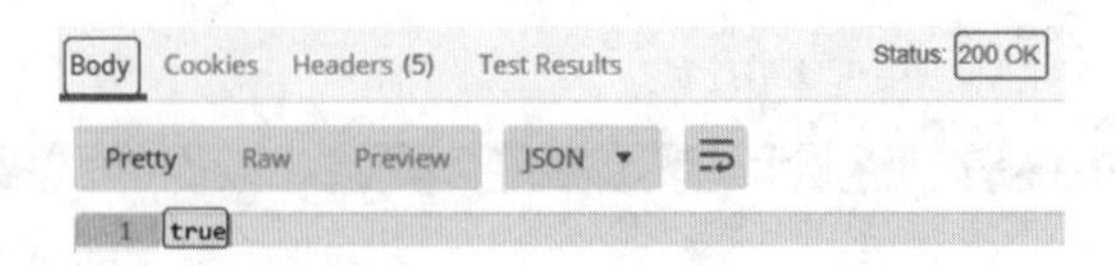

图 4.18　数据被成功写回 Redis 数据库后方法并返回 true

注意：当 id 值在 Redis 中不存在时，会返回 false，代表编辑失败。如图 4.19 所示，JSON 数据中设置 id 值为 2，再单击 Send 按钮，返回 false。

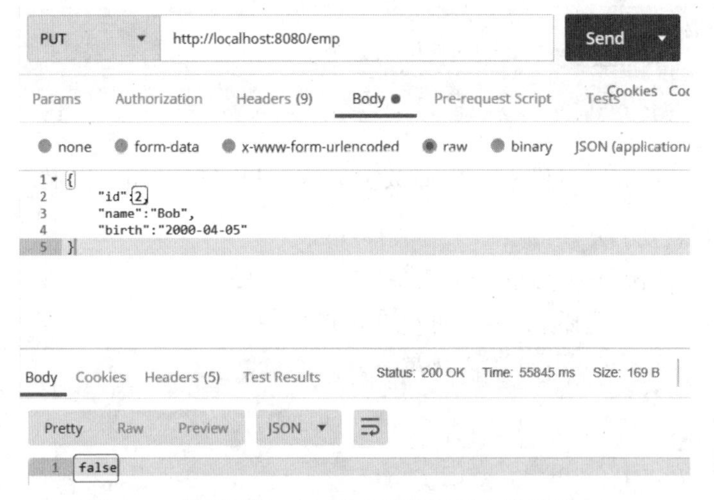

图 4.19　数据写回 Redis 数据库失败后方法返回 false

4.4　巩固练习

用 RedisTemplate API 实现对部门数据的添加、编辑、删除、获取、列表和查询操作。

4.4.1　Spring Boot 整合 Redis 项目环境搭建

安装 Redis、Postman，创建 Spring Boot 项目 demo，添加 Redis 等依赖，设置全局参数。实现步骤，提示如下。

（1）安装 Redis x64 3.0。

（2）安装 Postman 6。

（3）用 Spring Initializr 方式构建 Spring Boot 项目 demo，注意勾选 Lombok、Spring Web 和 Spring Data Redis 相关依赖。

（4）在全局变量文件中设置 Redis 参数。

4.4.2　Redis 库中实现部门数据的增、删、改、查操作

用 RedisTemplate API 完成对部门数据的增、删、改、查操作。

实现步骤，提示如下。

（1）编写部门实体类 Dept。

实体类 Dept 可序列化，属性应包括：id 编号、name 名称、location 地址、createDate 成立日期。

为保证日期格式转换，在 createDate 属性上加 @DateTimeFormat(pattern="yyyy-MM-dd") 和 @JsonFormat(pattern="yyyy-MM-dd", timezone ="GMT+8") 两个注解。

（2）编写控制器类 DeptController。

创建控制器类 DeptController，并加上 @RestController 注解。编写增、删、改、查 4 个方法：add(Dept dept)、delete(int deptId)、update(Dept dept) 和 get(int dept_id)。用 RedisTemplate API 具体实现方法功能。

（3）用 Postman 测试控制器类各方法。

Postman 工具的测试顺序为 add、get、update、delete，具体测试内容如表 4.1 所示。

表 4.1　Postman 工具的具体测试内容

被测方法	方式	URL	JSON 数据

add	POST	http://localhost:8080/dept	{
			"id":1,
			"name":" 人事处 ",
			"location":" 上海 ",
			"createDate":"2001-2-3"
			}

get	GET	http://localhost:8080/dept/1	

update	PUT	http://localhost:8080/dept	{
			"id":1,
			"name":" 组织部 ",
			"location":" 北京 ",
			"createDate":"2004-5-6"
			}

delete	DELETE	http://localhost:8080/dept/1	

第 5 章
整合视图模板引擎 Thymeleaf

Spring Boot 项目中整合视图模板引擎 Thymeleaf 后，可以轻易地与 Spring MVC 框架集成，实现 Web 项目前端功能。

视频讲解

5.1 Thymeleaf 简介

有了前端视图模板引擎技术，前端开发者可以更好地专注于页面设计。目前，Spring Boot 支持多种视图模板引擎，包括 FreeMarker、Thymeleaf、Groovy、Mustache 等。其中，Thymeleaf 是新一代的 Java 模板引擎，并且与 Spring Boot 整合效果非常好。因此，在进行页面设计时，通常选择 Thymeleaf 作为视图模板引擎。

Thymeleaf 是一个面向 HTML 语法的前端视图模板引擎，它可以在现有的 HTML 标记上添加额外的属性来展示数据。Thymeleaf 文件可以直接在浏览器中打开，浏览器会忽略 Thymeleaf 标签属性，并根据 HTML 标记呈现静态的页面效果。只有当通过 Web 服务器进行访问时，Thymeleaf 标签属性才会被动态替换为相应的数据内容，从而呈现出动态的页面效果。

在 Spring Boot 整合 Thymeleaf 的场景中，前端开发者会预先设计静态网页，并在需要填充或变化的数据位置留下占位符，形成 Thymeleaf 模板文件。后端代码通过 Model 等对象将数据返回给 Thymeleaf 模板，然后 Thymeleaf 属性语法会动态处理这些数据，最终呈现页面动态效果。

5.2 Spring Boot 整合 Thymeleaf

在 IDEA 环境中遵从如下步骤，就可实现在 Spring Boot 项目中整合和使用视图模板引擎 Thymeleaf。

5.2.1　构建项目时引入 Thymeleaf 依赖

在 Spring Boot 项目的 pom.xml 文件中加入 Thymeleaf 依赖，就可整合 Thymeleaf 模板引擎，代码如下。

```
    <dependency>
        <groupId>org.springframework.boot</groupId>
        <artifactId>spring-boot-starter-thymeleaf</artifactId>
    </dependency>
```

实际开发时，使用 Spring Initializr 方式构建 Spring Boot 项目，勾选 Thymeleaf 相关依赖即可，这样更为简便，且不易出错。操作如下。

IDEA 环境中，单击 File → New → Project 选项，选择 Spring Initializr 方式，输入项目名“demo-sp-thymeleaf”，单击 Next 按钮，如图 5.1 所示。

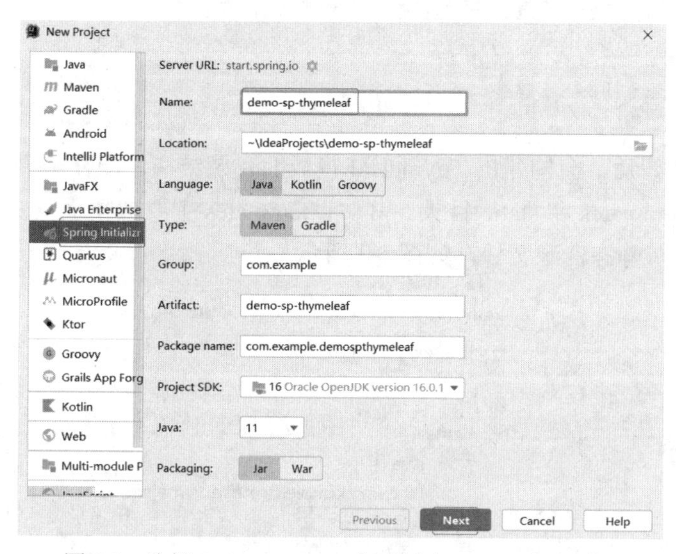

图 5.1　选择 Spring Initializr 方式创建 Spring Boot 项目

接着勾选 Lombok、Spring Web 和 Thymeleaf 依赖，单击 Finish 按钮，如图 5.2 所示。

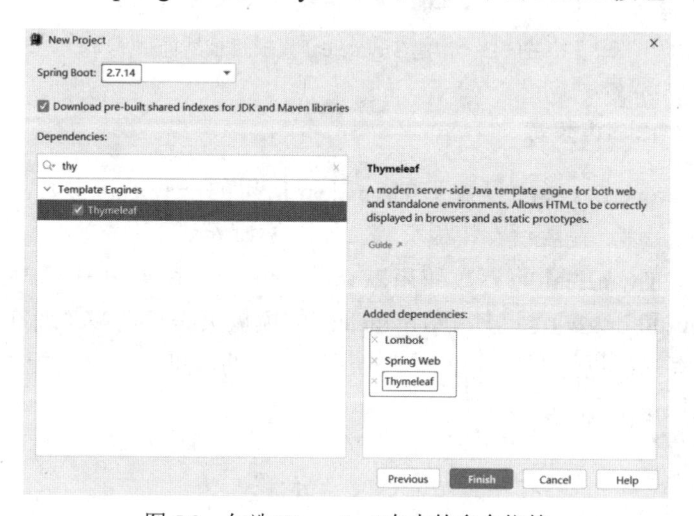

图 5.2　勾选 Thymeleaf 在内的多个依赖

通过以上勾选，会在pom.xml文件的<dependencies>结点中加入3个相应的依赖启动器。代码如下。

```
<dependencies>
    <dependency>
        <groupId>org.springframework.boot</groupId>
        <artifactId>spring-boot-starter-web</artifactId>
    </dependency>
    <dependency>
        <groupId>org.springframework.boot</groupId>
        <artifactId>spring-boot-starter-thymeleaf</artifactId>
    </dependency>
    <dependency>
        <groupId>org.projectlombok</groupId>
        <artifactId>lombok</artifactId>
        <optional>true</optional>
    </dependency>
    ....
</dependencies>
```

单击Finish按钮后，会构建出Thymeleaf模板的目录结构。即在项目src\main\resources目录下分别创建templates和static目录。其中，templates主要放模板页文件，static主要存放css、js、image等静态资源文件，如图5.3所示。

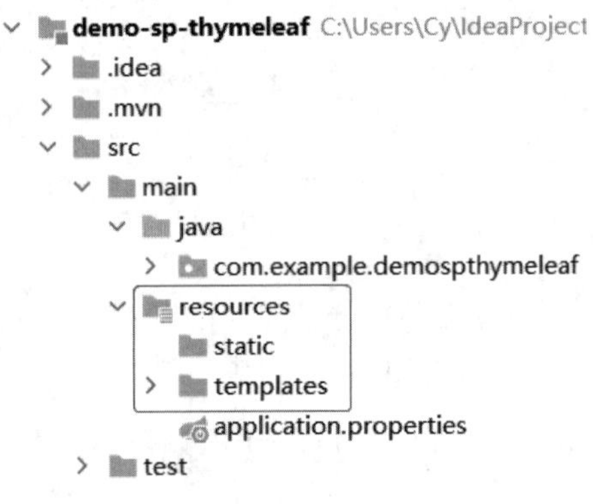

图5.3　构建Thymeleaf模板目录结构

5.2.2　配置Thymeleaf参数

在ThymeleafProperties类中设置了Thymeleaf所用的一些默认参数，包括模板页所在目录、模板页文件后缀、是否缓存模板页等，如图5.4所示。

通常情况下，Thymeleaf的参数使用默认值即可，不需要进行修改。但在开发环境中，为了方便调试和开发，建议禁用Thymeleaf的模板页缓存功能。而在生产环境中，可以使用默认的缓存功能以提升性能。为了实现这一目的，可以在全局配置文件application.properties中添加以下配置项。

```
ThymeleafAutoConfiguration.class ×   ThymeleafProperties.class ×
17      prefix = "spring.thymeleaf"  Ctrl+N寻找类
18  )
19  public class ThymeleafProperties {
20      private static final Charset DEFAULT_ENCODING;
21      public static final String DEFAULT_PREFIX = "classpath:/templates/";
22      public static final String DEFAULT_SUFFIX = ".html";
23      private boolean checkTemplate = true;
24      private boolean checkTemplateLocation = true;
25      private String prefix = "classpath:/templates/";
26      private String suffix = ".html";
27      private String mode = "HTML";
28      private Charset encoding;
29      private boolean cache;
```

图 5.4　Thymeleaf 默认配置参数

```
spring.thymeleaf.cache=false
```

5.2.3　创建 Thymeleaf 模板页

在项目 src\main\resources 目录下有 templates 子目录，该目录就是用来存放 Thymeleaf 模板页的。右击 templates 选择 New → HTML File 选项，输入“Welcome”，按 Enter 键，创建 Thymeleaf 模板文件 Welcome.html，如图 5.5 和图 5.6 所示。

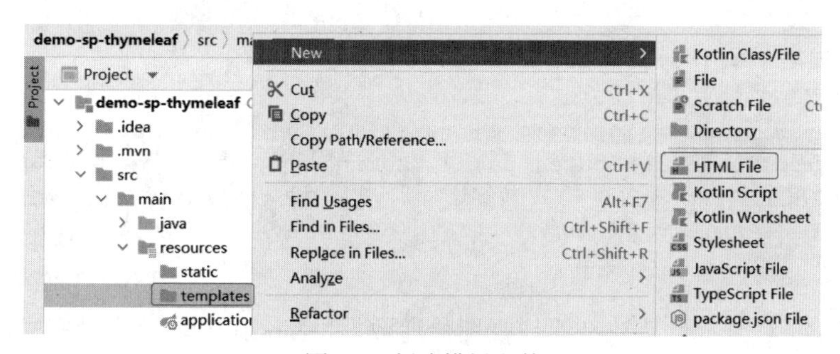

图 5.5　创建模板文件

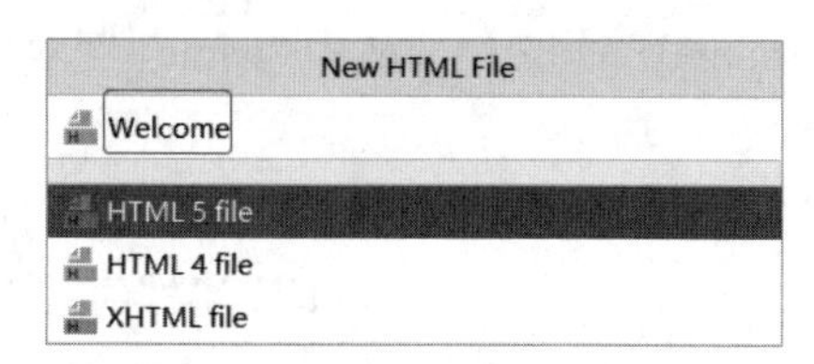

图 5.6　输入模板文件名“Welcome”

打开 Welcome.html 文件。在 <html> 标签中加入 xmlns:th="http://www.thymeleaf.org" 属性，用于引入 Thymeleaf 模板标签，使模板文件中可以使用 Thymeleaf 的特定标签和表达式。然后为 <span> 标签添加 th:text="${name}" 属性，用于动态显示来自后端传递变量 name 的值。具体代码如下。

```
<!DOCTYPE html>
<html lang="en" xmlns:th="http://www.thymeleaf.org">
<head>
```

```
        <meta charset="UTF-8">
        <title>Title</title>
    </head>
    <body>
        欢迎 :<span th:text="${name}"> 先生 / 女士 </span>
    </body>
    </html>
```

用浏览器直接打开 Welcome.html 文件，浏览器会忽略 Thymeleaf 的标签属性，因此 <span> 中默认文字“先生 / 女士”不会被动态替代，只会显示静态效果，如图 5.7 所示。

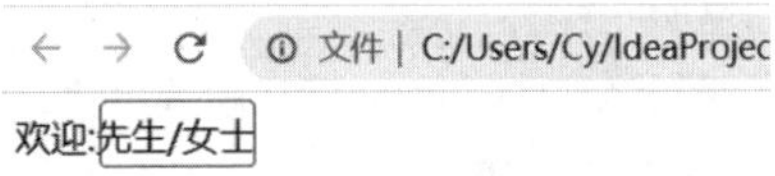

← → C ⓘ 文件 | C:/Users/Cy/IdeaProjec

欢迎:先生/女士

图 5.7　在浏览器中直接打开模板文件只显示静态效果

5.2.4　创建控制器类

创建控制器类 WelcomeController。在 WelcomeController 内编写 welcome() 方法处理“/welcome”请求：将 name 数据填入 Model 中，并返回 Welcome.html 模板页。运行时，Thymeleaf 会渲染 Welcome.html 模板页，并将 name 值填充到模板页中。代码如下。

```
@Controller
public class WelcomeController {
    @GetMapping("/welcome")
    public String welcome(Model model){
        model.addAttribute("name","Admin");   //thymeleaf 用 ${name} 获取
        return "Welcome";  // 拼接处理后，实际返回 templates\Welcome.html 模板文件
    }
}
```

说明：Model 对象负责从控制器往视图传递数据，Model 中以键值对方式存储数据。以上 Model 中的键值对数据（"name" → "Admin"）会传递给模板页 Welcome.html，模板页中用 Thymeleaf 属性 th:text="${name}" 读取 Model 中 "name" 键对应的值 "Admin" 并渲染到页面上，最后将动态效果返回给客户端。

启动项目，浏览器访问 http://localhost:8080/welcome，将显示如图 5.8 所示效果。可见，通过 Web 服务器访问时 Thymeleaf 模板已生效，th:text 属性值动态替换了原有标签静态内容。

← → C ⓘ localhost:8080/welcome

欢迎:Admin

图 5.8　通过 Web 服务器访问则模板页将显示动态效果

5.3　Thymeleaf 常用语法

Thymeleaf 模板引擎提供了丰富的语法和功能，主要包括 Thymeleaf 表达式、内置对象和内置方法、Thymeleaf 运算符等。

5.3.1 引入 Thymeleaf 模板及资源

使用 Thymeleaf 模板前，需要先声明 Thymeleaf 的命名空间，以及通过 <link> 和 <script> 标签引入所需的 .css、.js 等外部资源。

（1）在 <html> 标签中引入 Thymeleaf 模板标签，代码如下。

```
<html lang="en" xmlns:th="http://www.thymeleaf.org">
```

（2）引入 CSS 文件，代码如下。

```
<link th:href="@{/css/index.css}"  rel="stylesheet">
```

（3）引入 JavaScript 文件，代码如下。

```
<script th:src="@{/js/jquery.js}"></script>
```

5.3.2 Thymeleaf 表达式

1. 变量表达式

变量表达式，形如 ${ 变量 }，用于获取上下文中的变量值。

如以下代码所示。

```
1.<span th:text="${name}"></span>
2.<span th:text="${emp.name}"></span>
3.<span th:text="${session.loginedName}"></span>
```

第 1、2 行，从 Model 对象中分别获取 name 变量值和 emp 对象中的 name 属性值。

第 3 行，从 HttpSession 上下文中获取 loginedName 值。

2. 选择变量表达式

选择变量表达式，形如 *{ 变量 }。选择变量表达式首先使用 th:object 来绑定上下文中的对象，然后使用 * 号来代表这个对象，*{ 变量 } 中的变量就是此对象中的属性。代码如下。

```
1.<div th:object="${emp}">
2.   <span th:text="*{name}"></span>
3.</div>
```

第 1 行有 th:object="${emp}"，因此第 2 行中 * 号就代表了 emp 对象，*{name} 则是获取 emp 对象的 name 属性值。

3. 链接表达式

链接表达式，形如 @{ 变量 }，用于引用静态资源、设置链接的 href 资源值、设置表单的 action 属性值等，如以下代码所示。

```
1.<link  rel="stylesheet"  th:href="@{/css/Register.css}"  href="css/
Register.css">
2.<script th:src="@{/js/jquery.js}" src="js/jquery.js"></script>
3.<a th:href="@{ '/emp/'+${emp.id} }" href="emp/1" >details</a>
```

```
4.<form th:action="@{/register}" action="login.html" method="post">
```

第 1 ～ 2 行，分别用链接表达式引入外部 CSS 文件和外部 JavaScript 文件。

第 3 行，用链接表达式设置了链接的 href 资源值。

第 4 行，用链接表达式设置了表单的 action 属性值。

注意：链接表达式另有“有参格式”写法，如 @{/abc(k1=v1,k2=v2)}，经模板解析后对应的 URL 为 /abc?k1=v1&k2=v2。

4. 片段表达式

片段表达式，形如～{ 模板名 :: 片段名 }，用于将指定的片段内容插入模板中的表达式处，可令代码结构更加清晰，提高代码的重用性和可维护性，如以下代码所示。

```
<div th:insert="~{parts::#footer}"></div>
```

在 div 中插入来自 parts.html 模板中 id 为 footer 的元素块。当然在 templates 目录下应存在 parts.html 文件，在 parts.html 文件内部也应该有类似如下代码。

```
<div id="footer"> copyright 2022—2025 </div>
```

运行后，在浏览器中查看源代码，可看到如下 HTML 代码。

```
<div>
<div id="footer"> copyright 2022—2025 </div>
</div>
```

5. 内联表达式

内联表达式，形如 [[表达式]] 或 [(表达式)]，可将表达式结果写入 HTML 文本中。其中，[[表达式]] 会进行转义处理，[(表达式)] 则不做转义处理，如以下代码所示。

```
[[ ${htmlContent} ]]
[( ${htmlContent} )]
```

其中，htmlContent 数据从控制器而来。假设控制器中有如下代码：

```
model.put("htmlContent","<p> 欢迎 </p>");
```

在浏览器中，以上两个内联表达式会呈现不同的显示效果，如图 5.9 所示。

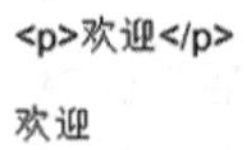

<p>欢迎</p>

欢迎

图 5.9　浏览器中内联表达式转义与非转义呈现不同效果

5.3.3　内置对象和内置方法

在 Thymeleaf 模板页中，可使用 request、session、servletContext 内置对象，从中获取事先用 setAttribute() 置入的数据；Thymeleaf 也定义了 numbers、dates 等常用内置对象，通过这些内置对象的内置方法可简化数值格式化、日期格式化等操作。

1. 常用的内置对象

request、session 和 servletContext 是 Thymeleaf 模板页中常用的内置对象，分别代表了 Web 上下文中的 HttpServletRequest 对象、HttpSession 对象和 ServletContext 对象。在后端控制器的代码中，可使用相应的 setAttribute() 方法将数据放入这些内置对象中，然后在 Thymeleaf 模板中将这些内置对象中的数据取出。

【例 5.1】从 HttpServletRequest 范围内存取数据。

在控制器代码中将数据放入 request 对象中，代码如下。

```
request.setAttribute("reqName","Ruby");
```

在 Thymeleaf 模板页取出 request 中数据，代码如下。

```
<h2 th:text="${#request.getAttribute('reqName')}"></h2>
```

#request 代表了当前 HTTP 请求的上下文。作为简化封装，提供了一些常用的方法来访问请求相关的信息。整行代码的作用是从 HttpServletRequest 范围中获取参数 reqName 的数据。

注意: #request 也可以用 #httpServletRequest 代替。#httpServletRequest 在 Thymeleaf 3 版引入，代表一个完整的 HttpServletRequest 对象，可以访问请求的所有属性和方法。

【例 5.2】从 HttpSession 范围内存取数据。

在控制器中将数据放入 session 对象中，代码如下。

```
request.getSession().setAttribute("sesName","Sam");
```

在 Thymeleaf 模板页中取出 session 中数据，代码如下。

```
<h2 th:text="${#session.getAttribute('sesName')}"></h2>
```

#session 代表了当前会话的上下文。作为简化封装，提供了一些常用的方法来访问会话相关的信息。整行代码的作用是从会话的上下文中获取参数 sesName 的数据。

注意: #session 也可以用 #httpSession 代替。#httpSession 在 Thymeleaf 3 引入，代表一个完整的 HttpSession 对象，可以访问会话的所有属性和方法。

【例 5.3】ServletContext 范围中存取数据。

在控制器中，将数据放入 ServletContext 对象中，代码如下。

```
request.getServletContext().setAttribute("appName","Ada");
```

在 Thymeleaf 模板页中取出 servletContext 中数据，代码如下。

```
<h2 th:text="${#servletContext.getAttribute('appName')}"></h2>
```

#servletContext 代表了应用的上下文。整行代码的作用是从 ServletContext 范围中获取参数 appName 的数据。

2. 常用的内置方法

Thymeleaf 中定义了 strings、numbers、bools、arrays、lists、maps、dates 等内置对象。利用这些内置对象的方法，可在模板页中快速进行字符串格式化、数值格式化、日期格式化、集合操作等。

（1）strings 用于字符串格式化，常用方法有：equals()、equalsIgnoreCase()、length()、trim()、toUpperCase()、toLowerCase()、indexOf()、substring()、replace()、startsWith()、endsWith()、contains()、containsIgnoreCase()。

（2）numbers 用于数值格式化，常用方法为 formatDecimal()。

（3）bools 用于判断表达式值的真假，常用方法有：isTrue()、isFalse()。

（4）arrays 用于处理数组，常用方法有：toArray()、length()、isEmpty()、contains()、containsAll()。

（5）lists 和 sets 用于处理集合，常用方法有：toList()、size()、isEmpty()、contains()、containsAll()、sort()。

（6）maps 用于处理 Map 集合，常用方法有：size()、isEmpty()、containsKey()、containsValue()。

（7）dates 用于日期格式化，常用方法有：format()、year()、month()、hour()、createNow()。

【例 5.4】Thymeleaf 常用内置方法的使用。

本示例展示如何编写控制器和模板页来传递各种数据，并在模板页上使用内置方法进行处理和显示。具体过程如下。

（1）用 Spring Initializr 创建项目，注意勾选 Spring Web 和 Thymeleaf 依赖。

（2）编写控制器 TestController，代码如下。

```
@Controller
public class TestController {
    @RequestMapping("methods")
    public String test(ModelMap map) {
        map.put("myStr", "Hello");
        map.put("myBool", true);
        map.put("myArray", new Integer[]{1,2,3}); // 数组
        map.put("myList", Arrays.asList(1,3,2));  //List
        Map myMap = new HashMap();
        myMap.put("name", "thymeleaf");
        myMap.put("desc", "JavaWeb 视图引擎");
        map.put("myMap", myMap);  //Map
        map.put("myDate", new Date());
        map.put("myNum", 123.456d);
        return "Methods";
    }
}
```

（3）编写模板页 Methods.html，测试内置方法。代码如下。

```
<!DOCTYPE html>
<html lang="en" xmlns:th="http://www.thymeleaf.org">
<head>
    <meta charset="UTF-8">  <title>Methods</title>
</head>
<body>
<h3> 字符串 </h3>
<div th:if="${not #strings.isEmpty(myStr)}" >
  Old Str : <span th:text="${myStr}"/><br>
  toUpperCase : <span th:text="${#strings.toUpperCase(myStr)}"/><br>
  toLowerCase : <span th:text="${#strings.toLowerCase(myStr)}"/><br>
  equals : <span th:text="${#strings.equals(myStr, 'Hello')}"/><br>
  equalsIgnoreCase : <span th:text="${#strings.equalsIgnoreCase(myStr,
'hello')}"/><br>
  indexOf : <span th:text="${#strings.indexOf(myStr, 'e')}"/><br>
  substring : <span th:text="${#strings.substring(myStr, 2, 4)}"/><br>
  replace : <span th:text="${#strings.replace(myStr, 'e', '@')}"/><br>
  startsWith : <span th:text="${#strings.startsWith(myStr, 'He')}"/> <br>
  contains : <span th:text="${#strings.contains(myStr, 'lo')}"/><br>
</div>
<h3> 四舍五入，保留位数 </h3>
<div>
    小数保留 2 位，<span th:text="${#numbers.formatDecimal(myNum, 0, 2)}"/> <br>
    整数保留 3 位，小数保留 2 位 <span th:text="${#numbers.formatDecimal (myNum,
3, 2)}"/>
    小数不保留 <span th:text="${#numbers.formatDecimal(myNum, 0, 0)}"/>
</div>
<h3> 布尔 </h3>
<div th:if="${#bools.isTrue(myBool)}">
    <p th:text="${myBool}"></p>
</div>
<h3> 数组 </h3>
<div th:if="${not #arrays.isEmpty(myArray)}">
    <p>length : <span th:text="${#arrays.length(myArray)}"/></p>
    <p>contains : <span th:text="${#arrays.contains(myArray, 5)}"/></p>
    <p>containsAll : <span th:text="${#arrays.containsAll(myArray, myArray)}"
/></p>
</div>
<h3>List</h3>
<div th:if="${not #lists.isEmpty(myList)}">
    <p>size : <span th:text="${#lists.size(myList)}"/></p>
    <p>contains : <span th:text="${#lists.contains(myList, 1)}"/></p>
    <p>sort : <span th:text="${#lists.sort(myList)}"/></p>
</div>
<h3>Map </h3>
<div th:if="${not #maps.isEmpty(myMap)}">
    <p>size : <span th:text="${#maps.size(myMap)}"/></p>
    <p>containsKey : <span th:text="${#maps.containsKey(myMap, 'name')}"/></p>
    <p>containsValue : <span th:text="${#maps.containsValue(myMap, 'Riley')}"/></p>
</div>
```

```
<h3> 日期 </h3>
<div>
 <p> 格式化 : <span th:text="${#dates.format(myDate,'yyyy-MM-dd HH:mm:ss')}" /></p>
    <p> 年 / 月 / 日  <span th:text="${#dates.year(myDate)}"/>/
        <span th:text="${#dates.month(myDate)}"/>/
        <span th:text="${#dates.day(myDate)}"/></p>
    时 : 分 : 秒 <span th:text="${#dates.hour(myDate)}"/>:
    <span th:text="${#dates.minute(myDate)}"/>:
    <span th:text="${#dates.second(myDate)}"/>
    <p> 周几 : <span th:text="${#dates.dayOfWeekName(myDate)}"/></p>
    <p> 当前日期 : <span th:text="${#dates.createNow()}"/></p>
</div>
</body>
</html>
```

（4）启动应用，浏览器访问 http://localhost/methods，执行内置方法后的效果如图 5.10 所示。

字符串

Old Str : Hello
toUpperCase : HELLO
toLowerCase : hello
equals : true
equalsIgnoreCase : true
indexOf : 1
substring : ll
replace : H@llo
startsWith : true
contains : true

四舍五入，保留位数

小数保留2位，123.46
整数保留3位，小数保留2位123.46 小数不保留123

布尔

true

数组

length : 3

contains : false

containsAll : true

List

size : 3

contains : true

sort : [1, 2, 3]

Map

size : 2

containsKey : true

containsValue : false

日期

格式化 : 2022-04-07 17:25:22

年/月/日 2022/ 4/ 7

时:分:秒 17: 25: 22

周几: 星期四

当前日期: Thu Apr 07 17:25:22 CST 2022

图 5.10　执行 Thymeleaf 内置方法后的效果

5.3.4　Thymeleaf 的运算符

Thymeleaf 运算符可以在模板中的表达式中使用，进行简单的条件判断、字符串连接、比较运算、逻辑操作、算术运算等操作。

1. 条件表达式、默认表达式

Thymeleaf 中也有条件表达式（三元运算），格式为 a ? b : c。其作用是：如果 a 表达式值为 true，则输出 b 表达式的值，否则输出 c 表达式的值。示例代码如下。

```
<tr th:class="${row.even} ? 'even' : 'odd'">
```

条件表达式中若将冒号 : 省略，格式为 a ? b。其作用是：如果 a 表达式为 true，则输出 b 表达式的值，否则输出空字符串，即相当于 a? b:''。示例代码如下。

```
用户名<input type="text" th:value="${uname!=null}?${uname}">
```

Thymeleaf 中另有默认表达式，格式为 a ?: b。其作用是：如果 a 表达式的值为 null，则输出 b 表达式的值；如果 a 表达式值不为 null，则输出 a 表达式的值。示例代码如下。

```
性别<span th:text="${sex}?:'不明'">男</span>
```

2. 字符串连接

可以通过加号“+”拼接字符串。示例代码如下。

```
<p th:text="${fName} + ' ' + ${lName}"></p>
```

也可以通过“||”拼接字符串。示例代码如下。

```
<p th:text="|${fName} ${lName}|"></p>
```

3. 比较运算

比较运算符有：>、<、>=、<=、==、!=(或 gt、lt、ge、le、eq、ne)。示例代码如下。

```
<h2 th:text="((${name} == 'Admin')?'管理员':'客户')" >__</h2>
```

4. 布尔操作

布尔运算符有：and、or、not（或 !）。示例代码如下。

```
<h2 th:text="((${name}=='admin' or ${name}=='root')?'管理员':'客户')"></h2>
<h2 th:text="((not (${name} eq 'admin'))?'客户':'管理员')"></h2>
```

5. 算术运算

算术运算符有：+、-、*、/、%。示例代码如下。

```
<p th:text="1+2-3*4/5%6"> 1+2-3*4/5%6 </p>
```

5.4 Thymeleaf 的属性语法

Thymeleaf 的属性语法使用特定的前缀和语法规则，可以方便地在 Thymeleaf 模板中进行动态数据绑定、条件展示、迭代循环、内容替换、CSS 类绑定、URL 链接等操作。

5.4.1 th:block

th:block 为块标签，是 Thymeleaf 中唯一的标签。模板引擎将删掉它本身，而保留其内部的内容。示例代码如下。

```
<th:block th:if="${role.id}==1">
    <div>用户管理</div>
    <div>部门管理</div>
</th:block>
```

以上代码的作用为：当 th:if 值为 true 时显示 <th:block> 内部的两个 <div> 标签，否则整体都不显示。

5.4.2 th:text、th:utext

th:text、th:utext 属性都是将表达式（或变量）求值结果替换标签体内的内容。th:text 做纯文本显示，th:utext 支持 HTML 带格式文本，两者的作用类似于内联表达式 [[表达式]] 和 [(表达式)]。

【例 5.5】用 th:text、th:utext 显示文本数据。

在控制器类中将数据加入 Model 中，代码如下。

```
model.addAttribute("htmlContent","<p> 欢迎 </p>");
```

在模板页中测试 th:text、th:utext，代码如下。

```
<p th:text="${htmlContent}">content</p>
<p th:utext="${htmlContent}">content</p>
```

在浏览器中用 th:text 和 th:utext 显示文本数据的效果，如图 5.11 所示。

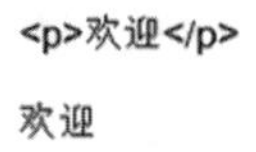

<p>欢迎</p>

欢迎

图 5.11　用 th:text 和 th:utext 显示文本数据

5.4.3 th:value

th:value 属性用以替代标签的 value 属性值，示例代码如下。

```
<option th:value="${dept.id}"> 研发部 </option>
```

5.4.4 th:object、th:field

th:object 用于对象绑定，常与 th:field（属性绑定）一起使用，可简化数据绑定代码。

th:field 用于属性绑定、集合绑定，常与 th:object 一起使用。使用 th:field 时，通常会结合选择变量表达式，如 th:field="*{ 属性名 }"，其中，星号 * 代表 th:object 绑定对象。

【例 5.6】用 th:object、th:field 进行表单字段绑定。

```
1.<form action="edit" th:object="${emp}">
2.    <input type="text" value="" th:field="*{name}"></input>
3.    <input type="text" value="" th:field="*{pwd}"></input>
4.</form>
```

第 1 行，使用了对象绑定：th:object="${emp}"。

第 2、3 行，星号 * 代表着 th:object 绑定的对象 emp，*{name} 和 *{pwd} 则是获取 emp 对象的 name 和 pwd 属性值。

5.4.5 th:src、th:href、th:action

th:src、th:href 和 th:action 属性用于指定资源的路径或动作的目标位置。使用格式形如：th:Xx="@{ 资源路径 }"。

1. th:src

th:src 用于引入外部资源，常与链接表达式一起使用。

示例代码如下。

```
<script th:src="@{/js/jquery.js}"></script>
```

模板页渲染后的 HTML 代码如下。

```
<script src="/js/jquery.js"></script>
```

2. th:href

th:href 用于替代标签的 href 属性值。href 的参数写在括号内，多个参数时用逗号分隔。

示例代码如下。

```
<a th:href="@{/detail(id=${emp.id},type=2)}"> 详情 </a>
```

模板页渲染后的 HTML 代码如下。

```
<a href="/detail?id=1&type=2"> 详情 </a>
```

3. th:action

th:action 用于替换 <form> 标签的 action 属性值。

示例代码如下。

```
<form th:action="@{/emp}" action="emp" method="post">…</form>
```

5.4.6 th:remove

th:remove 用于删除模板片段。

th:remove 的属性值如下。

（1）all：删除标签及其所有子标签。

（2）body：不删除标记，但删除其所有的子标签。

（3）tag：删除标记，但不删除其子标签。

（4）all-but-first：除去第一个子标签外，删除标签内的子标签。

（5）none：不做删除动作。

【例 5.7】用 th:remove 移除表格中多余的演示行。

```
<table>
    <tr><th>ID</th><th> 名称 </th></tr>
    ...
    <tr th:remove="all"><td>1</td><td> 经典小吃 </td></tr>
    <tr th:remove="all"><td>2</td><td> 绝美系列 </td><td></tr>
</table>
```

如上代码会将标注有 th:remove="all" 行的代码移除。

5.4.7 th:onclick

th:onclick 用于替代标签的 onclick 属性值，处理单击事件。

【例 5.8】在链接上加单击事件以触发执行 del() 函数。

```
<a href="javascript:void(0)" th:onclick="del( [[${emp.id}]] );" >删除</a>
<script>
    function del(id){
        if(confirm('确认删除? ')){
            window.location.href="emp/del/"+id;
        }
    }
</script>
```

5.4.8 th:fragment、th:insert、th:replace、th:include

th:fragment 定义可重用的模板片段。常用于定义页头、页尾，以便在不同的模板中引用这些片段。

th:insert 插入模板片段。插入片段时，保留自己的主标签、保留 th:fragment 的主标签。

th:replace 替换模板片段。替换片段时，不保留自己的主标签、保留 th:fragment 的主标签。

th:include 包含模板片段。包含片段时，保留自己的主标签、保留 th:fragment 的主标签。

【例 5.9】用 th:replace 将内容替换为 th:fragment 定义的模板片段。

在 templates\Common.html 文件中定义模板片段，代码如下。

```
1.<div th:fragment="foot (year, company)">
2.    © [[${year}]] [[${company}]]
3.</div>
```

第 1 行中 foot 是片段名称，(year, company) 是传递参数，传递参数为可选项。

其他模板页中可使用 th:insert、th:include、th:replace 来取用模板片段，此处用 th:replace。代码如下。

```
<div th:replace="~{ Common::foot(${year},${company}) }">…</div>
```

其中，year、company 从 Controller 而来，如在控制器中加入以下代码。

```
model.addAttribute("year","2022");
model.addAttribute("company","Spring Boot 分享地");
```

模板页渲染后的 HTML 代码如下。

```
<div>
    © 2022 Spring Boot 分享地
</div>
```

5.4.9 th:switch、th:case

th:switch、th:case 用于多分支语句操作。th:switch 指令用于定义一个开关表达式，而 th:case 指令则用于定义 th:switch 开关表达式的不同分支。在最后一个 th:case 中，通常使用通配符 * 来表示未匹配的情况。示例代码如下。

```
1.<th:block th:switch="${emp.sex}">
2.    <span th:case="1">男</span>
3.    <span th:case="2">女</span>
4.    <span th:case="*">不明</span>
5.</th:block>
```

第 4 行，th:case="*" 用以表示未匹配的情况下的默认处理，需写在最后一行分支上。

模板页渲染后，HTML 代码中只保留一个 <span> 元素，如下。

```
<span>男</span>
```

5.4.10 th:each

th:each 语法结构：th:each="item,stat:${items}"。其作用是：从集合对象 items 中遍历元素到 item 变量中，常和 th:text 或 th:value 一起使用。

其中，stat 可选，代表状态对象。状态对象的可用属性如下。

（1）index：从 0 开始的下标。

（2）count：元素的个数，从 1 开始。

（3）size：总元素个数。

（4）current：当前遍历到的元素。

（5）even/odd：返回下标是奇数还是偶数，为 boolean 值。

（6）first/last：返回是否为第一个或最后一个元素，为 boolean 值。

注意：状态对象的名称可以任意指定，但根据惯例，一般取名 stat 或 row。

【例 5.10】表格中显示员工列表数据。

```
1.<tr th:each="emp,row : ${emps}">
2.    <td>[[${row.count}]]</td>
3.    <td>[[${emp.name}]]</td>
4.    <td><img th:src="${emp.photoUrl}"></td>
5.</tr>
```

第 1 行，th:each="emp,row:${emps}" 的作用是：从员工列表 emps 中遍历出每个员工对象 emp。row 就是状态对象，在第 2 行中用 [[${row.count}]] 获得行号。

第 3、4 行，分别获取每个员工对象 emp 的 name 属性值和 photoUrl 属性值。

【例 5.11】下拉列表中显示部门列表数据。

```
1.<select name="deptId">
2.    <option th:each="dept:${depts}"
3.            th:value="${dept.id}"
4.            th:selected="${dept.id==emp.deptId}">
5.        [[${dept.name}]]
6.    </option>
7.</select>
```

第 2 行，th:each="dept:${depts}" 的作用是：从部门列表 depts 中遍历出每个部门对象 dept。

第 3 行，th:value="${dept.id}" 显示 option 标签的 value 值。

第 4 行，th:selected="${dept.id==emp.deptId}" 的作用是：判断遍历项的部门 id 值是否为员工的部门 id 值，如果是，则该选项标记为已选中状态。

以上代码通常用于含编辑功能的 Thymeleaf 模板页面中。

5.5 巩固练习

在第 3 章巩固练习的基础上，整合视图模板引擎 Thymeleaf。设计相应的模板页，编写对应的控制器类和服务类，实现甜点的添加、编辑、列表和删除功能。

5.5.1 Spring Boot 整合 Thymeleaf 项目环境搭建

打开第 3 章巩固练习的 Spring Boot 项目，整合 Thymeleaf。

实现步骤，提示如下。

（1）打开 Spring Boot 项目，添加 Thymeleaf 依赖。

在 pom.xml 文件中加入 Thymeleaf 依赖。

（2）配置项目全局参数。

除了原有 MyBatis 设置参数外，应增加 Thymeleaf 去缓存设置。

（3）增加 Java 包。

除了原有的 entity、mapper 包外，应增加两个 Java 包：controller 和 service，用于存放控制器类和服务类。

5.5.2 设计 Thymeleaf 模板页

为实现甜点的添加、编辑、列表和删除功能，设计相应的 Thymeleaf 模板页。

实现步骤，提示如下。

（1）编写“添加甜点”模板页。

在 templates 目录下创建“添加甜点”模板页 DessertsAdd.html。表单元素应包括：“甜点名称”输入框、“甜点描述”输入框和“分类”下拉列表，以 Post 方式提交“/desserts”

请求。

（2）编写“编辑甜点”模板页。

在 templates 目录下创建“编辑甜点”模板页 DessertsEdit.html。表单元素应包括：“甜点名称”输入框、“甜点描述”输入框和“分类”下拉列表、“甜点 ID”隐藏输入框、name 为“_method”且 value 为“put”的隐藏输入框，并以 Post 方式提交“/desserts”请求。

（3）编写“甜点列表”模板页。

在 templates 目录下创建“甜点列表”模板页 Desserts.html。用 <table> 标签显示甜点列表，显示列有“行号”“甜点名称”和“分类”。另有操作列“编辑”和“删除”，单击某甜点的“编辑”链接跳转至该甜点的编辑页，单击某甜点的“删除”链接则删除该甜点并转回甜点列表页。

5.5.3 设计服务类

在 service 包中创建服务类 DessertsService，然后在类中创建方法，分别处理甜点的各类业务操作。具体方法如下。

（1）Desserts get(Integer id)。

调用 DessertsMapper 接口的 get(Integer id) 方法，返回 id 值对应的甜点。

（2）List<DessertsDetails> getAll()。

调用 DessertsMapper 接口的 getAll() 方法，返回甜点列表。

（3）boolean add(Desserts desserts)。

调用 DessertsMapper 接口的 insert(Desserts desserts) 方法。

（4）boolean edit(Desserts desserts)。

调用 DessertsMapper 接口的 update(Desserts desserts) 方法。

（5）boolean delete(Integer id)。

调用 DessertsMapper 接口的 delete(Integer id) 方法。

5.5.4 设计控制器类

对于甜点的添加、编辑、列表和删除的请求，需设计相应的控制器类来处理。为此，在 controller 包中创建 DessertsController 类，并设计如下方法。

（1）String getAll(Model model)。

处理 Get 方式的“/”请求，调用服务类 DessertsService 的 getAll() 方法获取甜点详情列表，最后返回“甜点列表”模板页显示。

（2）String add(Model model)。

处理 Get 方式的“/desserts/add”请求，显示“添加甜点”模板页。

注意：“添加甜点”模板页下拉列表中应该显示来自表 category 中的分类数据，建议创建服务类 CategoryService，编写 getAll() 方法来获取该分类数据。

（3）String add(Desserts desserts, Model model)。

处理 Post 方式的“/desserts”请求，调用服务类 DessertsService 的 add(Desserts desserts) 方法处理添加，返回“甜点列表”模板页并显示添加成功与否。

（4）String edit(Integer id, Model model)。

处理 Get 方式的“/desserts/{id}”请求。调用服务类 DessertsService 的 get(Integer id) 方法获取要编辑的甜点对象，最后返回“甜点编辑”模板页显示该甜点信息。

（5）String edit(Desserts desserts)。

处理 Put 方式的“/desserts”请求。调用服务类 DessertsService 的 edit(Desserts desserts) 方法处理编辑，最后返回“甜点列表”模板页显示甜点列表。

（6）String delete(@PathVariable("id") Integer id)。

处理 Delete 方式的“/desserts/{id}”请求。调用服务类 DessertsService 的 delete(Integer id) 方法删除甜点信息，最后返回“甜点列表”模板页显示甜点列表。

注意：以上对功能实现思路的简单提示，无法准确和全面涵盖所有需求。设计过程中，还可根据具体情况添加或修改相关代码。

完成以上设计后，启动应用，对各功能测试。建议测试顺序为：显示甜点列表、添加甜点、编辑甜点、获取单个甜点、删除甜点。

第 6 章
整合 Spring Boot 缓存管理

在高并发访问情况下，数据库的性能通常会受到影响。为了提高用户体验和减轻数据库负载，Spring 提供了缓存管理功能的支持，可以使用简单的注解方式或灵活的 API 方式来管理缓存。

Spring Boot 项目通常会整合 Redis，此时可利用 Redis 读写内存数据性能极高的优点，用相应的 API 方法进行缓存管理。

6.1 Spring 缓存管理简介

6.1.1 Spring 缓存管理基本原理

缓存使用的基本原理：当调用被注解缓存的方法时，会先查找缓存中是否有数据，如果有则直接返回；如果没有则调用方法，进行查询数据库获得数据，并对数据缓存，然后再返回给调用端。当下次调用相同的数据时就可以直接从缓存中获得了，如此就提高了查询的效率，如图 6.1 所示。

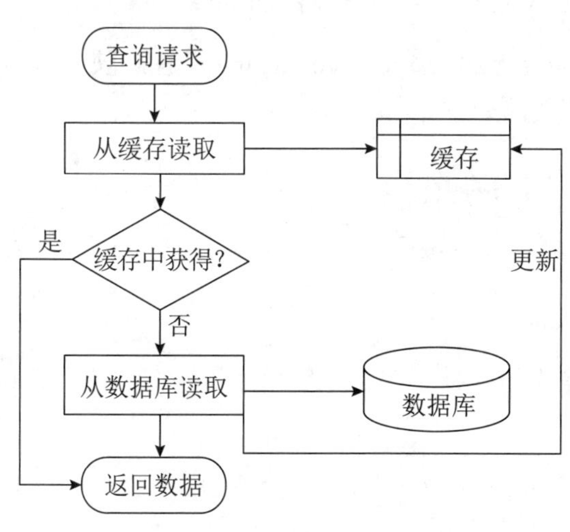

图 6.1　缓存使用的基本原理

此外，为了确保缓存数据与数据库中数据的一致性，通常在进行更新（添加、删除和修改）操作时，需要及时在缓存中进行相应的数据同步或修正操作。

Spring 通过缓存接口 Cache 和缓存管理器接口 CacheManager 来统一管理不同的缓存技术，并支持使用注解进行缓存管理快速开发。

Cache 为缓存接口，定义了缓存操作功能。通常使用实现 Cache 接口的缓存组件进行缓存操作。CacheManager 为缓存管理器接口，其实现子类用来管理特定的缓存组件。

在 Spring Boot 项目开启缓存功能后，被顺序查找的缓存组件有：Generic、JCache (JSR-107)、EhCache 2.x、Hazelcast、Infinispan、Couchbase、Redis、Caffeine、Simple。

6.1.2 Spring 缓存管理主要注解

为了在 Spring Boot 项目中更好地使用 Spring 缓存管理，有必要先了解 Spring 缓存的常见注解，以及 SpEL（Spring Expression Language，Spring 表达式语言）功能。

Spring 基于注解提供了对缓存管理的支持，在 Spring Boot 项目中最常使用和需要重点掌握的几个注解是：@EnableCaching、@Cacheable、@CachePut 和 @CacheEvict，如表 6.1 所示。

表 6.1 Spring Boot 项目中常见缓存注解

注解	功能解释
@EnableCaching	启用缓存功能，即允许使用缓存注解来实现 Spring 缓存管理
@Cacheable	当 @Cacheable 方法被调用时，Spring 首先会检查缓存中是否已有值，如果有，则直接返回缓存中的值；否则执行该方法，并将方法的返回值存入缓存中。常用于查询方法
@CachePut	@CachePut 会无条件地执行方法，并将执行结果存入缓存中。常用于添加、编辑方法
@CacheEvict	用于从缓存中移除数据。在方法调用后将指定的缓存或整个缓存清空。常用于删除方法

【例 6.1】使用 @EnableCaching 启动项目以支持 Spring 缓存管理。

通常在 Spring Boot 项目启动类上加上 @EnableCaching 注解，以启动 Spring Boot 项目对 Spring 缓存管理的支持。示例代码如下。

```
@EnableCaching
@SpringBootApplication
public class DemoSpCacheApplication { ... }
```

【例 6.2】为查询方法加 @Cacheable 注解。

执行查询方法前，先取缓存中的数据。缓存无数据才执行该方法，并将方法的返回数据放入缓存中。示例代码如下。

```
@Cacheable(cacheNames="depts")  //通过 id 值查到 dept 数据，以键值对存入缓存空间
depts
```

```
public Dept findById(String id) { ... }
```

【例 6.3】为添加和编辑方法加 @CachePut 注解。

一般在添加方法、编辑方法上加 @CachePut，会将方法的返回数据加入缓存中。注意，方法除了实现添加或编辑数据操作外，还须将处理后的数据返回。示例代码如下。

```
@CachePut(cacheNames="depts", key="#result.id")  // 缓存空间 depts 中插入键值
                                                  // 对数据 (id,dept)
public Dept insert(Dept dept) { ... }
@CachePut(cacheNames="depts", key="#result.id")  // 缓存空间 depts 中修改 id
                                                  // 值对应的 dept 数据
public Dept update(Dept dept) { ... }
```

【例 6.4】为删除方法加 @CacheEvict 注解。

一般在删除方法上加 @CacheEvict 注解，用来清除对应的缓存数据。示例代码如下。

```
@CacheEvict(cacheNames="depts")  // 缓存空间 depts 中删除 id 值对应的 dept 数据
public int delete(String id){ ... }
```

对于 @Cacheable、@CachePut 和 @CacheEvict 注解，它们主要的参数及功能如表 6.2 所示。

表 6.2 @Cacheable、@CachePut、@CacheEvict 注解的主要参数及功能

参数	功能解释
value 或 cacheName	缓存名称，必配属性。例如： @Cacheable(value="emps") 或 @Cacheable(cacheName="emps")
key	缓存 key，默认使用方法参数值作为 key（键）。例如： @Cacheable(value="emps", key="#id") 注意：key 中值可使用 SpEL。这里 #id 代表被注解方法中的 id 参数
condition	当条件为真时，进行缓存。例如： @Cacheable(cacheName="emps", condition="#id>1")
unless	当条件为真时，不做缓存（条件为假时，做缓存）。例如： @Cacheable(value="emps", unless="#id<2")
allEntries (@CacheEvict)	方法调用后是否清空所有缓存，默认为 false(即仅以 key 值去清除 value)。例如：@CachEvict(cacheName="emps", allEntries=true)
beforeInvocation (@CacheEvict)	是否方法调用前清空缓存，默认为 false(即方法调用后才清空缓存)。例如： @CachEvict(cacheName="emps", beforeInvocation=true) 注意：若方法执行有异常时，不会清空缓存

SpEL 是 Spring 框架内置的一种表达式语言。在 Spring 缓存注解中，SpEL 可以提供各种更灵活、动态的缓存操作，如生成缓存键、控制缓存条件、处理动态参数以及定义缓存失效条件等。这使得开发人员能够根据特定需求来定制缓存操作，从而更好地满足业务需求。在 Spring 缓存注解中支持的 SpEL 写法如表 6.3 所示。

表 6.3　Spring 缓存注解中支持的 SpEL 写法

名称	位置	描述	SpEL 写法示例
methodName	root 对象	当前被调用的方法名	@Cacheable(value="pdPage"},key="#root.methodName+#page")：调用其注解方法时，将方法名拼接 page 参数作为缓存键。其中，#root.methodName 为获取当前对象的方法名
method	root 对象	当前被调用的方法	@Cacheable(value="pdPage"},key="#root.method.name+#page")：作用同上方示例。其中，#root.method 代表被调用方法对象，#root.method.name 则代表被调用方法的名称
target	root 对象	当前被调用的目标对象实例	@Cacheable(key="#root.target")： 调用其注解方法时，将方法所属的对象作为缓存键
targetClass	root 对象	当前被调用的目标对象的类	@Cacheable(key="#root.targetClass")： 调用其注解方法时，将方法所属的类名作为缓存键
args	root 对象	当前被调用方法的参数列表	@Cacheable(cacheName='emps', key='#root.args[0].id')： 调用其注解方法时，将方法第一个参数的 id 属性作为缓存键
caches	root 对象	当前被调用方法使用的缓存列表	@Cacheable(value={"c1","c2"},key="#root.caches[0].name+#id")：调用其注解方法时，将第一个缓存名称拼接 id 参数作为缓存键
Argument Name	执行上下文	当前被调用方法的参数	@Cacheable(cacheName='emps', key='#id')： 调用其注解方法时，将 id 参数作为缓存键 @Cacheable(cacheName='emps', key='#a0')： 调用其注解方法时，将第一个参数作为缓存键。注意：可使用 "#a 索引 " 或 "#p 索引 " 来代表方法参数，因此，#a0 可写为 #p0 @Cacheable(cacheName='emps', key='#emp.id')： 调用方法时，将 emp 参数的 id 属性作为缓存键
result	执行上下文	方法执行后的返回值	@Cacheable(cacheNames="depts",condition="#result>0")： 只有当返回值大于 0 时，才会将返回值进行缓存 @CachePut(cacheNames="depts",key="#result.id")： 用返回值的属性 id 作为缓存键

注意： SpEL 表达式使用 #root 作为根对象的引用，在编码时通常可以省略 #root 写法。

【例 6.5】缓存注解在增、删、改、查方法上的使用。

```
1. @Service
2. public class DeptService {
3.     @Autowired
4.     DeptMapper deptMapper;
5.     @Cacheable(cacheNames="depts",unless="#result==null",key="#id")
       //默认 key 为方法参数
6.     public Dept findById(String id) {
7.         return deptMapper.findById(id);
8.     }
9.     @CachePut(cacheNames="depts",key="#result.id")
10.    public Dept insert(Dept dept) {  //返回必须是缓存中 value 类型，这里为 Dept
11.        int row = deptMapper.insert(dept);
12.        return row>0 ? dept : null;
```

```
13.     }
14.     @CachePut(cacheNames="depts",key="#result.id")
15.     public Dept update(Dept dept) { // 返回必须是缓存中 value 类型，这里为 Dept
16.         int row = deptMapper.update(dept);
17.         return row>0 ? dept : null;
18.     }
19.     @CacheEvict(cacheNames="depts",key="#id")// 从缓存空间 depts 中删除 id
                                                // 值对应 value
20.     public int delete(String id ){ // 默认 key 为方法参数，可省略 key 表达式
21.         return deptMapper.delete(id);
22.     }
23.}
```

第 5 行，对查询方法 Dept findById(String id) 加上缓存注解 @Cacheable。cacheNames="depts" 指定缓存空间为“depts”；unless="#result==null”指定返回值不为 null 的数据才会进行缓存；key="#id”指定方法中参数 id 作为缓存键。

第 9 行，对新增方法 Dept insert(Dept dept) 加上缓存注解 @CachePut。cacheNames="depts" 指定缓存空间为“depts”，注意需与第 6 行方法 findById() 使用同一个缓存空间。key="#result.id" 指定方法的返回值（Dept 对象）的属性 id 作为缓存键。注意，新增方法 Dept insert(Dept dept) 必须返回新增后的对象，以便将之同步到缓存空间内。

第 14 行，对编辑方法 Dept update(Dept dept) 加上缓存注解 @CachePut。注解作用类似第 9 行，将编辑后的对象同步到缓存空间。

第 19 行，对删除方法 int delete(String id) 加上缓存注解 @CacheEvict。cacheNames="depts" 指定从缓存空间 depts 中删除数据。key="#id" 指定缓存中被删除的是 id 值对应的数据，注意，默认 key 值即为方法的参数，所以在多数情况下可以省略 key 表达式。

6.2 Spring Boot 默认缓存管理

Spring 框架支持无干扰添加缓存功能。通过使用 @EnableCaching 开启注解缓存管理，在 Spring Boot 项目上可快速完成默认缓存管理。

可先创建 Spring Boot 项目，在项目中添加增、删、改、查各方法。然后，用 Spring 注解对方法实施缓存管理。具体的 Spring 注解缓存管理实现步骤如下。

6.2.1 Spring Boot 项目环境搭建

1. 创建 Spring Boot 项目

在 IDEA 环境中，用 Spring Initializr 方式构建 Spring Boot 项目 demo-sp-cache，勾选 Spring Web、Lombok、MySQL Driver、MyBatis Framework 相关依赖。

项目具体创建过程可参考 3.1.1 节内容。

2. 数据库准备

在 MySQL 中创建数据库、表，并插入测试数据。具体过程可参考 3.2.1 节的“设计数据库和表结构”部分。当然也可以执行如下 SQL 语句直接达到效果。

```
create database cachedb;
use cachedb;
create table t_dept(
    id char(3)  primary key,
    name varchar(20)  not null,
    location varchar(200)
);
insert into t_dept (id, name,location) values
   ('001', '行政部','北京'),('002', '销售部','上海'), ('003', '研发部','广州'),
('004', '技术部','深圳'),
   ('005', '生产部','杭州'),('006', '财务部','成都'), ('007', '人力资源部','武
汉'), ('008', '市场部','南京');
```

3. 设置全局配置参数

打开 src\main\resources 下的项目主配置文件 application.properties，在文件中设置：连接数据库参数、指示控制台输出 MyBatis 的执行 SQL。代码如下。

```
spring.datasource.url=jdbc:mysql://localhost:3306/cachedb
spring.datasource.username=root
spring.datasource.password=1234
logging.level.com.example.demospcache.mapper=debug
mybatis.configuration.log-impl=org.apache.ibatis.logging.stdout.StdOutImpl
```

其中，com.example.demospcache.mapper 为 MyBatis 的映射接口类所在包，该包中接口类方法的映射 SQL 在执行时会在控制台输出。

6.2.2 无缓冲增删改查方法实现

1. 编写实体类

创建部门实体类 Dept。Dept 类的属性应与 t_dept 表结构的列一致，代码如下。

```
1.@Data
2.public class Dept implements Serializable {
3.    String id;
4.    String name;
5.    String location;
6.}
```

第 2 行，按照缓存对象的要求，对 Dept 类实现了 Serializable 接口。如果对象不能被序列化，那么在缓存时会导致 SerializationException 异常问题的发生。

2. 编写 Mapper 接口

为实现对 t_dept 表数据的查询、新增、删除、编辑功能，可创建 MyBatis 接口类 DeptMapper，对其功能方法映射相应 SQL 操作。核心代码如下。

```
@Mapper
public interface DeptMapper {
    @Select("select id,name from t_dept where id=#{id}")
    Dept findById(String id);
    @Insert("insert into t_dept(id,name) values(#{id},#{name})")
```

```
    int insert(Dept dept);
    @Delete("delete from t_dept where id=#{id}")
    int delete(String id);
    @Update("update t_dept set name=#{name} where id=#{id}")
    int update(Dept dept);
}
```

3. 编写服务类

编写服务类 DeptService，调用接口类 DeptMapper 中的方法，实现对部门信息的查询、新增、删除、编辑操作。核心代码如下。

```
@Service
public class DeptService {
    @Autowired
    DeptMapper deptMapper;
    public Dept findById(String id) {
        return deptMapper.findById(id);
    }
    public int insert(Dept dept) {
        return deptMapper.insert(dept);
    }
    public int delete(String id) {
       return deptMapper.delete(id);
    }
    public  int update(Dept dept) {
       return deptMapper.update(dept);
    }
}
```

4. 编写测试类

右击 DeptService 类，单击 Go To → Test → Create New Test 选项，选择项目主程序测试类 DemoSpCacheApplicationTests 为其父类，并勾选要测试的 4 个方法，如图 6.2 所示。

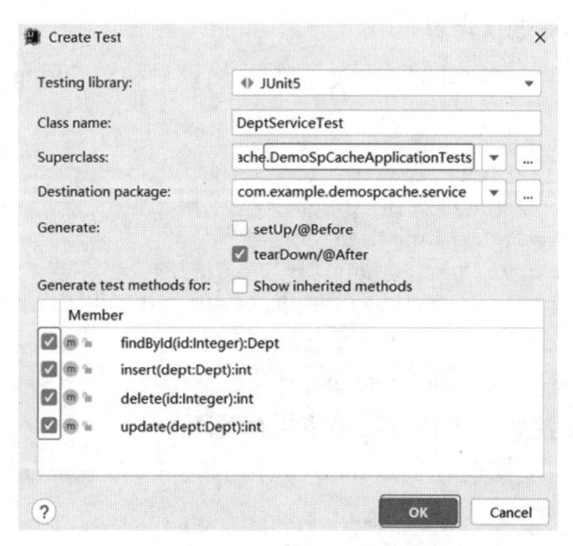

图 6.2　创建测试类并勾选要测试的方法

将 DemoSpCacheApplicationTests 类的访问修饰设置为 public。然后完成如下测试类代码。

```
class DeptServiceTest extends DemoSpCacheApplicationTests {
    @Autowired
    DeptService deptService;
    @Test
    void findById() {
        deptService.findById("001");
        deptService.findById("001");
    }
    @Test
    void insert() {
        Dept dept=new Dept();
        dept.setId("100");
        dept.setName("测试部");
        dept.setLocation("苏州");
        deptService.insert(dept);
    }
    @Test
    void update() {
        Dept dept=new Dept();
        dept.setId("100");
        dept.setName("测试组");
        dept.setLocation("杭州");
        deptService.update(dept);
    }
    @Test
    void delete() {
        deptService.delete("100");
    }
}
```

6.2.3 设置 Spring Boot 缓存管理

1. 开启 Spring Boot 默认缓存

在项目启动类上加上 @EnableCaching 注解，用以启动对 Spring Boot 项目的默认缓存支持，代码如下。

```
@SpringBootApplication
@EnableCaching   //启动对 Spring Boot 项目的默认缓存支持
public class DemoSpCacheApplication {
    public static void main(String[] args) {
        SpringApplication.run(DemoSpCacheApplication.class, args);
    }
}
```

2. 用 @Cacheable 注解对查询方法实施缓存管理

在服务类 DeptService 的查询方法 findById() 上加 @Cacheable 注解。代码如下。

```
@Cacheable(cacheNames="depts",unless="#result==null")
public Dept findById(String id) {
```

```
        return deptMapper.findById(id);
    }
```

以上 @Cacheable(cacheNames="depts", unless="#result==null") 注解的作用是：将查询结果存放在名称为 depts 的缓存空间中，默认 key 为方法的参数，这里为 id 值。所以当调用方法查询 id 值为 100 的 Dept 对象后，下次再查询 id 值为 100 的 Dept 对象时，将直接从缓存取出，不再进行方法调用，也就不会再发送 SQL 访问数据库了。另外，注解中第 2 个参数 unless="#result==null" 的作用是：当对象值为 null 时，不加入缓存。

右击要测试的方法 findById()，选择 Run 命令测试该方法的缓存效果，可发现在控制台只有 1 条 SQL，如图 6.3 所示，这说明第 1 次查询后缓存了 id 值为 100 的 Dept 对象，第 2 次查询时就无须再调用方法，而是从缓存中直接获取了。

```
Creating a new SqlSession
SqlSession [org.apache.ibatis.session.defaults.DefaultSqlSession@687eb455] was not registered for sync
2022-03-30 23:00:04.132  INFO 8448 --- [           main] com.zaxxer.hikari.HikariDataSource       : Hi
2022-03-30 23:00:04.601  INFO 8448 --- [           main] com.zaxxer.hikari.HikariDataSource       : Hi
JDBC Connection [HikariProxyConnection@1604326431 wrapping com.mysql.cj.jdbc.ConnectionImpl@6caeba36]
==>  Preparing: select id,name from t_dept where id=?
==> Parameters: 001(String)
<==    Columns: id, name
<==        Row: 001, 行政部
<==      Total: 1
Closing non transactional SqlSession [org.apache.ibatis.session.defaults.DefaultSqlSession@687eb455]
2022-03-30 23:00:04.741  INFO 8448 --- [ionShutdownHook] com.zaxxer.hikari.HikariDataSource       : Hi
2022-03-30 23:00:04.741  INFO 8448 --- [ionShutdownHook] com.zaxxer.hikari.HikariDataSource       : Hi
```

图 6.3 查询方法 findById() 被缓存管理后的访问效果

3. 用 @CachePut 注解对新增方法实施缓存管理

在服务类 DeptService 的新增方法 insert() 上加 @CachePut 注解。注意，方法返回值是需要加入缓存的，此处返回为添加成功后的 Dept 对象。修改后的代码如下。

```
    @CachePut(cacheNames="depts",key="#result.id") // 新增 Dept 数据同时存放到缓
                                                   // 存空间 depts 中
    public Dept insert(Dept dept) { // 返回必须是缓存中 value 类型，这里为 Dept
        int row = deptMapper.insert(dept);
        if (row>0) {
            return dept;
        }
        return null;
    }
```

以上 @CachePut(cacheNames="depts", key="#result.id") 注解的作用是：新增 Dept 数据成功后，会作为返回值以“键值对”形式存放到 depts 缓存中。其中，“键”为返回 Dept 对象的 id 值，“值”为返回的 Dept 对象。

测试前对测试类的 insert() 方法做如下修改。

```
    1.@Test
    2.void insert() {
    3.    Dept dept = new Dept();
    4.    dept.setId("100");
```

```
5.     dept.setName(" 测试部 ");
6.     dept.setLocation(" 苏州 ");
7.     deptService.insert(dept);
8.     Dept deptGet = deptService.findById("100");
9.     System.out.println(deptGet);
10.}
```

为了观察第 7 行 deptService.insert() 方法执行后是否缓存了数据，可以在下方（第 8 行）加入一行查询操作代码 deptService.findById("100")。如果缓存中 id 值为 100 的数据已存在，那么下方的查询将直接从缓存中获取数据，而不会执行 SQL 查询语句了。

右击测试方法 insert()，选择 Run 命令测试该方法的缓存效果。发现在控制台有 1 条 Insert 语句，但并没有 Select 语句，如图 6.4 所示。这说明 DeptService 中的 insert() 方法缓存功能起效了。

```
JDBC Connection [HikariProxyConnection@1203651014 wrapping
==>  Preparing: insert into t_dept(id,name) values(?,?)
==> Parameters: 100(String), 测试部(String)
<==    Updates: 1
Closing non transactional SqlSession [org.apache.ibatis.se
Dept(id=100, name=测试部, location=苏州)
```

图 6.4　添加方法 insert() 被缓存管理后的访问效果

4. 用 @CachePut 注解对编辑方法实施缓存管理

在服务类 DeptService 的编辑方法 update() 上加 @CachePut 注解。注意，方法返回值是需要加入缓存的，此处返回为编辑成功后的 Dept 对象。修改后的代码如下。

```
@CachePut(cacheNames="depts", key="#result.id") // 修改 Dept 数据同步到缓存
                                                //depts 中
public Dept update(Dept dept) {
    int row = deptMapper.update(dept);
    if (row>0) {
        return dept;
    }
    return null;
}
```

以上 @CachePut(cacheNames="depts", key="#result.id") 注解的作用是：编辑 Dept 数据成功后，Dept 数据会作为返回值以“键值对”形式存放到 depts 缓存中。其中，“键”为返回 Dept 对象的 id 值，“值”为返回的 Dept 对象。

测试前对测试类的 update() 方法做如下修改。

```
1.@Test
2.void update() {
3.     Dept dept = new Dept();
4.     dept.setId("100");
5.     dept.setName(" 测试组 ");
6.     dept.setLocation(" 杭州 ");
7.     deptService.update(dept);
8.     Dept deptGet=deptService.findById("100");
```

```
9.      System.out.println(deptGet);
10.}
```

为了观察第 7 行 deptService.update() 方法执行后是否缓存了数据，可以在下方（第 8 行）加入一行查询操作代码 deptService.findById("100")。如果缓存中 id 值为 100 的数据已存在，那么下方的查询将直接从缓存中获取数据，而不会执行 SQL 更新语句了。

右击测试方法 update()，选择 Run 命令测试该方法的缓存效果。发现在控制台有 1 条 insert 语句，但并没有 select 语句，如图 6.5 所示。这说明 DeptService 中的 update() 方法缓存功能起效了。

```
JDBC Connection [HikariProxyConnection@2067426965 wrapping
==>  Preparing: update t_dept set name=? where id=?
==> Parameters: 测试组(String), 100(String)
<==    Updates: 1
Closing non transactional SqlSession [org.apache.ibatis.ses
Dept(id=100, name=测试组, location=杭州)
```

图 6.5　编辑方法 update() 被缓存管理后的访问效果

5. 用 @CacheEvict 注解对删除方法实施缓存管理

在服务类 DeptService 的删除方法 delete() 上加 @CacheEvict 注解。代码如下。

```
@CacheEvict(cacheNames="depts")
public int delete(String id){  // 从缓存空间 depts 中删除 key(id 值 ) 对应
                               //value(Dept 值 )
  return deptMapper.delete(id);
}
```

以上 @CacheEvict(cacheNames="depts") 注解的作用是：在 delete(String id) 方法成功删除 Dept 数据后，它会在缓存空间 depts 中查找与“键”（默认为方法参数值，这里是 id 值）相匹配的缓存项，并将其删除。对应 @CacheEvict 注解更为详细的写法为

```
@CacheEvict(cacheNames="depts", key="#id", allEntries=false)
```

测试前对测试类中的 delete() 方法做如下修改。

```
1.@Test
2.void delete() {
3.      deptService.delete("100");
4.      Dept deptGet=deptService.findById("100");
5.      System.out.println(deptGet);
6.}
```

为了观察第 3 行 deptService.delete() 方法是否已经成功将缓存中 id 值为 100 的 Dept 对象删除，可以在代码第 4 行添加一行查询操作代码 Dept deptGet=deptService.findById("100")。如果缓存中的对象已被删除，那么下方的查询将会执行 Select 语句。

右击测试方法 delete()，选择 Run 命令测试该方法的缓存效果。发现在控制台有 1 条 Delete 语句和 1 条 select 语句，如图 6.6 所示。这说明 DeptService 中的 delete() 方法清除缓存功能起效了。

```
JDBC Connection [HikariProxyConnection@145510702 wrapping
==>  Preparing: delete from t_dept where id=?
==> Parameters: 100(String)
<==    Updates: 1
Closing non transactional SqlSession [org.apache.ibatis.s
Creating a new SqlSession
SqlSession [org.apache.ibatis.session.defaults.DefaultSql
JDBC Connection [HikariProxyConnection@1336458939 wrappin
==>  Preparing: select id,name from t_dept where id=?
==> Parameters: 100(String)
<==      Total: 0
Closing non transactional SqlSession [org.apache.ibatis.s
null
```

图 6.6　删除方法 delete() 被缓存管理后的访问效果

6.3　Spring Boot 整合 Redis 缓存功能

由于 Redis 数据库是在内存中存储键值对数据，读写性能极高，所以在项目里，通常会用来作为数据缓存组件。

在 Spring Boot 项目中，当开启缓存支持后，Spring Boot 会默认按照以下顺序查找相应的缓存组件并启用它们：Generic → JCache (JSR-107) → EhCache 2.x → Hazelcast → Infinispan → Couchbase → Redis → Caffeine → Simple。

可以通过在项目主配置文件 application.properties 中用 spring.cache.type 参数明确缓存组件，而不依赖于默认的查找顺序，如图 6.7 所示。

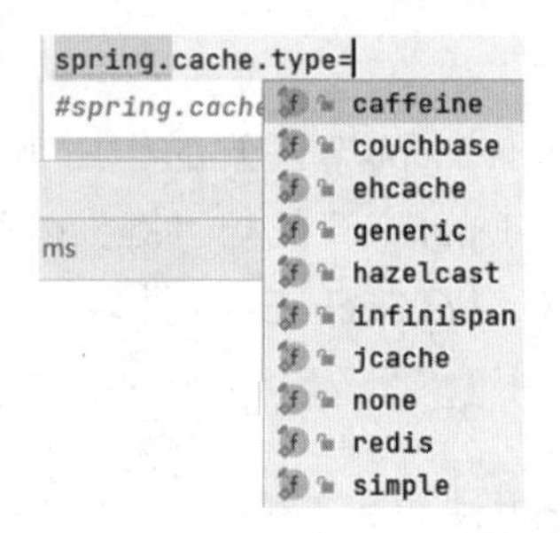

图 6.7　在主配置文件中指定缓存组件

注意：在 6.2 节操作中没有指定缓存组件，因此会使用 Simple 这一默认组件。若在项目中整合 Redis，则会优先加载到 Redis 缓存组件进行缓存管理。

6.3.1　Redis 环境配置

安装 Redis 后（安装过程可参考 1.1.2 节内容），可按以下步骤配置 Redis 环境。

1. 启动 Redis 服务

先启动 Redis 服务。如果在 Windows 平台上，则执行如下命令。

```
C:\Program Files\Redis>redis-server redis.windows.conf
```

2. 添加 Redis 启动器依赖

在项目的 pom.xml 文件中增加 Redis 依赖，代码如下。

```
<dependency>
    <groupId>org.springframework.boot</groupId>
    <artifactId>spring-boot-starter-data-redis</artifactId>
</dependency>
```

3. 配置 Redis 连接参数

在项目主配置文件 application.properties 中增加 Redis 连接参数，代码如下。

```
spring.redis.host=127.0.0.1
spring.redis.post=6379
spring.redis.password=
```

6.3.2 基于注解实现 Redis 缓存管理

1. 指定 Redis 作为缓存管理组件

实际上，整合 Redis 后，已无须再做其他配置了，Spring Boot 项目会根据依赖自动判断出使用 Redis 缓存组件。当然也可以在主配置文件 application.properties 中强制指定 spring.cache.type 参数，实际开发时还可设置默认的缓存有效期。代码如下。

```
# 强制指定缓存组件 redis
spring.cache.type=redis
# 设置默认的缓存有效期（永不过期会有内存问题），单位为 ms，如下设置了 30min 缓存有效期
spring.cache.redis.time-to-live=1800000
```

2. 设置注解对方法缓存处理

数据库环境、Mapper 接口、Service 类和测试类实现参见 6.2 节内容。尤其注意，不用改变 Service 类中需缓存管理的查询、新增、编辑、删除各方法代码，请保留原有方法上的 3 种注解 @Cacheable、@CachePut 和 @CacheEvict。DeptService 代码如下。

```
@Service
public class DeptService {
    @Autowired
    DeptMapper deptMapper;
    @Cacheable(cacheNames="depts", unless="#result==null")
    public Dept findById(String id) {
        return deptMapper.findById(id);
    }
    @CachePut(cacheNames="depts",key="#result.id")
    public Dept insert(Dept dept) {
        int row = deptMapper.insert(dept);
        if(row>0) {
            return dept;
        }
        return null;
    }
    @CachePut(cacheNames="depts",key="#result.id")
    public Dept update(Dept dept) {
        int row = deptMapper.update(dept);
        if(row>0) {
```

```
                return dept;
            }
            return null;
        }
        @CacheEvict(cacheNames="depts")
        public int delete(String id) {
            return deptMapper.delete(id);
        }
}
```

以上 3 种注解 @Cacheable、@CachePut 和 @CacheEvict，将各种缓存数据操作都限定在同一个缓存空间 depts 中。注意：此时因为引入了 Redis 缓存组件，所以缓存空间实际上是位于 Redis 数据库中的。

3. 测试 Redis 缓存处理方法

运行 4 个缓存处理的方法，测试效果同 6.2 节一致。

同时在 Redis 客户端中，可观察到 Redis 数据库中的缓存数据。步骤如下。

（1）在测试前观察 Redis 数据库中的 key 值。

打开 Redis 客户端，输入“keys *”，返回 (empty list or set)，说明测试前没有缓存数据。操作如下。

```
C:\Program Files\Redis>redis-cli
127.0.0.1:6379> keys *
(empty list or set)
```

注意：若 Redis 中有数据，可先用 FLUSHALL 命令清空，如下。

```
127.0.0.1:6379> FLUSHALL
OK
127.0.0.1:6379> keys *
(empty list or set)
```

（2）在运行了 insert() 测试方法后，再观察。

可发现 key 值”dept::100”有相应的 value 值。操作如下。

```
127.0.0.1:6379> keys *
1) "dept::100"
127.0.0.1:6379> get dept::100
"\xac\xed\x00\x05sr\x00#com.example.demospcache.entity.DeptU\xfa\
xcc&\xf1\xef\xbdb\x02\x00\x03L\x00\x02idt\x00\x12Ljava/lang/String;L\x00\
blocationq\x00~\x00\x01L\x00\x04nameq\x00~\x00\x01xpt\x00\x03100t\x00\x06\
xe8\x8b\x8f\xe5\xb7\x9et\x00\t\xe6\xb5\x8b\xe8\xaf\x95\xe9\x83\xa8"
```

显然经过以上设置，Redis 缓存组件已经集成到 Spring Boot 项目中了，在 Redis 数据库中 key 值 "dept::100" 所对应的 value 值实际为“JDK 默认序列化 Dept 对象的结果”。

6.3.3 基于 API 的 Redis 缓存管理

除了使用简单的注解方式之外，Redis 还支持更为灵活的 API 方式来进行缓存管理。即通过两个重要的Redis模板类RedisTemplate和StringRedisTemplate来直接操作Redis缓存。

基于API方式的Redis缓存管理，无须开启缓存支持。当然，创建数据库、添加Redis启动器依赖、配置Redis连接参数等操作还是需要的。

1. 编写基于API的Redis缓存管理方法

可在6.3.2节示例项目基础上，改写服务类DeptService，和前面一样，类中还是4个业务方法，但此处不再使用注解缓存，而是改用API方式来实现，代码如下。

```
    1. @Service
    2. public class DeptService {
    3.     @Autowired
    4.     DeptMapper deptMapper;
    5.     @Resource //@Resource: by Name; @Autowired: by Type
    6.     RedisTemplate redisTemplate;
    7.     static String cacheNames="dept::"; // 防止和其他缓存冲突，加key值前缀dept
    8.     // 查询：先从Redis获取数据；没有再从数据库获取，并写入Redis
    9.     public Dept findById(String id){
    10.        Object obj = redisTemplate.opsForValue().get(cacheNames + id);
                                                                // 从Redis获取
    11.         if(obj!=null)
    12.             return (Dept) obj; //Redis中存在，直接返回，无须数据库查询
    13.         Dept dept= deptMapper.findById(id); //Redis中不存在，从数据库获取
    14.         if(dept!=null) // 数据库中有，写入Redis
    15.             redisTemplate.opsForValue().set(cacheNames + id, dept, 1,
TimeUnit.HOURS);
    16.         return dept;
    17.     }
    18.     // 新增：添加数据至数据库，成功则再添加至Redis数据
    19.     public Dept insert(Dept dept) {
    20.         int row = deptMapper.insert(dept); // 添加数据至数据库
    21.         if (row>0) { // 添加至数据库成功，则还需添加Redis数据
    22.             redisTemplate.opsForValue().set(cacheNames+ dept.getId(),
dept,1,TimeUnit.HOURS);
    23.             return dept;
    24.         }
    25.         return null;
    26.     }
    27.     // 编辑：修改数据至数据库，成功则需修改Redis数据
    28.     public Dept update(Dept dept) {
    29.         int row = deptMapper.update(dept);  // 修改数据至数据库
    30.         if (row>0){ // 修改至数据库成功，则还需修改Redis数据
    31.              redisTemplate.opsForValue().set(cacheNames + dept.getId(),
dept);
    32.              return dept;
    33.         }
    34.         return null;
    35.     }
    36.     // 删除：删除数据库中数据，成功则删除Redis中数据
    37.     public int delete(String id) { //Redis默认key为方法参数
    38.          int row = deptMapper.delete(id); // 删除数据库中数据
```

```
39.          if(row>0) { //删除数据库中数据成功，则还需删除 Redis 中数据
40.              redisTemplate.delete(cacheNames + id);
41.          }
42.          return row;
43.      }
44.}
```

如上，第 5 ～ 6 行上使用 @Resource 注解将 RedisTemplate 组件注入属性中，以便使用 RedisTemplate 组件实施查询、添加、更新、删除等 Redis 操作。DeptService 类中 4 个方法（第 9 ～ 43 行）的整体逻辑还是比较清晰的，即确保在处理完数据库之后，与 Redis 缓存进行同步处理，以保持数据的一致性。

另外，RedisTemplate 组件在操作缓存时，可以设置缓存数据有效期，如在第 15 行 redisTemplate.opsForValue().set(cacheNames+id,dept,1,TimeUnit.HOURS) 方法中设置了缓存有效期为 1 小时。当然也可以使用其他时间单位，如 TimeUnit.DAYS（天）、TimeUnit.MINUTES（分钟）、TimeUnit.SECONDS（秒）、TimeUnit.MILLISECONDS（毫秒）等。

2. 测试基于 API 的 Redis 缓存管理方法

按如下步骤进行测试。

（1）在测试前，观察 Redis 数据库中的 key 值。

打开 Redis 客户端，输入“keys *”，返回 (empty list or set)，说明测试前没有缓存数据。操作如下。

```
C:\Program Files\Redis>redis-cli
127.0.0.1:6379> keys *
(empty list or set)
```

注意：若 Redis 中有数据，可先用 FLUSHALL 命令清空，如下。

```
127.0.0.1:6379> FLUSHALL
OK
127.0.0.1:6379> keys *
(empty list or set)
```

（2）测试 insert() 方法后，观察 Redis 库中数据。

测试 insert() 方法后，用 Redis 客户端观察，发现 key 值 "\xac\xed\x00\x05t\x00\tdept::100" 有对应的 value 值，这说明新增方法的 Redis 缓存功能有效。操作如下。

```
127.0.0.1:6379> keys *
1) "\xac\xed\x00\x05t\x00\tdept::100"
127.0.0.1:6379> get "\xac\xed\x00\x05t\x00\tdept::100"
"\xac\xed\x00\x05sr\x00#com.example.demospcache.entity.DeptU\xfa\xcc&\xf1\xef\xbdb\x02\x00\x03L\x00\x02idt\x00\x12Ljava/lang/String;L\x00\blocationq\x00~\x00\x01L\x00\x04nameq\x00~\x00\x01xpt\x00\x03100t\x00\x06\xe8\x8b\x8f\xe5\xb7\x9et\x00\t\xe6\xb5\x8b\xe8\xaf\x95\xe9\x83\xa8"
```

（3）测试 update() 方法后，观察 Redis 库中数据。

测试 update() 方法后，用 Redis 客户端观察，发现 key 值 "\xac\xed\x00\x05t\x00\tdept::100" 对应的数据发生了改变，这说明编辑方法的 Redis 缓存功能有效。操作如下。

```
127.0.0.1:6379> get "\xac\xed\x00\x05t\x00\tdept::100"
"\xac\xed\x00\x05sr\x00#com.example.demospcache.entity.DeptU\xfa\
xcc&\xf1\xef\xbdb\x02\x00\x03L\x00\x02idt\x00\x12Ljava/lang/String;L\x00\
blocationq\x00~\x00\x01L\x00\x04nameq\x00~\x00\x01xpt\x00\x03100t\x00\x06\
xe6\x9d\xad\xe5\xb7\x9et\x00\t\xe6\xb5\x8b\xe8\xaf\x95\xe7\xbb\x84"
```

（4）测试 find() 方法后，观察 Redis 库中数据。

测试 find() 方法后，用 Redis 客户端观察，发现 Redis 缓存中多了 1 条数据，这说明查询方法的 Redis 缓存功能有效。操作如下。

```
127.0.0.1:6379> keys *
1) "\xac\xed\x00\x05t\x00\tdept::001"
2) "\xac\xed\x00\x05t\x00\tdept::100"
```

（5）测试 delete() 方法后，观察 Redis 库中数据。

测试 delete() 方法后，用 Redis 客户端观察，发现 Redis 缓存中清除了 1 条数据，这说明删除方法的 Redis 缓存功能有效。操作如下。

```
127.0.0.1:6379> keys *
1) "\xac\xed\x00\x05t\x00\tdept::001"
```

显然，对于 Redis 缓存，基于 API 方式实现效果与注解方式效果一致，但 API 方式提供了更高的灵活性。

6.4 巩固练习

创建数据库环境，搭建 Spring Boot 项目，整合 Redis 作为缓存管理组件。然后使用注解方式实现对短信数据的增、删、改、查操作缓存处理，以及使用 Redis API 方式对短信总数进行缓存。

6.4.1 创建数据库环境

在 MySQL 中创建数据库、表并添加测试数据，可以按照以下 SQL 实现。

```
create database msgdb;
use msgdb;
create table t_msg(
    id char(3) primary key,
    title varchar(20) not null,
    info varchar(2000)
);
insert into t_msg(id, title,info) values
('001', '海量请求如何设计缓存', '主要介绍了缓存穿透、缓存击穿、缓存雪崩这三个知识点.'),
('002', '正则表达式让 CPU 飙升至 100%', 'Java 正则表达式使用引擎为 NFA 自动机，进行字符匹配时会发生回溯，令消耗时间变得很长。'),
('003', '浅谈重构中踩过的坑', '从心态、技巧、技术层面去阐述如何重构一个系统'),
('004', '技术部', '深圳');
```

6.4.2 项目实现缓存处理

实现步骤，提示如下。

（1）创建 Spring Boot 项目并整合 Redis。

用 Spring Initializr 方式构建 Spring Boot 项目，并勾选 Spring Web、Lombok、MySQL Driver、MyBatis Framework 和 Spring Data Redis 依赖。

在项目启动类上加上 @EnableCaching 注解，启动缓存管理的支持。

（2）配置参数。

在项目主配置文件 application.properties 中，配置对 MySQL 数据库 msgdb 的连接参数，开启控制台打印 MyBatis 执行 SQL 功能，配置 Redis 连接参数，指定 Redis 作为缓存管理组件并设置默认缓存有效期为 30 分钟。

（3）创建实体类。

创建短信实体类 Msg，其类结构应该和数据库中表 t_msg 的结构一致，以便映射处理。

注意：Msg 对象会在 Redis 中缓存，因此实体类 Msg 需实现 Serializable 接口。

（4）编写 Mapper 接口。

创建 MyBatis 接口类 MsgMapper，在其内部编写增、删、改、查方法，并映射相应的 Insert、Delete、Update、Select 语句。

其中，查询应该有两个方法：get(int id) 和 count()，分别用于通过 id 获得短信信息和查询数据库中短信总数。

（5）编写服务类。

创建服务类 MsgService，在其内部添加增、删、改、查业务方法。和 Mapper 接口类一样，其中，查询应该有两个方法：get(int id) 和 count()，分别用于通过 id 获得短信信息和查询短信总数。

对于 MsgService 类中的业务方法，应该通过调用相应的 Mapper 接口方法来实现与数据库的交互功能，并且通过注解来实现缓存管理功能。但要注意：对于方法 count() 的缓存管理，出于练习目的，请采用 Redis API 方式处理。

（6）测试。

编写测试类，选择主程序测试类为父类，勾选要测试的方法，完成测试方法的编写。

启动 Redis 服务，逐一测试类中的各个方法，注意在控制台观察 MyBatis 的执行 SQL，以及用 Redis 客户端 redis-cli 来观察缓存数据的变化。

第7章 整合安全管理框架 Spring Security

安全管理是用于对资源访问和操作进行权限控制的一种机制，主要包括用户认证（Authentication）和用户授权（Authorization）两个部分。

用户认证是验证用户身份的过程，确保用户是合法的、可信任的。在用户认证中，用户需要提供一些凭据（通常是用户名和密码）来证明自己的身份。系统会对提供的凭据进行验证，并判断用户是否是合法用户。常用的用户认证方式包括基于表单的身份验证、基于令牌的身份验证（如 JSON Web Token）等。用户认证通常会涉及用户名和密码的验证、密钥管理、会话管理等。

用户授权是在用户通过认证后确定用户可以访问哪些资源和执行哪些操作的过程。根据用户的身份和角色，用户被赋予特定的权限，系统会根据用户的权限对其请求进行验证和控制。用户授权可以通过角色方式实现，即将用户组织成角色，并为每个角色分配特定的权限。

Spring Security 是 Spring 家族中的一个 Web 安全管理框架，它提供了声明式的安全访问控制功能。通过集成 Spring Security，开发者可以轻松地实现用户认证与授权，以及其他相关的安全机制。

视频讲解

7.1 Spring Boot 整合 Spring Security 入门

在 IDEA 环境中，遵从如下步骤，就可在 Spring Boot 项目中整合 Spring Security。

7.1.1 构建项目时引入 Spring Security 相关依赖

IDEA 环境中，单击 File → New → Project 选项，选择 Spring Initializr 方式，输入项目名“demo-sp-security”，单击 Next 按钮。

接着勾选 Spring Web、Thymeleaf、Lombok 和 Spring Security 依赖，单击 Finish 按钮，如图 7.1 所示。

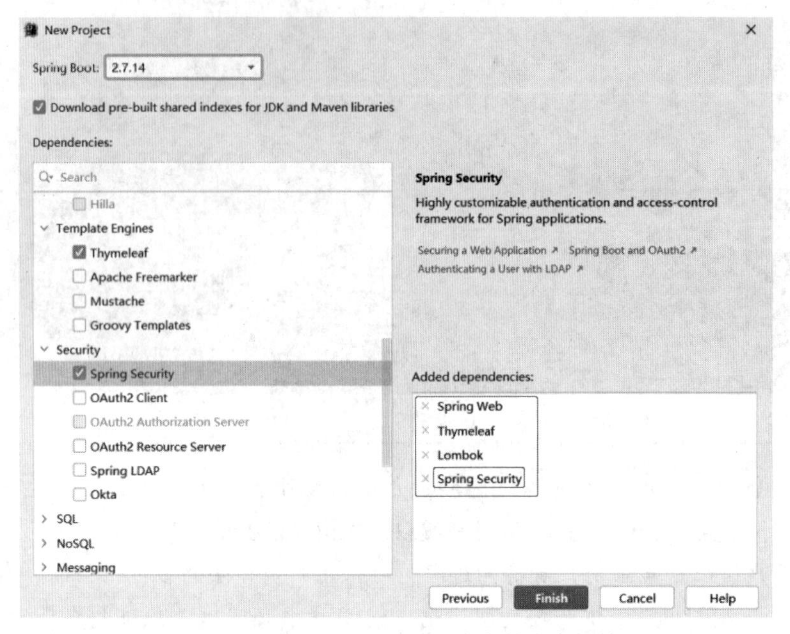

图 7.1　勾选 Spring Security 在内的多个依赖

依赖说明：Spring Security 是 Spring Boot 整合 Spring Security 安全管理框架的关键，此外，Spring Web 为开发 Spring MVC 项目所必需、Thymeleaf 为开发模板页所必需、Lombok 用以简化编写实体类代码。

以上操作后，在 pom.xml 文件的 <dependencies> 结点中会加入对应的依赖启动器，代码如下。

```
<dependency>
    <groupId>org.springframework.boot</groupId>
    <artifactId>spring-boot-starter-security</artifactId>
</dependency>
<dependency>
    <groupId>org.springframework.boot</groupId>
    <artifactId>spring-boot-starter-thymeleaf</artifactId>
</dependency>
<dependency>
    <groupId>org.springframework.boot</groupId>
    <artifactId>spring-boot-starter-web</artifactId>
</dependency>
<dependency>
    <groupId>org.thymeleaf.extras</groupId>
    <artifactId>thymeleaf-extras-springsecurity5</artifactId>
</dependency>
<dependency>
    <groupId>org.projectlombok</groupId>
    <artifactId>lombok</artifactId>
    <optional>true</optional>
</dependency>
...
```

第一个依赖 spring-boot-starter-security 用于整合 Spring Security。另外还有一个重要依赖 thymeleaf-extras-springsecurity5，用于在 Thymeleaf 模板页上进行认证授权操作。

7.1.2 开启 WebSecurity 并自定义内存用户

WebSecurityConfigurerAdapter 是 Spring Security 早期提供的一个基类，在该基类中包含一系列可重写的方法，可用于配置认证、授权、访问规则等安全相关的设置。因此，早期 Spring Boot 项目通过创建一个继承自 WebSecurityConfigurerAdapter 的子类来对项目实施安全配置。但是自从 2022 年 2 月 Spring Security 5.7 发布之后，已经弃用这种继承式配置，转而采用组件（Bean）方式进行安全配置。

此处创建一个配置类 WebSecurityConfig，以组件方式配置一个自定义内存用户 ada，核心代码如下。

```
@EnableWebSecurity //启用 Web 安全功能
1.public class WebSecurityConfig {
2.    @Bean
3.    public UserDetailsService userDetailsService() {
4.        InMemoryUserDetailsManager manager = new InMemoryUser
DetailsManager();
5.        manager.createUser(
6.                User.builder()
7.                .username("ada")
8.                .password("{noop}123") // 使用 {noop} 前缀表示密码不进行加密
9.                .roles("normal","admin").build() //roles() 不允许加 ROLE_ 前缀
10.        );
11.        return manager;
12.    }
13.}
```

第 1 行，通过在 WebSecurityConfig 类上添加 @EnableWebSecurity 注解，可以将该类标识为启用 Web 安全配置的类，使其成为认证请求的入口。这意味着在应用程序中，所有的认证请求将会经过 WebSecurityConfig 类的配置进行处理。

第 3 行，@Bean 注解会将下方方法返回的对象注册到 Spring IoC 容器中。

第 3 ～ 12 行，使用 UserDetailsService() 方法构建用户认证信息。本处创建了内存用户（InMemoryUserDetailsManager）ada，其密码为 123，所属角色为 normal 和 admin。内存身份认证是最简单的身份认证，实际上如果不创建用户，Spring Security 框架也会提供默认的内存用户 user，并为之产生一个随机密码（该密码在 Spring Boot 项目启动时随机产生，并在控制台上显示）。

7.1.3 内存用户认证

在没有整合 Spring Security 前，可直接访问资源。现在有了安全管理框架后，默认情况下，资源需要用户认证后方能访问，因此未认证用户访问资源时，会被 Spring Security 切到框架内部的默认登录页实施用户认证，而认证又以 @EnableWebSecurity 注解配置类中设置用户参数为准。

【例 7.1】访问“/hello”资源需认证内存用户。

1. 创建访问页面

在 resources\templates 目录下创建模板页文件 hello.html。代码如下。

```
<!DOCTYPE html>
<html lang="en">
<head>
    <meta charset="UTF-8">  <title>Title</title>
</head>
<body>
  <h3>Hello</h3>
</body>
</html>
```

2. 创建 Controller

创建 Java 包 controller，在包内创建控制器类 UserController。在 UserController 类中实现访问“/hello”资源时返回模板页 hello.html。代码如下。

```
@Controller
public class UserController {
    @GetMapping("/hello")
    public String hello(){
        return "hello";  // 返回模板页 resources\templates\hello.html
    }
}
```

3. 认证测试

浏览器访问 http://localhost:8080/hello。此时因为整合了 Spring Security，“/hello”资源需要认证方能访问，所以被 Spring Security 框架转到了默认登录 URL“/login”，如图 7.2 所示。

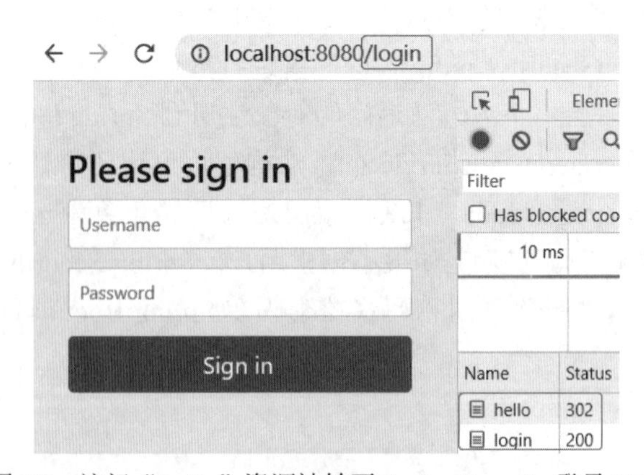

图 7.2 访问“/hello”资源被转至 Spring Security 登录 URL

当输入不存在的用户名或错误的密码时，Spring Security 会自动重定向到“/login?error”页面。该页面是登录页面，它会显示错误信息“用户名或密码错误”，如图 7.3 所示。

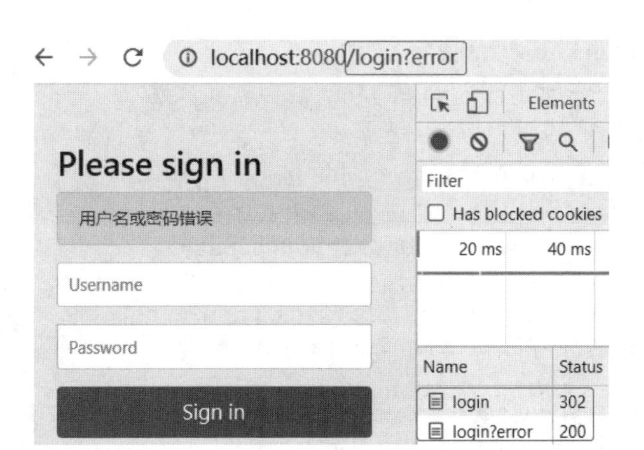

图 7.3　登录出错转至登录页并显示出错信息

当输入正确的用户名和密码，认证成功后，Spring Security 会将用户跳转回原请求 URL，即“/hello”，并显示对应的页面，如图 7.4 所示。

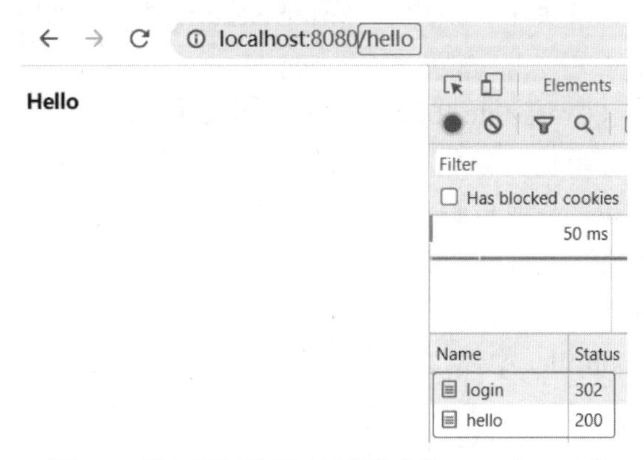

图 7.4　认证通过则跳转回原请求 URL“/hello”

7.2　自定义登录页

实际 Spring Boot 项目中，一般不会使用 Spring Security 框架的默认登录页，该登录页界面单调丑陋、不易调整，通常无法满足项目场景要求。所以，多数情况下需要自定义登录页。

【例 7.2】自定义登录页。

1. 创建登录页

在 resources\templates 目录中创建自定义登录模板页文件 login.html，用以替代 Spring Security 默认登录页。代码如下。

```
1.<!DOCTYPE html>
2.<html xmlns:th="http://www.thymeleaf.org"
3.        xmlns:sec="http://www.thymeleaf.org/thymeleaf-extras-springsecurity5">
4.<head>
```

```
    5.    <meta charset="UTF-8">
    6.    <title> 登录 </title>
    7.</head>
    8.<body>
    9.<h3 th:if="${error != null}"> 用户名或密码错 </h3>
    10.<h3 th:if="${logout != null}"> 已退出 </h3>
    11.<form th:action="@{/login}" method="post">
    12.    用户 <input type="text" id="username" name="username" /><br>
    13.    密码 <input type="password" id="password" name="password"/><br>
    14.    <input type="hidden"  th:name="${_csrf.parameterName}"  th:value=
"${_csrf.token}"/>
    15.    <button type="submit"> 登录 </button>
    16.</form>
    17.</body>
    18.</html>
```

第 11 行，登录请求被提交给“@{/login}”进行处理。

第 12 ～ 13 行，在登录页中，采用了 Spring Security 框架默认的用户参数名 username 和密码参数名 password。

第 14 行，将 CSRF（Cross-Site Request Forgery，跨站请求伪造）令牌作为隐藏字段嵌入表单中，确保了每次表单提交都包含有效的 CSRF 令牌。服务器在接收到表单提交请求时，会验证请求中的 CSRF 令牌与服务器状态中保存的令牌是否一致，以确保请求的合法性，从而防止攻击者通过伪造用户身份发送恶意请求。

2. 编写控制器类映射登录请求

在控制器类 UserController 中添加 login() 方法，当 Get 方式访问“/login”请求时转到自定义登录页。代码如下。

```
@GetMapping("/login")
public String login(@RequestParam(required = false) String error,
                   @RequestParam(required = false) String logout, Model model) {
    if (error != null) {
        model.addAttribute("error", "error");
    }
    if (logout != null) {
        model.addAttribute("logout", "logout");
    }
    return "login";  // 返回模板页 resources\templates\login.html
}
```

3. 设置自定义登录页面入口

在安全配置类 WebSecurityConfig 中，改写资源授权方法 securityFilterChain(HttpSecurity http)，在该方法中设置自定义登录页面入口，并放开登录入口“/login”的访问权限。具体代码如下。

```
    1.@Bean
    2.public SecurityFilterChain securityFilterChain(HttpSecurity http)
throws Exception {
```

```
3.     http.authorizeRequests() //开启 HttpSecurity 配置
4.         .anyRequest().authenticated()  //任何请求都需认证用户才能访问
5.             .and()
6.             .formLogin()  //开启自定义登录，不再使用系统默认配置
7.             .loginPage("/login")  //指定自定义登录页 URL
8.             .permitAll();  //上方资源（即登录 URL"/login"）无须认证，允许
                            //直接访问
9.         return http.build();
10.    }
```

第 1 行，@Bean 注解会将下方方法返回的对象注册到 Spring IoC 容器中。

第 2 行，定义 securityFilterChain(HttpSecurity http) 方法，对基于 HTTP 的请求资源进行访问授权。

第 3 行，开启 HttpSecurity 配置，下方代码用于对请求资源做授权设置。

第 4 行，设置任何请求资源都应该认证方能访问。这样，未认证前访问资源会切到登录页。

第 6 行，formLogin() 用以开启自定义登录设置，否则将使用 Spring Security 的默认配置的登录页。

第 7 行，loginPage(url) 用以指定登录时请求 URL。其他常见登录配置方法如下。

（1）failureUrl(url)：当登录失败后跳转的 URL，默认值为“/login?error”。

（2）defaultSuccessUrl(url,true)：登录成功后的跳转 URL。默认返回原访问 URL。

（3）usernameParameter("username")：要认证的用户参数名，默认值为 username。

（4）passwordParameter("password")：要认证的密码参数名，默认值为 password。

第 8 行，permitAll() 用以设置上方资源无须认证，可直接访问。在这里设置“/login”（登录 URL）无须认证就可访问。

4. 测试自定义登录页

启动应用，浏览器访问 http://localhost:8080/hello，因为设置资源需要认证方能访问，因此切换到了自定义登录页，如图 7.5 所示。

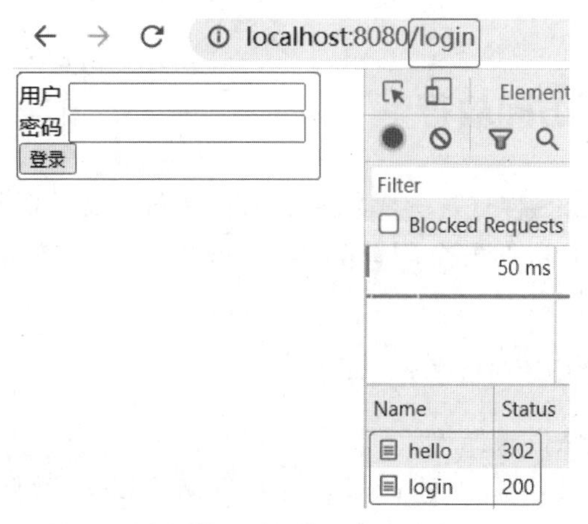

图 7.5 访问资源时切换到了自定义登录页

此时输入不存在的用户名或错误的密码，也会跳转到“/login?error”，即显示自定义登录页，如图 7.6 所示。

图 7.6　登录出错跳转至自定义登录页

当输入正确的用户名和密码后，将通过认证，并跳转回原请求“/hello”，显示相应的页面，如图 7.7 所示。

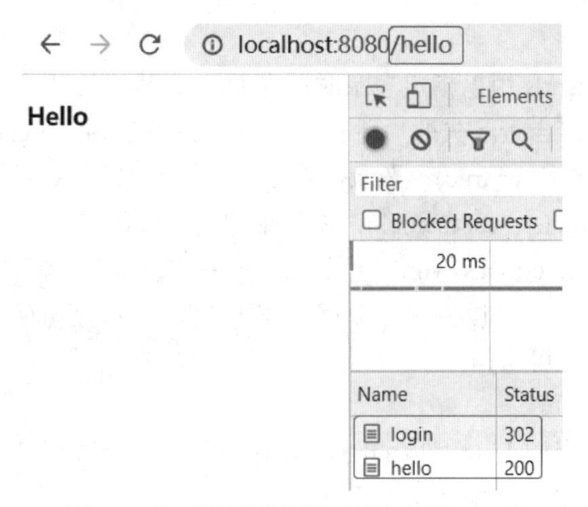

图 7.7　认证通过则跳转回原请求“/hello”

7.3　设置静态资源访问放行

通常情况下，访问 CSS 样式、图片、JavaScript 等静态文件资源，应该能直接访问，而不应设置认证限制。为此可在安全配置类的授权方法 securityFilterChain(HttpSecurity http) 中对静态资源路径设置放行。

【例 7.3】设置可直接访问静态资源。

1. 设置静态资源文件目录结构

在 resources\static 目录下面创建 css、image、js 等目录，以便存放 CSS 样式、图片、JavaScript 等静态文件。再创建若干测试用的静态资源文件，如 main.css、key.png 和 main.png 等，并放置到相应目录中，如图 7.8 所示。

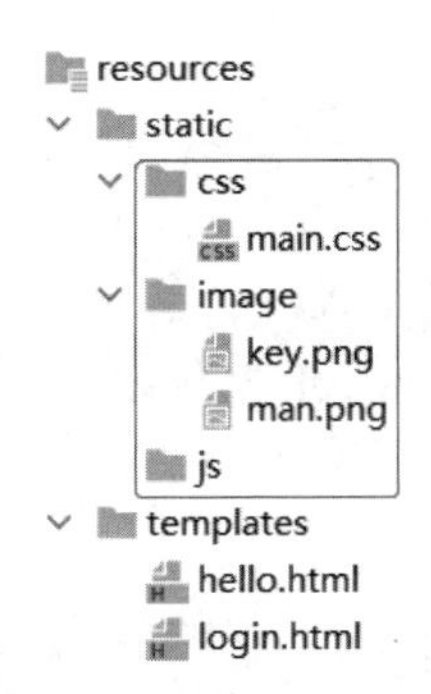

图 7.8　设置静态资源文件目录结构

其中，key.png 和 man.png 为两个图片文件，效果如图 7.9 所示。

图 7.9　图片文件效果

其中，main.css 为样式文件，核心代码如下。

```
form #username{background: url("/image/man.png") no-repeat ;
    background-position: 92% center;background-size:15px;}
form #password{background: url("/image/key.png") no-repeat ;
    background-position: 92% center;background-size:15px;}
```

注意：在设置 URL 路径时只需直接引用 /css/、/images/ 和 /js/ 等目录，而无须包含静态资源目录“/static”，否则访问时反而会有路径问题，导致 404 报错。

HTML 模板文件中引用 CSS 样式文件的时候，同样无须包含静态资源目录“/static”。如在原有 hello.html 文件的 <head> 标签内引用 CSS 文件，代码如下。

```
<link rel="stylesheet" th:href="@{/css/main.css}"/>
```

2. 设置放行静态资源

改写 WebSecurityConfig 类的授权方法 securityFilterChain(HttpSecurity http)，在方法中设置静态资源路径放行代码。具体代码如下。

```
1.@EnableWebSecurity //启用 Web 安全功能
2.public class WebSecurityConfig {
3.    @Bean
4.    public UserDetailsService userDetailsService() {
5.         InMemoryUserDetailsManager manager = new InMemoryUserDetails
Manager();
6.        manager.createUser(
7.                User.builder()
8.                .username("ada")
9.                .password("{noop}123") //使用 {noop} 前缀表示密码不进行加密
10.               .roles("normal","admin").build()
11.       );
12.       return manager;
```

```
13.     }
14.     @Bean
15.     public SecurityFilterChain securityFilterChain(HttpSecurity http)
throws Exception {
16.         http.authorizeRequests() // 开启 HttpSecurity 配置
17.                 .antMatchers("/css/**","/js/**","/image/**")
18.                 .permitAll() // 上方资源无须认证，允许直接访问（即静态资源放行）
19.                 .anyRequest().authenticated() // 任何请求都需认证用户才能访问
20.                 .and()
21.                 .formLogin()  // 开启自定义登录，不再使用系统默认配置
22.                     .loginPage("/login")  // 指定自定义登录页 URL
23.                     .permitAll();  // 上方资源（即登录 URL"/login"）无须认证，
                                     // 允许直接访问
24.         return http.build();
25.     }
26.}
```

第 16 ～ 17 行，antMatchers("/css/**","/js/**","/image/**").permitAll() 代码就是设置对 css、js 和 image 目录中静态资源的访问不做限制。

3. 测试访问静态资源

注意：测试前，单击 Build → ReBuild Project 选项，对整个项目重构。通过重构操作，确保静态文件已被正确地加入项目中，以便在运行时能够正常访问和使用。

启动应用，浏览器访问 http://localhost:8080/hello。因为用户尚未认证会转到登录页，而登录页中的静态资源，包括 CSS 文件和图片文件因设置过放行，都可正常访问，如图 7.10 所示。

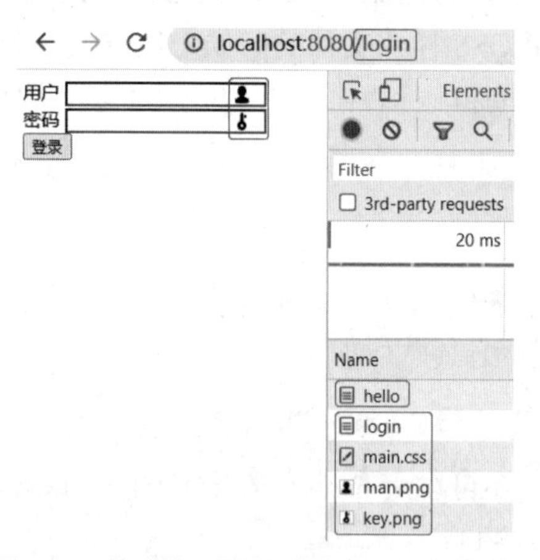

图 7.10　静态资源因设置过放行可直接访问

7.4　角色授权与资源访问

对于资源的授权访问，通常体现在两个方面：一是判断页面是否有权访问，二是判断页面上的功能性链接、操作按钮或菜单等组件是否应显示或处于可用状态。Spring Security 角色授权与资源访问，参考步骤如下。

7.4.1 创建资源访问页

1. 创建首页 index.html

在 templates 目录中创建模板页文件 index.html，内部编写 3 个与角色相关的操作链接。代码如下。

```
1.<!DOCTYPE html>
2.<html xmlns:th=http://www.thymeleaf.org
3.        xmlns:sec="http://www.thymeleaf.org/thymeleaf-extras-springsecurity5">
4.<head>
5.    <meta charset="UTF-8">  <title>首页</title>
6.</head>
7.<body>
8.<h3>欢迎</h3>
9.<a th:href="@{/normal}" href="/normal" sec:authorize="hasRole('normal')">普通入口</a>
10.<a th:href="@{/vip}" href="/vip" sec:authorize="hasRole('vip')">VIP入口</a>
11.<a th:href="@{/admin}" href="/admin" sec:authorize="hasRole('admin')">管理入口</a>
12.</body>
13.</html>
```

第 2 行，<html> 标签中添加命名空间属性 xmlns:th="http://www.thymeleaf.org"，用以引入 Thymeleaf 模板引擎的标签。

第 3 行，<html> 标签中添加命名空间属性 xmlns:sec="http://www.thymeleaf.org/thymeleaf-extras-springsecurity5"，用以引入以“sec:”为前缀的 Thymeleaf 与 Spring Security 集成安全标签，实现视图层上的角色访问控制。该集成安全标签功能来自 thymeleaf-extras-springsecurity5 依赖。

第 9～11 行，在 3 个链接上都加上了 Thymeleaf 标签属性 sec:authorize，用于在视图层实现角色访问控制。第 9 行中 sec:authorize="hasRole('normal')" 的作用是：判断当前认证的用户是否拥有 normal 角色，只有在用户拥有该角色时，属性所在的标签才会生成。第 10、11 行中 sec:authorize 的作用与第 9 行类似，判断当前用户所属 vip 或 admin 角色时，生成相应的标签。

除了 hasRole() 方法外，还可以用 hasAnyRole() 方法。该方法用于判断用户是否属于指定角色集中的任一角色，示例代码如下。

```
sec:authorize="hasAnyRole('vip', 'admin')
```

“sec:”为前缀的集成安全标签，还可以用于判断用户是否已通过认证，以及获取登录用户名和所属角色等信息，代码如下。

```
1.<div sec:authorize="isAuthenticated()">
2.    <p>已有用户登录</p>
3.    <p>登录的用户为：<span sec:authentication="name"></span></p>
```

```
  4.     <p>用户角色为：<span sec:authentication="principal.authorities">
</span></p>
  5.</div>
```

第 1 行，<div> 中的 sec:authorize="isAuthenticated()" 属性，用以判断用户是否已登录认证。若没有认证则不会生成 <div> 标签。

第 3 行，<span> 中 sec:authentication="name" 属性，用以将当前认证用户的用户名显示在 <span> 标签内。

第 4 行，<span> 中 sec:authentication="principal.authorities" 属性，用以将当前认证用户所属角色名显示在 <span> 标签内。

2. 编写各种角色访问页

在 templates 目录中创建 3 个不同角色访问页。

（1）为 normal 角色用户创建访问页 normal.html，在其 <body> 标签中加入代码：

```
<h3>普通用户访问</h3>
```

（2）为 VIP 角色用户创建访问页 vip.html，在其 <body> 标签中加入代码：

```
<h3>VIP 用户访问</h3>
```

（3）为 admin 角色用户创建访问页 admin.html，在其 <body> 标签中加入代码：

```
<h3>后台管理</h3>
```

7.4.2 编写控制器类处理资源请求映射

在 controller 包中创建 MainController。加上 4 个方法，针对不同资源请求，返回对应不同的模板页面。代码如下。

```
@Controller
public class MainController {
    @GetMapping("/index")
    public String index(){  return "index";  }
    @GetMapping("/normal")
    public String normal(){ return "normal"; }
    @GetMapping("/vip")
    public String vip(){ return "vip";  }
    @GetMapping("/admin")
    public String admin(){ return "admin"; }
}
```

7.4.3 配置用户角色和资源权限

打开 WebSecurityConfig 类，在其 userDetailsService() 方法中配置用户相应的角色，并在 securityFilterChain(HttpSecurity http) 方法中设置各资源的访问权限。代码如下。

```
1.@EnableWebSecurity //启用 Web 安全功能
2.public class WebSecurityConfig {
3.    @Bean
```

```
    4.     public UserDetailsService userDetailsService() {
    5.         InMemoryUserDetailsManager manager=new InMemoryUserDetails
Manager();
    6.         manager.createUser(
    7.                 User.builder()
    8.                 .username("ada")
    9.                 .password("{noop}123") // 使用 {noop} 前缀表示密码不进行加密
    10.                .roles("normal","admin").build()
    11.        );
    12.        manager.createUser( // 加一个 bob 用户
    13.                User.builder()
    14.                .username("bob")
    15.                .password("{noop}123") // 使用 {noop} 前缀表示密码不进行加密
    16.                .roles("vip").build()
    17.        );
    18.        return manager;
    19.    }
    20.    @Bean
    21.    public SecurityFilterChain securityFilterChain(HttpSecurity http)
throws Exception {
    22.        http.authorizeRequests() // 开启 HttpSecurity 配置
    23.                .antMatchers("/css/**","/js/**","/image/**")
    24.                .permitAll() // 上方资源无须认证，允许直接访问（即静态资源放行）
    25.                .antMatchers("/normal").hasRole("normal") // 加 3 行将资
                                                              // 源授权给角色
    26.                .antMatchers("/vip").hasRole("vip")
    27.                .antMatchers("/admin").hasRole("admin")
    28.                .anyRequest().authenticated()  // 任何请求都需认证用户才能访问
    29.                .and()
    30.                .formLogin()   // 开启自定义登录，不再使用系统默认配置
    31.                    .loginPage("/login")   // 指定自定义登录页 URL
    32.                    .permitAll(); // 上方资源（"/login"）无须认证，允许直接访问
    33.        return http.build();
    34.    }
    35.}
```

第 10、16 行，用 roles() 方法，给 ada 用户分配 normal 和 admin 角色、给 bob 用户分配 vip 角色。

第 25 ～ 27 行，用 hasRole() 方法，将资源授权给角色：访问“/normal”资源需 normal 角色用户；访问“/vip”资源需 vip 角色用户；访问“/admin”资源需 admin 角色用户。

7.4.4 测试角色授权访问

启动项目，浏览器访问 http://localhost:8080/index。Spring Security 框架发现“/index”资源需要认证方能访问，因此切到“/login”登录页要求登录，如图 7.11 所示。

输入有效用户名和密码，此处输入“ada”和“123”，认证成功后进入“/index”资源页面。因为 ada 用户从属 normal 和 admin 角色，所以显示了两个对应的授权资源链接。又因 ada 不属于 vip 角色，所以“VIP 入口”链接并未显示，如图 7.12 所示。

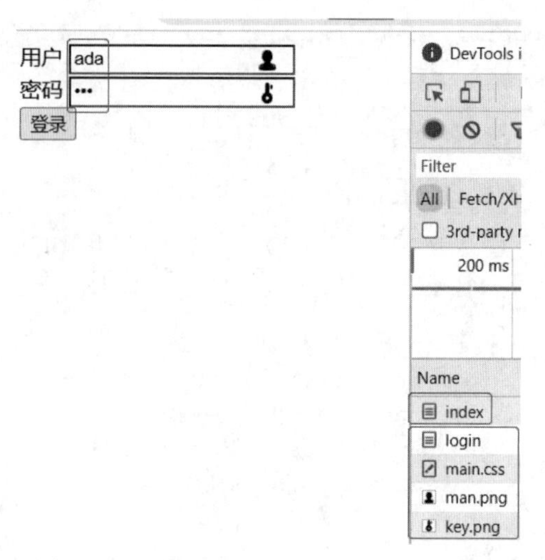

图 7.11　访问“/index”资源被切至登录页

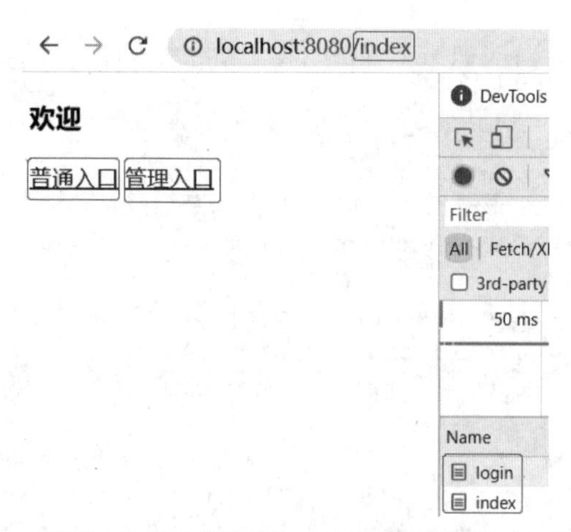

图 7.12　页面仅显示了登录用户 ada 所属角色授权的两个链接

单击两个链接入口，可进入相应资源页，这是因为 ada 用户拥有 admin 角色可访问“/admin”资源、拥有 normal 角色可访问“/normal”资源，如图 7.13 和图 7.14 所示。但访问“/vip”时会显示 403 错误，因为 ada 不属于 vip 角色，从而无权限访问“/vip”资源，如图 7.15 所示。

图 7.13　用户拥有 admin 角色可访问“/admin”资源

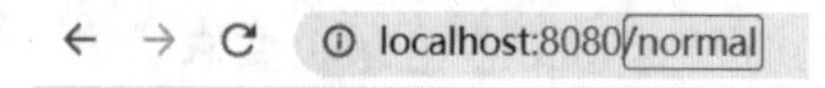

普通用户访问

图 7.14　用户拥有 normal 角色可访问“/normal”资源

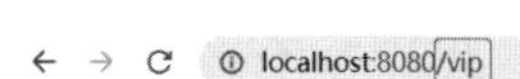

图 7.15　用户不属于 vip 角色无权限访问“/vip”资源

同理，bob 用户登录后，因为 bob 仅属于 vip 角色，所以只能显示“VIP 入口”链接，如图 7.16 所示。

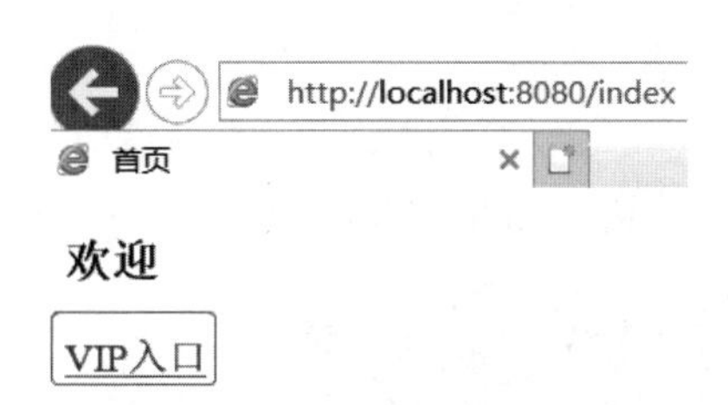

图 7.16　用户仅拥有 vip 角色只能显示“VIP 入口”链接

接下来，bob 用户单击 VIP 入口链接，可进入“/vip”资源页，如图 7.17 所示。但若 bob 用户单击无权访问资源，如“/normal”或“/admin”，则将跳转至访问拒绝页并显示 403 错误，如图 7.18 所示。

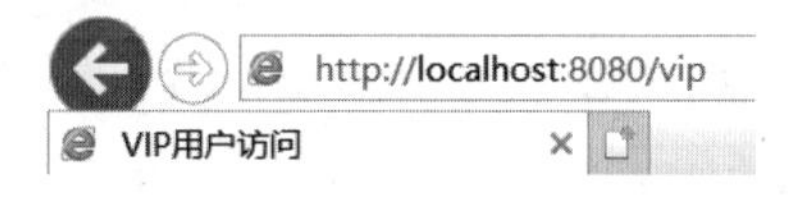

图 7.17　用户所属 vip 角色可访问“/vip”资源页

图 7.18　用户单击无权访问资源会跳转到访问拒绝页

如图 7.18 所示，Spring Boot 项目中默认的访问拒绝页显示过于简陋，为此可根据自定义需求，创建一个令人满意的访问拒绝页面。创建自定义访问拒绝页的步骤如下。

（1）在 WebSecurityConfig 类的 securityFilterChain(HttpSecurity http) 方法中设置跳转到自定义访问拒绝页的 URL。代码如下。

```
http.exceptionHandling().accessDeniedPage("/403");
```

（2）控制器类中写方法，用以映射“/403”请求到模板页 403.html。

（3）创建自定义访问拒绝页 403.html，添加显示无权访问、登录链接等相关信息。

7.5 自定义退出系统

在 Spring Security 框架中，已经默认实现了应用退出功能。只要将访问路径切换到“/logout”来触发退出操作即可。框架内部的过滤器会执行相应的退出操作，包括使 HTTP Session 失效、清除 SecurityContext 容器中的用户认证数据、重定向到退出成功页（默认为“/login?logout”）等。

当然，开发者可以选择绕过 Spring Security 的默认退出处理机制，自己定义一套有针对性的退出系统的逻辑。参考步骤如下。

7.5.1 页面添加退出按钮

在相关模板页上添加退出按钮，如在 index.html 文件中添加如下代码。

```
<form th:action="@{/appLogout}" method="post">
    <button type="submit" >退出</button>
</form>
```

自 Spring Security 3.2 开始，默认会启动 CSRF 防护。一旦启动了 CSRF 防护，退出请求就必须使用 Post 方式提交，才能被 Spring Security 框架拦截处理。为此，上方代码使用了 Post 提交方式。

另外注意，Spring Security 框架中默认退出 URL 为“/logout”，此处表单 action 中定义的退出 URL 为“/appLogout”，即绕过了 Spring Security 的默认退出处理机制。

7.5.2 控制器处理退出请求

在控制器 UserController 类中添加一个方法，用来处理 Post 方式的“/appLogout”请求。该方法的作用是清理认证用户信息，并返回退出成功后的页面。代码如下。

```
1.@PostMapping("/appLogout")  //退出按钮提交后操作
2.public String logout(HttpServletRequest request, HttpServletResponse 
response) {
3.     Authentication auth = SecurityContextHolder.getContext().
getAuthentication();
4.     if (auth != null) { //清除认证所有数据
5.         new SecurityContextLogoutHandler().logout(request, response, 
auth);
6.     }
7.    return "redirect:/login"; //重定向到登录页面
8.}
```

第 1 行，以 Post 方式提交“/logout”请求时，Spring Security 框架会用默认处理退出。这里将“/logout”改为“/appLogout”请求，交由自定义的控制器方法 logout() 来处理。

第 3 行，SecurityContextHolder.getContext() 代码是获得安全上下文 SecurityContext 对象，然后从安全上下文 SecurityContext 中用 getAuthentication() 方法获得用户认证对象 auth。

注意：认证后的用户信息是存放在安全上下文 SecurityContext 中的。

第 5 行，用安全上下文退出处理器 SecurityContextLogoutHandler 的 logout() 方法来执行退出逻辑，同时从安全上下文中移除认证用户信息。当然第 5 行后，根据实际需求还可以加上一些额外操作。

第 7 行，退出后重定向到登录 URL。

7.5.3 配置开启自定义退出功能

在 WebSecurityConfig 类中，可开启退出功能，并定制退出相关参数。代码如下。

```
1.@EnableWebSecurity //启用 Web 安全功能
2.public class WebSecurityConfig {
3.    @Bean
4.    public UserDetailsService userDetailsService() {
5.        InMemoryUserDetailsManager manager = new InMemoryUserDetails
Manager();
6.        manager.createUser(  //ada 用户
7.                User.builder()
8.                .username("ada")
9.                .password("{noop}123") //使用 {noop} 前缀表示密码不进行加密
10.               .roles("normal","admin").build()
11.        );
12.        manager.createUser( //bob 用户
13.                User.builder()
14.                        .username("bob")
15.                        .password("{noop}123") //使用 {noop} 前缀表示密
                                               //码不进行加密
16.                        .roles("vip").build()
17.        );
18.        return manager;
19.    }
20.    @Bean
21.    public SecurityFilterChain securityFilterChain(HttpSecurity http)
throws Exception {
22.        http.authorizeRequests() //开启 HttpSecurity 配置
23.                .antMatchers("/css/**","/js/**","/image/**")
24.                .permitAll() //上方资源无须认证，允许直接访问(即静态资源放行)
25.                .antMatchers("/normal").hasRole("normal") //3 行：将资源
                                                         //授权给角色
26.                .antMatchers("/vip").hasRole("vip")
27.                .antMatchers("/admin").hasRole("admin")
28.                .anyRequest().authenticated()  //任何请求都需认证用户才
                                               //能访问
29.                .and()
30.                .formLogin()  //开启自定义登录，不再使用系统默认配置
31.                    .loginPage("/login")  //指定自定义登录页 URL
32.                    .permitAll();  //上方资源(即登录 URL"/login")无须认证，
                                      //允许直接访问
33.        http.exceptionHandling().accessDeniedPage("/403");
34.        http.logout()  //开启退出功能。加上了这两行。
```

```
35.                    .logoutUrl("/logout"); // 指定退出页 URL。默认为 /logout
36.         return http.build();
37.     }
38.}
```

第 34 行，logout() 的作用为开启退出功能。

第 35 行，logoutUrl("/logout") 的作用是：指定退出 URL 来触发 Spring Security 框架的默认退出流程，包括清除认证用户信息、使会话无效、重定向到退出成功页面等操作。注意：默认情况下，退出 URL 是 “/logout”，如果将其更改为其他 URL，仍然会触发 Spring Security 框架的默认退出流程。

在本示例中，WebSecurityConfig 类中的退出配置代码实际上不需要编写。这是因为控制器类 UserController 代码中已经自定义了 logout() 方法来处理退出请求 “/appLogout”，从而会忽略掉在第 34 ～ 35 行配置的 Spring Security 框架的默认退出流程。

在 Spring Security 框架中，可以通过配置一些常用的方法来定制退出相关参数。

（1）logoutUrl(String logoutUrl)，指定退出 URL。默认为 /logout，可改换为其他 URL 值。示例代码如下。

```
http.logout()
     .logoutUrl("/appLogout");
```

（2）addLogoutHandler(LogoutHandler logoutHandler)，指定由一个实现了 LogoutHandler 接口的处理器类来处理退出逻辑。示例代码如下。

```
http.logout()
     .addLogoutHandler(appLogoutHandler);
```

（3）logoutSuccessUrl(String url)，指定退出成功后重定向的 URL。默认为 “/login?logout”，可改为其他 URL 值。示例代码如下。

```
http.logout()
     .logoutUrl("/appLogin?logout");
```

（4）logoutSuccessHandler(LogoutSuccessHandler logoutSuccessHandler)，指定由一个实现了 LogoutSuccessHandler 接口的处理器类来处理退出成功后的逻辑。注意，该设置会使 logoutSuccessUrl() 方法失效。示例代码如下。

```
http.logout()
     .logoutSuccessHandler(appLogoutSuccessHandler);
```

（5）invalidateHttpSession(boolean invalidateSession)，指定退出时是否使 HttpSession 失效，默认为 true。示例代码如下。

```
http.logout()
     .invalidateHttpSession(false);
```

（6）deleteCookies(String… cookieNames)，指定在退出时要删除的 Cookie 名称。可以同时指定多个 Cookie。示例代码如下。

```
    http.logout()
        .deleteCookies("loginUser", "shopCart");
```

7.5.4 测试自定义退出系统

启动应用，以 ada 用户（密码 123）登录后，访问“/index”资源页，显示效果如图 7.19 所示。

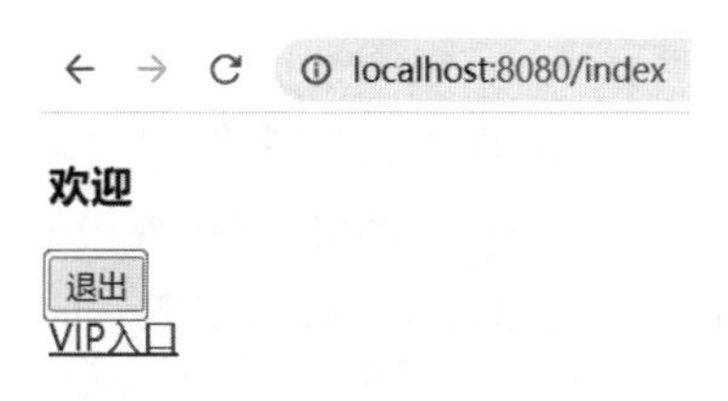

图 7.19 用户登录成功后访问“/index”资源页

单击“退出”按钮，会清除认证和授权信息，同时可观察到从“/appLogout”请求重定向到了“/login”登录页，如图 7.20 所示。

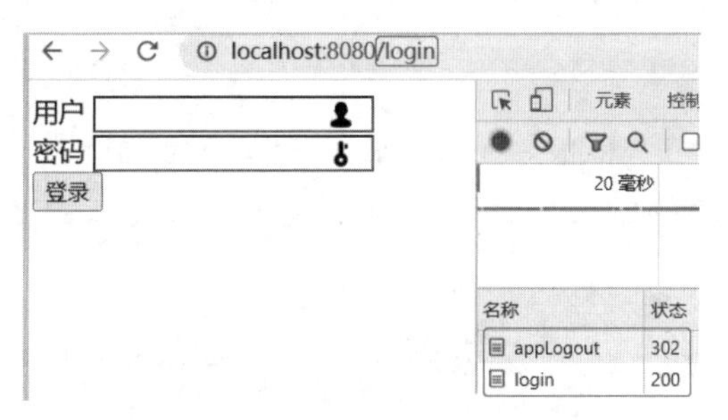

图 7.20 退出后重定向到登录页

7.6 基于数据库的认证和授权

将用户认证信息直接写入安全配置类中确实非常简便，但在面对需要增加用户、重新分配角色、修改密码等操作时，灵活性会有所不足。在更多情况下，用户信息和角色信息会存储在数据表中，然后使用 Spring Security 框架从表中读取用户信息进行认证，并获取用户所属的角色信息。

实现基于数据库的认证和授权，可参考如下步骤进行。

7.6.1 pom.xml 中添加数据库支持

为了实现基于数据库的认证和授权，除了需要添加 Spring Web、Lombok、Thymeleaf 和 Spring Security 依赖之外，还需要添加数据库连接相关的依赖。本案例将使用 MySQL JDBC 驱动连接 MySQL 数据库，并使用 MyBatis 来操作数据访问层。对此，在 pom.xml 文件中增加两个依赖坐标。代码如下。

```
    <dependency>
```

```
        <groupId>com.mysql</groupId>
        <artifactId>mysql-connector-j</artifactId>
        <scope>runtime</scope>
    </dependency>
    <dependency>
        <groupId>org.mybatis.spring.boot</groupId>
        <artifactId>mybatis-spring-boot-starter</artifactId>
        <version>2.3.1</version>
    </dependency>
```

注意：实际上可使用 Spring Initializr 的方式来创建项目。在创建项目时直接勾选所需的依赖项，如 Spring Web、Lombok、Thymeleaf、Spring Security、MySQL Driver 和 MyBatis Framework 等。这样做更为方便，同时也能够减少出错的可能性。

7.6.2 创建认证用户和角色相应表

在 MySQL 中创建名为 securitydb 的数据库，在库中再创建 3 个数据表：t_user（认证用户表）、t_role（角色表）和 t_user_role（用户和角色的关联表）。SQL 代码如下。

```
create database securitydb;
use securitydb;
# 认证用户表、角色表、用户和角色关联表。SpringSecurity 配置类 userDetails(uname,pwd,
roles) 使用
create table t_user(
    id int auto_increment primary key,
    username varchar(200) not null, # 登录用户名
    password varchar(200) not null  # 登录密码
);
create table t_role(
    id int auto_increment primary key,
    role varchar(200) # 角色名
);
create table t_user_role(
    id int auto_increment primary key,
    user_id int references t_user(id), # 引用用户
    role_id int references t_role(id)  # 引用角色
)
```

为了满足基于数据库的认证和授权的要求，在设计这 3 张表时需要遵循一些要求：t_user 为用户表，除了主键外至少还有两个字段——用户名和密码；t_role 为角色表，除了主键外至少还有角色名字段；t_user_role 为用户角色关联表，通过 user_id 和 role_id 将用户和角色关联起来，以便需要时可获得用户所属的角色。

注意：更复杂的认证和授权需求，需要更多的表和字段来表示用户、角色、权限等信息。正式开发时，可根据实际情况增加表或对表结构进行相应的调整。

接着插入部分测试用的用户和角色数据。此处，令用户 ada 拥有 ROLE_admin 和 ROLE_normal 角色、用户 bob 则拥有 ROLE_vip 角色。SQL 代码如下。

```
insert into t_user(username,password) values ('ada','123'), ('bob', '123');
```

```
insert into t_role(role) values ('ROLE_admin'), ('ROLE_normal'), ('ROLE_vip');
insert into t_user_role(user_id, role_id) values (1,1), (1,2), (2,3);
```

注意：在SQL语句中，角色名应该包含前缀“ROLE_”。然而，在安全配置类的hasRole()和roles()方法中，参数值不应该加入“ROLE_”前缀。正确的写法是hasRole("normal")、roles("admin","normal")。这是因为在认证过程中，Spring Security框架会自动添加前缀，例如“normal”会被转换为“ROLE_normal”。手动添加前缀反而会导致项目启动时报错，以及导致登录认证时角色不匹配问题的发生。

同理，在Thymeleaf模板页相应的hasRole()和hasAnyRole()等方法中，也不要加“ROLE_”前缀，正确写法为hasRole('normal')、hasAnyRole('vip','admin')。

7.6.3 配置数据库连接

打开src\main\resources目录下的项目主配置文件application.properties，在文件中添加数据库连接配置参数，如下。

```
spring.datasource.url=jdbc:mysql://localhost:3306/securitydb
spring.datasource.username=root
spring.datasource.password=1234
```

7.6.4 编写UserDetails实现类

在Spring Security安全管理框架中，需要编写一个用户实体类，实现UserDetails接口。创建UserDetails接口的实现类AppUserDetails，代码如下。

```
@Data
public class AppUserDetails implements UserDetails {
    Integer id;
    String username;
    String password;
    Collection<? extends GrantedAuthority> authorities; //用户的角色集合
    @Override //账号不失效
    public boolean isAccountNonExpired() {    return true;       }
    @Override //账号不锁
    public boolean isAccountNonLocked() {    return true;       }
    @Override //账号认证不过期
    public boolean isCredentialsNonExpired() {    return true;   }
    @Override //账号可用
    public boolean isEnabled() {    return true;    }
}
```

AppUserDetails类包含4个字段，分别代表用户id、用户名、密码和用户所属角色集合。在AppUserDetails类中实现了4个方法，都设置返回true，表示用户账号的可用性，如下。

（1）isAccountNonExpired()方法返回true，表示账号不会失效。

（2）isAccountNonLocked()方法返回true，表示账号不会被锁住。

（3）isCredentialsNonExpired()方法返回true，表示账号的认证不会过期。

（4）isEnabled()方法返回true，表示账号是可用的。

注意：在实际应用中，可根据具体需求，对这些方法进行适当的安全性判断和逻辑设置。

7.6.5 编写 GrantedAuthority 实现类

授权实体类必须为 GrantedAuthority 接口的实现类，用于存放用户的授权（即角色）。此处创建 GrantedAuthority 接口的实现类 AppGrantedAuthority，代码如下。

```
@Data
public class AppGrantedAuthority implements GrantedAuthority {
    String authority;
}
```

必须实现 GrantedAuthority 接口中的 getAuthority() 方法。因为此处使用了 @Data 注解，可以自动生成 getter() 方法，所以省去了编写 getAuthority() 方法的代码。

7.6.6 创建认证相关映射接口

创建 MyBatis 映射接口类 AppUserMapper，并编写以下两个方法。

（1）selectUserByUsername(String username) 方法，通过用户名获得包括用户 id、用户名和密码在内的用户信息（UserDetails）。

（2）selectUserAuthorities(Integer userId) 方法，通过用户 id 得到用户所属角色集合（List<GrantedAuthority>）。

AppUserMapper 接口的具体代码如下。

```
1.@Mapper
2.public interface AppUserMapper {
3.    @Select("SELECT id,username,password FROM t_user WHERE username = #{username}")
4.    AppUserDetails selectUserByUsername(String username);
5.    @Select("select role as authority from t_user_role ur "
6.            + "left join t_role r on ur.role_id = r.id "
7.            + "where user_id=#{userId}")
8.    List<AppGrantedAuthority> selectUserAuthorities(Integer userId);
9.}
```

AppUserMapper 代码是基于数据库认证的核心所在，分析如下。

（1）在进行登录时，首先将用户名作为参数传递给第 4 行的 selectUserByUsername() 方法。该方法通过执行第 3 行的 SQL 查询语句，从 t_user 表中获取用户信息。通过比对登录用户信息中的密码与登录密码，就可确定验证是否有效。

（2）如果确定登录验证有效，将用户 id 值作为参数传递给第 8 行的 selectUser Authorities() 方法。该方法通过执行第 5 ～ 7 行的 SQL 查询语句，就可以获得用户所属角色的集合。

7.6.7 创建 UserDetailsService 实现类

在 Spring Security 框架中，用户信息是通过 UserDetailsService 实现类来获取，并放入

UserDetails 类型对象中的。在此创建 UserDetailsService 实现类 AppUserDetailsService，代码如下。

```
1.@Service
2.public class AppUserDetailsService implements UserDetailsService {
3.    @Autowired
4.    AppUserMapper appUserMapper;
5.   PasswordEncoder delegatingPasswordEncoder //需加，否则会因为没有 PasswordEncoder
                                               //而报错
6.        = PasswordEncoderFactories.createDelegatingPasswordEncoder();
7.    @Override
8.    public UserDetails loadUserByUsername(String username)
9.        throws UsernameNotFoundException {
10.        AppUserDetails user = appUserMapper.selectUserByUsername
(username);
11.        if (user != null) {
12.            List<AppGrantedAuthority> authorities
13.              = appUserMapper.selectUserAuthorities(user.getId());
14.            user.setAuthorities(authorities);
15.            user.setPassword(delegatingPasswordEncoder.encode(user.
getPassword()));
16.        }
17.        return user;
18.    }
19.}
```

第 8 ～ 18 行，loadUserByUsername(String username) 方法是对 UserDetailsService 接口中相应方法的重写，用于实现通过用户名获取用户信息和角色信息，返回的是 UserDetail 实现类 AppUserDetails 的对象。

第 10 行，通过 AppUserMapper 接口的 selectUserByUsername(String username) 方法获得用户信息。

第 12 ～ 14 行，通过 AppUserMapper 接口的 selectUserAuthorities(Integer userId) 方法来获得用户所属角色的集合，并将这个角色集合设置到用户的授权属性中。

第 15 行，对用户的密码进行加密，并将加密后的密码设置为 user 对象的密码属性值。

7.6.8 配置自定义类接管认证

修改安全配置类 WebSecurityConfig，使用自定义的 UserDetailsService 实现类 AppUserDetailsService 来处理用户认证。核心代码如下。

```
1.@EnableWebSecurity //启用 Web 安全功能
2.public class WebSecurityConfig {
3.    //@Bean public UserDetailsService userDetailsService(...) //注释原
                                                          //认证 17~33 行
4.    @Autowired //装配处理用户认证的自定义类对象
5.    AppUserDetailsService appUserDetailsService;
6.    @Bean
```

```
    7.     public SecurityFilterChain securityFilterChain(HttpSecurity http)
throws Exception {
    8.         http.userDetailsService(appUserDetailsService);   //使用自定义类
                                                                  //对象处理用户认证
    9.         http.authorizeRequests() //开启 HttpSecurity 配置
    10.                .antMatchers("/css/**","/js/**","/image/**")
    11.                .permitAll() //上方资源无须认证，允许直接访问(即静态资源放行)
    12.                .antMatchers("/normal").hasRole("normal") //加3行，将资源授
                                                                  //权给角色
    13.                .antMatchers("/vip").hasRole("vip")
    14.                .antMatchers("/admin").hasRole("admin")
    15.                .anyRequest().authenticated()  //任何请求都需认证用户才能访问
    16.                .and()
    17.                .formLogin()  //开启自定义登录，不再使用系统默认配置
    18.                    .loginPage("/login")  //指定自定义登录页 URL
    19.                    .permitAll();//上方资源("/login")无须认证，允许直接访问
    20.         http.exceptionHandling().accessDeniedPage("/403");
    21.         http.logout() //开启退出功能
    22.                 .logoutUrl("/logout"); //指定退出页 URL。默认为/logout
    23.         return http.build();
    24.     }
    25.}
```

第 3 行，需将原来的认证方法 userDetailsService() 删除或注释，因为这里将使用自定义类 AppUserDetailsService 来处理认证。

第 4 ～ 5 行，使用 @Autowired 注解，将 Spring IoC 容器中的 AppUserDetailsService 对象装配到 appUserDetailsService 属性上。

第 7 行，通过 http.userDetailsService(appUserDetailsService) 方法，可以将身份认证交给自定义的 AppUserDetailsService 类来处理。这样就可以从数据库中获取认证数据了。

7.6.9 测试基于数据库的认证和授权

启动应用，以 bob 用户（密码 123）登录，认证通过后访问“/index”资源页。此时因为 bob 用户从属 vip 角色，所以显示了 1 个对应的资源链接，如图 7.21 所示。

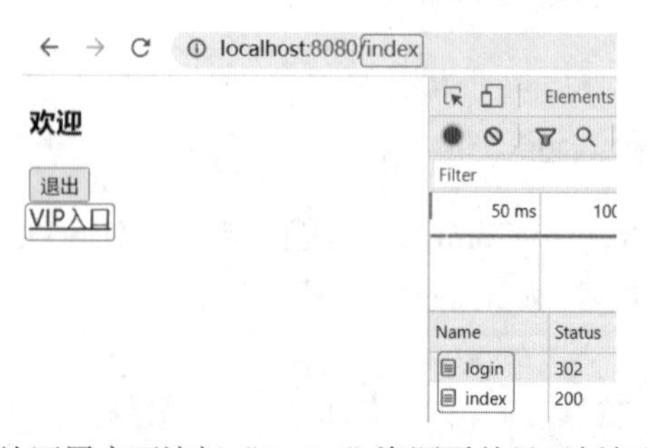

图 7.21　认证用户可访问“/index”资源页并显示授权访问链接

单击“VIP 入口”链接后，因为符合角色授权要求，准予了 vip 角色访问“/vip”资源页，如图 7.22 所示。但是访问“/admin”和“/normal”资源，并不符合 vip 角色授权要求，所以会被拒绝访问，页面上将显示 403 错误信息，如图 7.23 和图 7.24 所示。

localhost:8080/vip

VIP用户访问

图 7.22　访问“/vip”资源符合角色授权要求准予访问

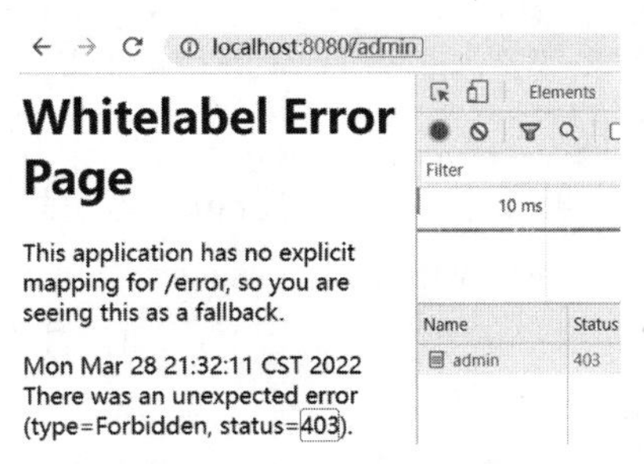

图 7.23　访问“/admin”资源与角色授权要求不符被拒绝访问

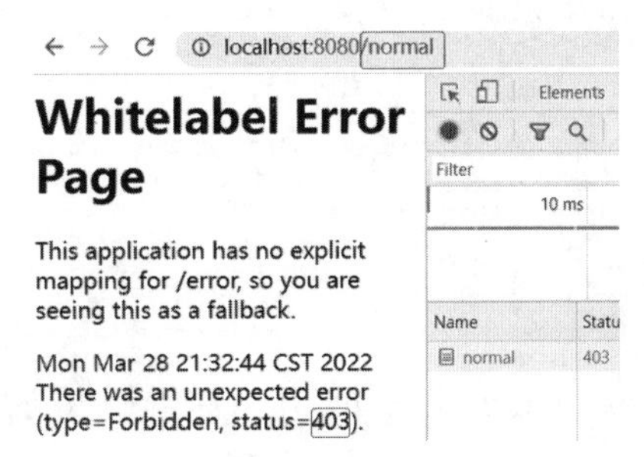

图 7.24　访问“/normal”资源与角色授权要求不符被拒绝访问

如果切换为 ada 用户登录，认证通过后，访问“/index”资源页。此时因为 ada 用户从属 normal 和 admin 角色，所以显示了两个对应的资源链接，如图 7.25 所示。

图 7.25　认证用户可访问“/index”资源页并显示授权访问链接

ada 用户访问“/admin”和“/normal”资源，符合角色授权要求，准予访问。但访问“/vip”资源时，因为 ada 用户并未从属 vip 角色，所以会被拒绝访问。

注意：为了更好地观察基于数据库的认证授权过程，建议在配置文件 application.properties 中开启控制台输出 MyBatis 执行 SQL 功能，代码如下。

```
logging.level.com.example.ddemort.mapper=debug
mybatis.configuration.log-impl=org.apache.ibatis.logging.stdout.StdOutImpl
```

7.7　用注解实施资源授权

Spring Security 除了使用配置类对 URL 资源进行授权外，也提供了注解方式来达到相同的目的。主要有 3 种不同机制的注解：prePostEnabled、securedEnabled 和 jsr250Enabled。下面就对 3 种注解的使用进行示例讲解。

7.7.1 开启注解权限方式

使用注解方式来授权，首先要在 Spring Boot 项目中开启注解方式，否则 Spring Security 还是会默认使用配置类进行授权。

开启注解授权方式，需在项目 @Configuration 注解类上加 @EnableGlobalMethodSecurity 注解，然后再设置相应 prePostEnabled、securedEnabled 或 jsr250Enabled 属性值为 true。一般在主程序类或 Spring Security 安全配置类上加该注解。如以下代码所示，在项目 WebSecurityConfig 类上加注解。

```
1.@EnableWebSecurity
2.@EnableGlobalMethodSecurity(
3.securedEnabled = true,
4.prePostEnabled = true,
5.jsr250Enabled = true)
6.public class WebSecurityConfig extends WebSecurityConfigurerAdapter {
7.    //省略了授权配置代码
8.}
```

第 2 行，用 @EnableGlobalMethodSecurity 开启注解授权方式。

第 3 ～ 5 行，securedEnabled=true, prePostEnabled=true, jsr250Enabled=true 分别代表启动相应的 3 种注解。实际开发时，因为 3 种注解作用相似，启动一种即可。

启动应用，可发现对原来配置类中设置的权限并没有影响。实际上配置类授权方式和注解授权方式可以共存。

7.7.2 使用 JSR-250 注解

在控制器方法上使用 JSR-250 注解 @RolesAllowed({ 角色 1, 角色 2, …}) 来指定哪些角色可以访问指定的 URL 资源。如 @RolesAllowed({"normal", "admin"}) 表示只有 normal 或 admin 角色的用户可以访问。请注意，数据库表中的角色名设置了前缀“ROLE_”，如“ROLE_normal”和“ROLE_vip”，但在 @RolesAllowed 注解的参数中不需要添加前缀“ROLE_”。

在项目的 UserController 类中加入 @RolesAllowed 注解，示例代码如下。

```
1.@RolesAllowed({"normal", "vip"})  //数据库表中对应 ROLE_normal 和 ROLE_vip
                                    //角色值
2.@RequestMapping("/guest/index")
3.@ResponseBody //直接返回方法的文本内容
4.public String guest(){
5.     return "欢迎 normal 用户或 VIP 用户";
6.}
```

第 1 ～ 2 行，@RolesAllowed({"normal", "vip"}) 注解的作用是：将 URL 资源“/guest/index”授权给了 normal 和 vip 角色，因此所属 normal 或 vip 角色的用户可授权访问“/guest/index”。

第 3 行，使用 @ResponseBody 注解将方法的返回值直接返回给客户端，而不是将返回值视为视图名称进行解析和渲染。

启动应用，进行测试：当从属 normal 角色的 bob 或从属 admin 角色的 ada 登录后，都可以访问“/guest/index”资源，说明 JSR-250 注解 @RolesAllowed 授权起效，如图 7.26 所示。

localhost:8080/guest/index

欢迎normal用户或VIP用户

图 7.26　JSR-250 注解 @RolesAllowed 授权起效

7.7.3　使用 @Secured 注解

与 JSR-250 注解类似，可通过 @Secured({ 角色 1, 角色 2, …}) 注解来指定角色可以访问资源。但要注意，如果数据库表中的角色名称有前缀“ROLE_”，在 @Secured 注解中角色也必带有前缀“ROLE_”。

在项目的 UserController 类中，将 @RolesAllowed({"normal","vip"}) 注解替代为 @Secured 注解，示例代码如下。

```
@Secured({"ROLE_normal", "ROLE_vip"}) // 数据库表中对应 ROLE_normal 和 ROLE_vip
@RequestMapping("/guest/index")
@ResponseBody
public String guest() {
    return " 欢迎 normal 用户或 VIP 用户 ";
}
```

当启动应用并进行测试时，会发现使用 @Secured 注解的效果与使用 @RolesAllowed 注解的效果相同。

7.7.4　使用 @PreAuthorize 注解

与 JSR-250 和 @Secured 注解类似，也可以通过 @PreAuthorize("hasAnyRole(' 角色 1', ' 角色 2' …)") 注解来指定角色访问资源。

在项目的 UserController 类中，将 @Secured({"ROLE_normal", "ROLE_vip"}) 注解替代为 @PreAuthorize("hasAnyRole('normal', 'vip')") 注解，示例代码如下。

```
@PreAuthorize("hasAnyRole('normal', 'vip')") // 数据库表中对应 ROLE_normal
和 ROLE_vip
@RequestMapping("/guest/index")
@ResponseBody
public String guest() {
    return " 欢迎 normal 用户或 VIP 用户 ";
}
```

启动应用进行测试，其效果同 @RolesAllowed 注解和 @Secured 注解。因此，这 3 种注解都可以用于指定角色访问资源的权限控制。

注意：@PreAuthorize 注解还有一种形如 @PreAuthorize("hasRole(' 角色 1') AND hasRole(' 角色 2')") 的用法，它的作用是要求用户同时拥有指定的多个角色才能访问资源。这种方式可以实现更为严格的权限控制。

7.8 巩固练习

利用 Spring Security 安全管理框架，实现基于数据库的认证和授权机制的主要思路是：将用户信息和角色信息存入数据表，经由 Spring Security 框架从表中读取相关数据进行认证。

7.8.1 创建认证用户和角色相应表

实现步骤，提示如下。

在 MySQL 中创建名为 authdb 的数据库，库中创建如下 3 个数据表。

（1）t_user 认证用户表，至少有 id 主键、username 登录用户名、password 登录密码 3 个字段。

（2）t_role 角色表，至少有 id 主键、role 角色名两个字段。

（3）t_user_role 用户角色关联表，至少有两个外键字段。如设置 user_id 字段引用 t_user 表的 id 主键，设置 role_id 字段引用 t_role 表的 id 主键。

建议设置两个角色 ROLE_admin、ROLE_normal；并添加两个以上用户 adams 和 billy，其中，adams 属于 ROLE_admin，billy 属于 ROLE_normal 角色。

7.8.2 实现基于数据库的认证和授权机制

实现步骤，提示如下。

（1）创建 Spring Boot 项目并整合 Spring Security。

在 IDEA 环境中，用 Spring Initializr 方式构建 Spring Boot 项目 demo-auth，并勾选 Spring Web、Lombok、Thymeleaf、MySQL Driver、MyBatis Framework 和 Spring Security 依赖。

（2）在主配置文件 application.properties 中配置数据库连接和控制台输出 MyBatis 执行 SQL。参考如下。

```
spring.datasource.url=jdbc:mysql://localhost:3306/authdb
spring.datasource.username=root
spring.datasource.password=1234
logging.level.com.example.demoauth.mapper=debug
mybatis.configuration.log-impl=org.apache.ibatis.logging.stdout.
StdOutImpl
```

（3）创建 UserDetails 实体类和 GrantedAuthority 实现类。

UserDetails 实现类结构用于保存认证用户信息，该类应包含 4 个字段：id（用户 id）、username（用户名）、password（密码）和 authorities（授权集合，即用户所属的角色集合），并实现所有代表用户有效性的方法。

GrantedAuthority 实现类应包含字段 authority。

（4）创建认证相关映射接口。

创建 MyBatis 的映射接口类 AppUserMapper。编写两个方法和对应 SQL，分别实现通过用户名获得数据库中对应的用户信息（UserDetails），以及通过用户 id 获得数据库中对应用户所属角色的集合（List<AppGrantedAuthority>）。

（5）创建 UserDetailsService 实现类。

创建 UserDetailsService 实现类，编写 loadUserByUsername(String username) 方法获取认证用户信息。

（6）创建资源页。

创建 3 个模板页：index.html、normal/index.html 和 admin/index.html。

其中，在 index.html 中设置两个链接入口“/normal”和“/admin”，并用 Thymeleaf 标签属性 sec:authorize="hasRole('角色')" 在两个链接上设置访问控制：normal 角色用户登录后可显示“/normal”链接，admin 角色用户登录后可显示“/admin”链接。另外，设置一个退出应用按钮，核心代码，参考如下。

```
<form th:action="@{/logout}" method="post">
  <button type="submit" >退出</button>
</form>
```

创建自定义登录模板页 login.html。核心代码，参考如下。

```
<form th:action="@{/login}" method="post">
    用户 <input type="text" id="username" name="username"/><br>
    密码 <input type="password" id="password" name="password"/><br>
    <input type="hidden"  th:name="${_csrf.parameterName}"  th:value="${_csrf.token}"/>
    <button type="submit">登录</button>
</form>
```

创建自定义访问拒绝模板页 403.html。核心代码，参考如下。

```
<h3>无权访问，请换有权账号 <a th:href="@{/login}">登录</a></h3>
```

（7）创建控制器类。

创建控制器类 AppController，编写 4 个映射处理方法：访问“/”“/normal”“/admin”“/403”，分别返回 index.html、normal/index.html、admin/index.html 和 403.html 页。

（8）编写安全配置类。

创建安全配置类 WebSecurityConfig，处理用户认证并做资源访问授权。做如下设置。

①由自定义的 UserDetailsService 类接管用户认证。

②对“/css”“/js”“/image”等目录下的静态资源访问进行放行设置。

③配置：将 admin 目录下资源访问授权给 admin 角色，将 normal 目录下资源访问授权给 admin 和 normal 角色。

④开启自定义登录，指定自定义登录页 URL 为“/login”，且无须认证可直接访问。

⑤指定自定义访问拒绝页 URL 为“/403”。

（9）测试。

可按如下顺序进行测试。

①访问“/index”资源会切至“/login”登录页。

②用户（如 adams 或 billy）登录后，index.html 上显示的链接个数和登录用户所属角色相关。

③属于 admin 角色的用户（如 adams）才能访问“/admin/index.html”资源。

④属于 normal 角色的用户（如 billy）才能访问“/normal/index.html”资源。

⑤单击 index.html 上“退出”按钮，退出后切至“/login”登录页。

第 8 章
Spring Boot 项目实践

通过前面章节的学习，已经掌握了 Spring Boot 开发的基本知识和常用技能，现在是时候尝试项目实践了。在本章中，将结合已学 Spring MVC、Thymeleaf 模板引擎、MyBatis 数据访问、Spring Security 安全管理以及 Redis 缓存等技术，通过对“甜点信息管理”项目的完整实现，进一步提升 Spring Boot 项目开发的实践技能。

视频讲解

8.1 项目开发环境搭建

在 Windows 10 操作系统下，开发实践项目所需的软件包括 JDK、IDEA、MySQL 和 Redis。可以参考 1.1.2 节相关内容了解这些软件的版本、以及具体安装和配置过程。

8.2 静态页面设计和功能预览

“甜点信息管理”项目大体分为 5 个功能：①用户注册，注册用户才能使用系统，因此必须有注册功能；②用户登录，即通过登录来验证用户是否有效，登录后按角色授予权限操作资源；③分类管理，甜点分属于不同分类，为此需要对分类信息进行简单的增、删、改操作；④甜点管理，对甜点信息进行增、删、改、查操作；⑤新品上市，对于最新上市的甜点产品用一个独立页面进行展示。项目总体功能如图 8.1 所示。

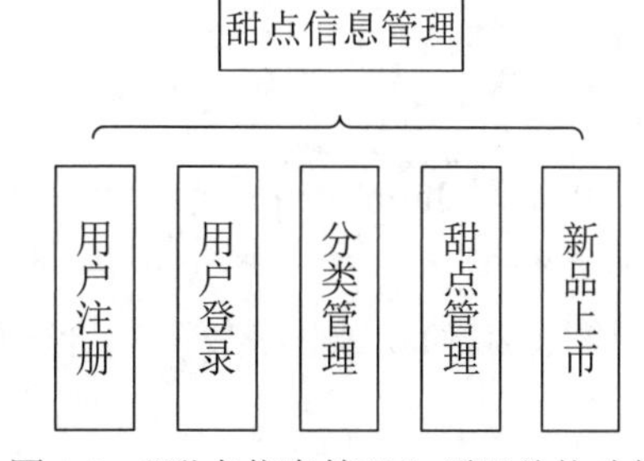

图 8.1 “甜点信息管理”项目总体功能

如果希望进一步确定项目需求，并为 Spring Boot 项目开发模板页等工作做准备，可以先行设计静态页面。

8.2.1 伪单页应用框架

为了实现功能页面的切换，并避免资源的重复加载，可以采用内联框架（iframe）来组织整个应用。在这种伪单页应用方式下，用户所见的“页面”实际上分为内外两层。外层由固定不变的顶部、侧边栏和底部等构成，而内层则通过 iframe 框加载不同的功能页。

将首页 index.html 组织为一个 iframe 伪单页框架，代码如下。

```
<!DOCTYPE html>
<html lang="en" xmlns:script="http://www.w3.org/1999/html">
<head>
  <meta charset="UTF-8">
  <title></title>
  <link rel="stylesheet" href="css/Index.css">
  <script src="js/Index.js"></script>
</head>
<body>
<div id="container">
  <header>
    甜点信息管理系统
    <div id="loginOut">
      <span onclick="login()"><img src="img/login.png"> 登录 </span>
      <span onclick="logout()">欢迎 ^^ <img src="img/logout.png">退出</span>
    </div>
  </header>
  <div id="body">
  <aside>
    <a class="module" href="Register.html" target="op">用户注册</a>
    <a class="module" href="Category.html" target="op">分类管理</a>
    <a class="module" href="Dessert.html" target="op">甜点管理</a>
    <a class="module" href="DessertNewRelease.html" target="op">新品上市</a>
  </aside>
  <div id="content">
    <iframe src="Welcome.html" name="op" id="op" scrolling="no"></iframe>
  </div>
  </div>
  <footer> Copyright © 2022 </footer>
</div>
</body>
</html>
```

经过调整样式和编写 JavaScript 代码后，可呈现如图 8.2 所示显示效果：顶部右上角默认应该显示为“登录”链接，当登录后则应该显示欢迎用户信息和“退出”链接；底部为版权信息；左侧栏为功能链接列表，当单击不同链接时，将改变 iframe 框中的显示页。

图 8.2 Index.html 伪框架设计效果

8.2.2 静态页面和功能预览

静态页面和相关资源清单，如图 8.3 所示。页面的具体实现可参考随书资源。

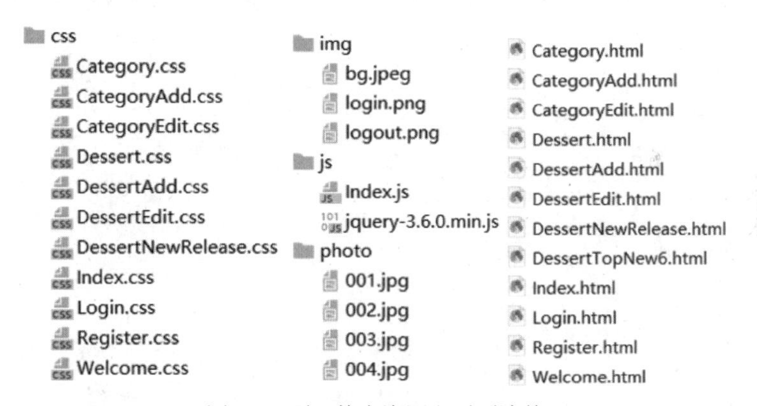

图 8.3 项目静态资源和页面清单

1. 登录页 Login.html

初次访问首页 Index.html，用户尚未登录，所以 iframe 框会切换到登录页 Login.html，整体效果如图 8.4 所示。

如果输入用户名或密码有误，则重回登录页，且在登录页上显示出错信息“用户名或密码错”，如图 8.5 所示。

图 8.4　登录页效果

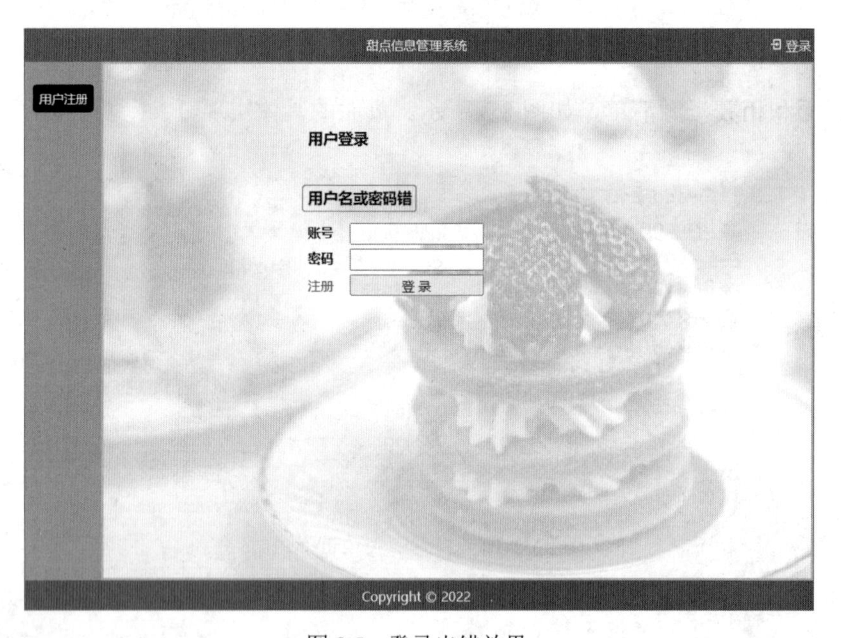

图 8.5　登录出错效果

输入正确的用户名和密码后，进入首页，如图 8.6 所示。

图 8.6　登录成功进入欢迎页

2. 欢迎页 Welcome.html

登录后，iframe 框会切换到欢迎页 Welcome.html。整体框架页右上角显示欢迎用户信息及“退出”链接；左侧边栏显示功能链接，但请注意不同角色用户显示功能链接个数不同，admin 角色显示 4 个，normal 角色显示 3 个（其中的“分类管理”因为角色无权访问而不显示）。如果单击右上角的“退出”链接，则会退出后转至如图 8.4 所示的登录页。

3. 注册页 Register.html

单击左侧“用户注册”链接，iframe 框会切到注册页。如图 8.7 所示，可进行用户注册，如输入账号“elvis”、密码“12345”后，单击“注册”按钮，则会将用户注册到系统中，并返回成功信息“注册用户 elvis 成功”，如图 8.8 所示。若两次密码输入不一致，注册会报错“两次密码输入必须相同”，如图 8.9 所示；若用户名存在，注册会报错“用户名已存在”，如图 8.10 所示。

图 8.7　注册用户

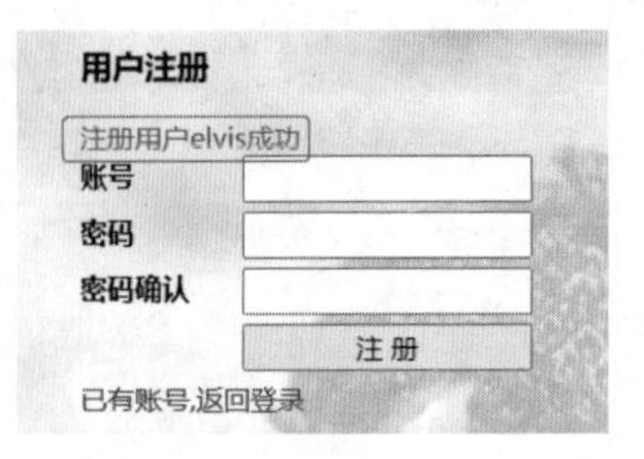

图 8.8　注册用户成功

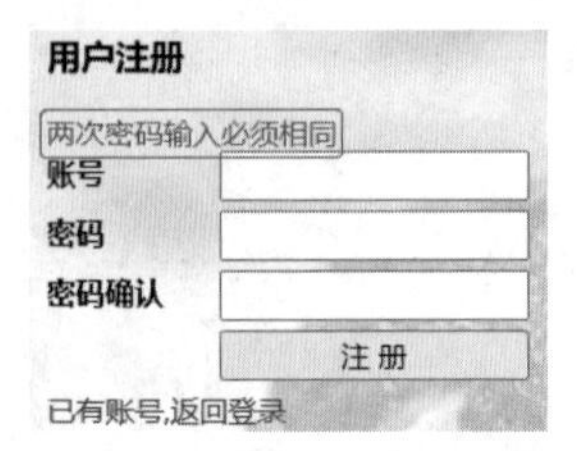

图 8.9　注册用户失败显示“两次密码输入必须相同”

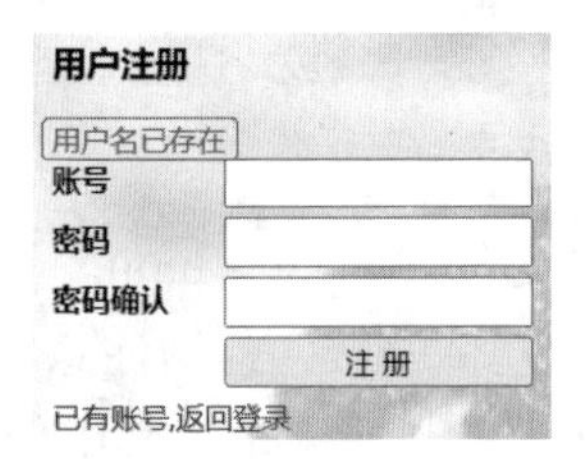

图 8.10　注册用户失败显示“用户名已存在”

4. 分类管理主页 Category.html

单击框架左侧“分类管理”链接，iframe 框进入分类管理主页 Category.html，默认显示分类数据列表，如图 8.11 所示。单击“增加”按钮，将转到分类添加页；单击“编辑”按钮，将转到分类编辑页；单击“删除”按钮，将弹出删除确认框，单击“确定”按钮会进行删除操作。

图 8.11　分类管理主页

5. 分类添加页 CategoryAdd.html

在分类管理主页中，单击“增加”按钮，转到分类添加页，输入分类信息，如图 8.12 所示。

图 8.12　分类添加页中输入分类信息

单击“确定”按钮后，返回分类管理主页，在尾行可观察到新增分类，如图 8.13 所示。

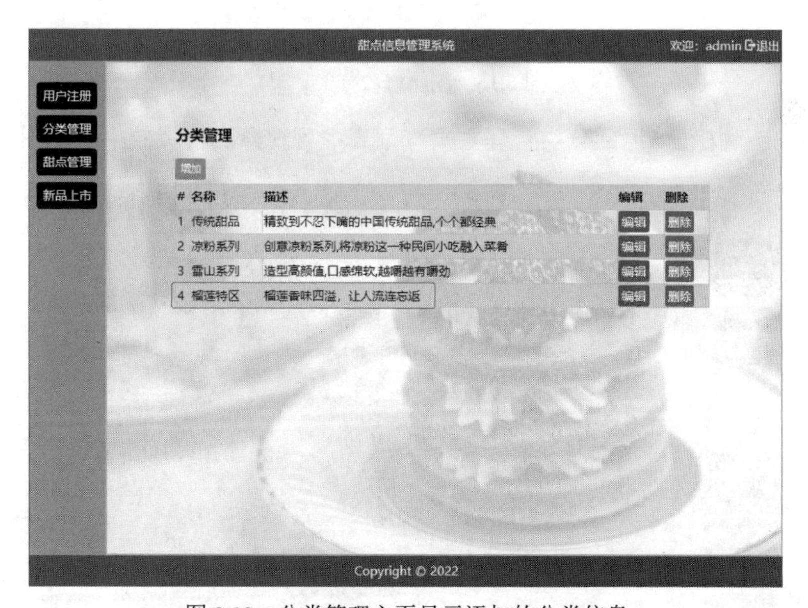

图 8.13　分类管理主页显示添加的分类信息

6. 分类编辑页 CategoryEdit.html

分类管理主页中，单击最后一行中的“编辑”按钮，转到分类编辑页，应显示被编辑分类的原有信息，如图 8.14 所示。

图 8.14　分类编辑页显示被编辑分类原信息

接着可编辑分类名和分类描述，如图 8.15 所示。

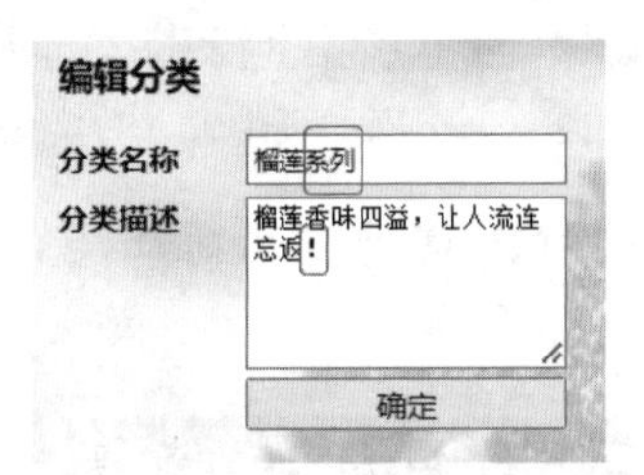

图 8.15　编辑修改分类信息

单击“确定”按钮，返回分类管理主页，列表中可观察到编辑效果，如图 8.16 所示。

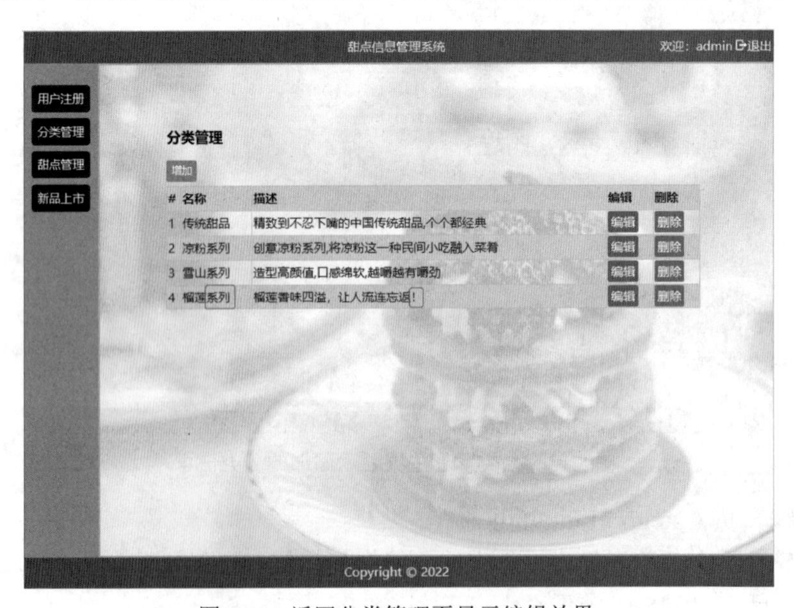

图 8.16　返回分类管理页显示编辑效果

7. 分类删除

在分类管理主页中，单击“删除”按钮，将弹出“确认删除”框，如图 8.17 所示。单击“确定”按钮，将转回分类管理主页，对应的分类已删除不见，如图 8.18 所示。

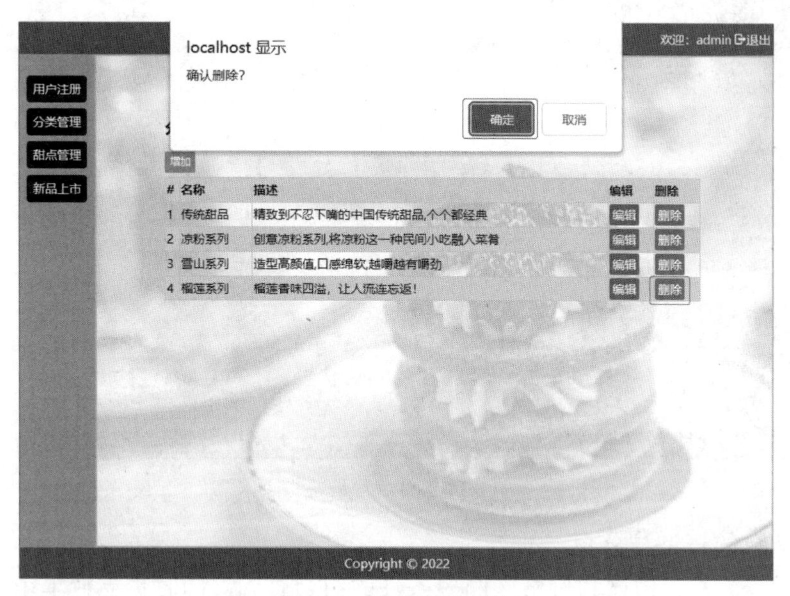

图 8.17　分类删除确认

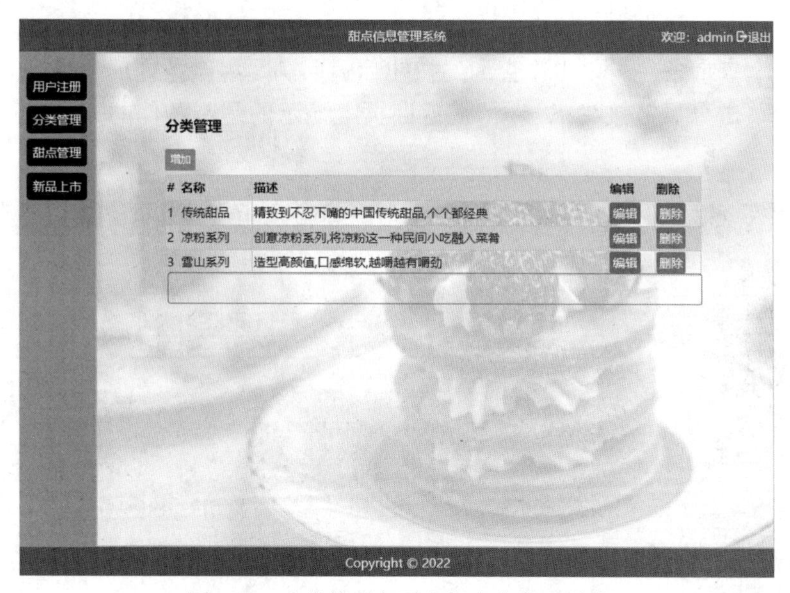

图 8.18　分类管理主页上相应分类已删除

8. 甜点管理主页 Dessert.html

单击应用框架左侧“甜点管理”链接，iframe 框进入甜点管理主页 Dessert.html。默认显示甜点数据列表，并带有“分页”信息和“分页”链接，如图 8.19 所示。单击“增加”按钮，将转到甜点添加页；单击“编辑”按钮，将转到甜点编辑页；单击“删除”按钮，将弹出删除确认框，单击“确定”按钮后删除对应甜点数据。

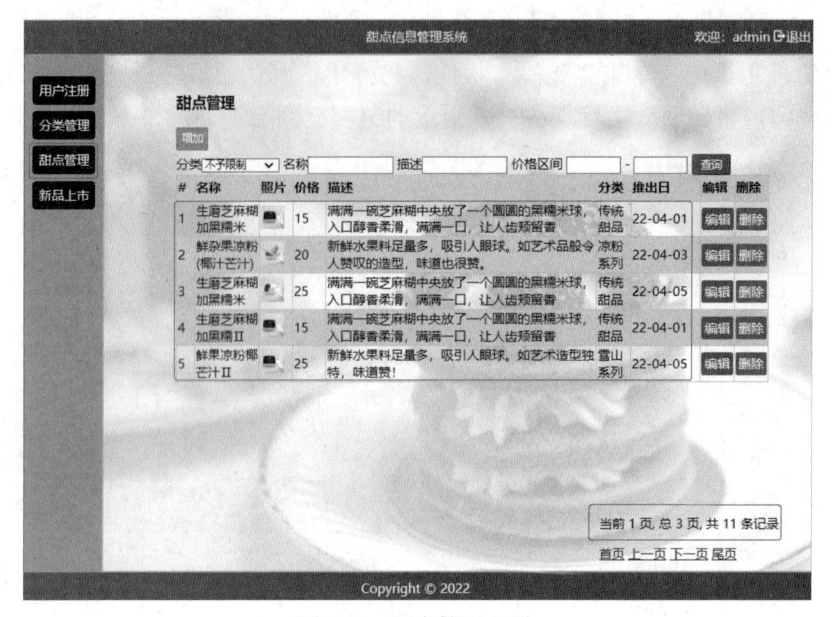

图 8.19　甜点管理主页

9. 甜点信息的查询与分页

实现分类、名称、描述和价格区间多条件的组合查询，同时也支持单个条件的查询。对于名称和描述，可以进行模糊查询。在查询的同时，还需保证"首页""上一页""下一页""尾页"等"分页"链接操作结果的准确性。

可输入多个查询条件，单击"查询"按钮后返回满足组合条件的甜点列表，如图 8.20 所示。此时，单击分页链接"下一页"，返回页上显示的是带条件的分页数据，如图 8.21 所示。

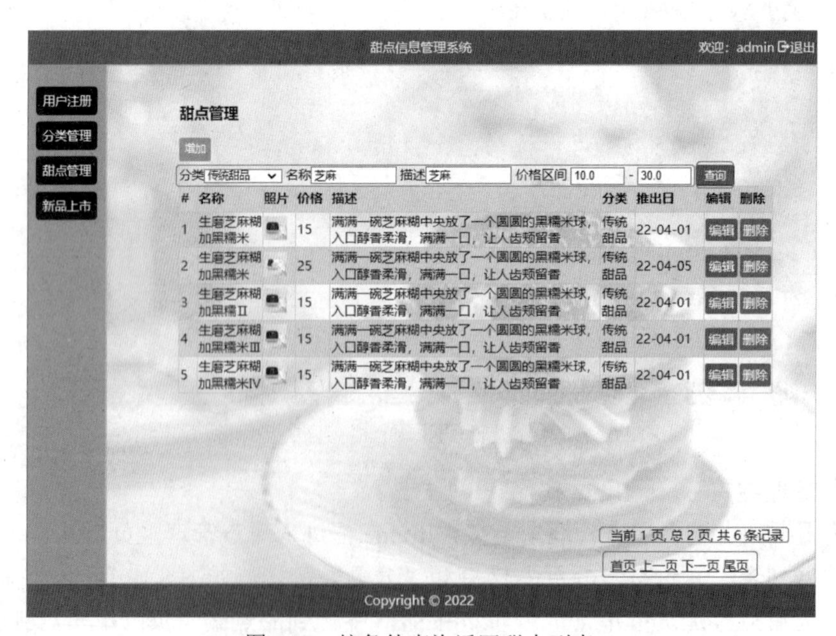

图 8.20　按条件查询返回甜点列表

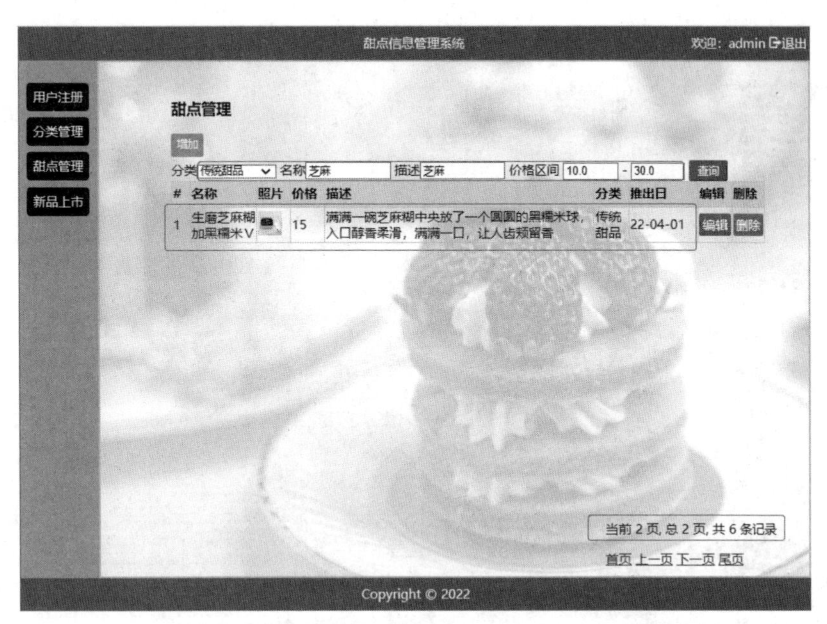

图 8.21　单击“分页”链接返回带条件的分页数据

10. 甜点添加页 DessertAdd.html

甜点管理主页中，单击“增加”按钮，转到甜点添加页，此时可输入甜点信息，如图 8.22 所示。

图 8.22　添加甜点信息

单击“确定”按钮后，将返回甜点管理主页，单击“尾页”链接后可观察到尾行新增的甜点信息，如图 8.23 所示。

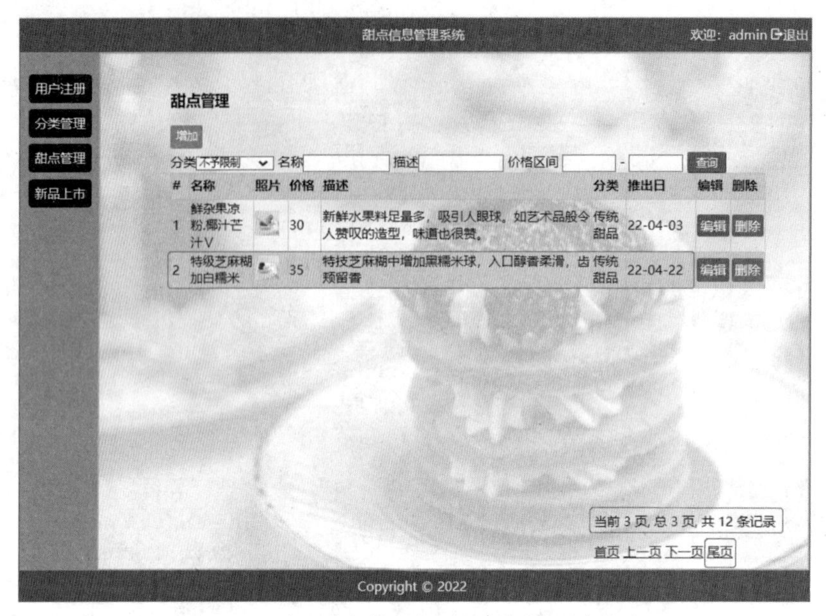

图 8.23　返回甜点管理主页显示新增甜点信息

11. 甜点编辑页 DessertEdit.html

在甜点管理主页中，单击尾行中的“编辑”按钮，转到甜点编辑页，显示被编辑甜点的信息，如图 8.24 所示。

图 8.24　编辑页显示甜点原信息

将以上甜点各类信息做修改，如图 8.25 所示。

图 8.25　修改甜点信息

单击“确定”按钮，返回甜点管理主页，单击“尾页”链接可观察到修改后的结果，如图 8.26 所示。

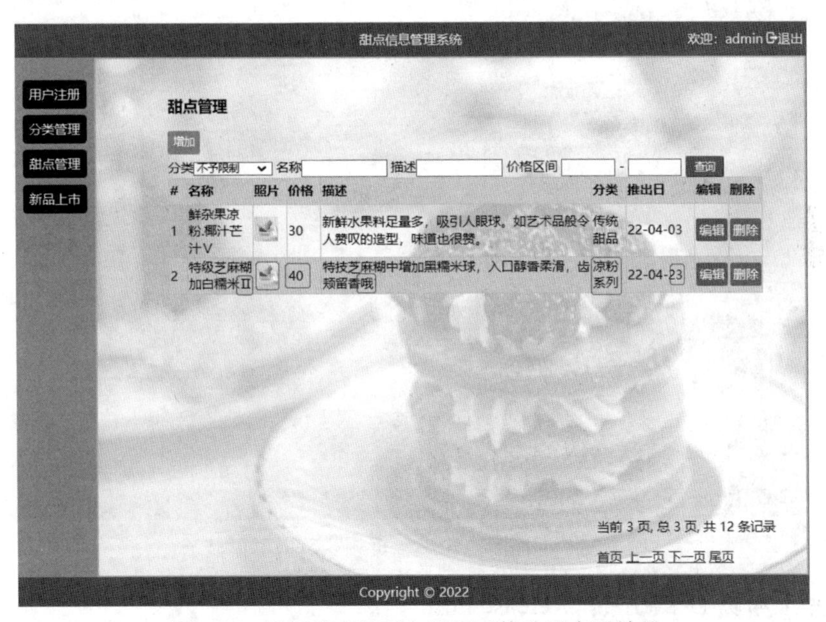

图 8.26　返回甜点管理主页显示修改甜点后效果

12. 甜点删除

在甜点管理主页中，单击“删除”按钮，将弹出确认框，如图 8.27 所示。单击“确定”按钮，将转回甜点管理主页，对应的甜点因删除而不再显示，如图 8.28 所示。

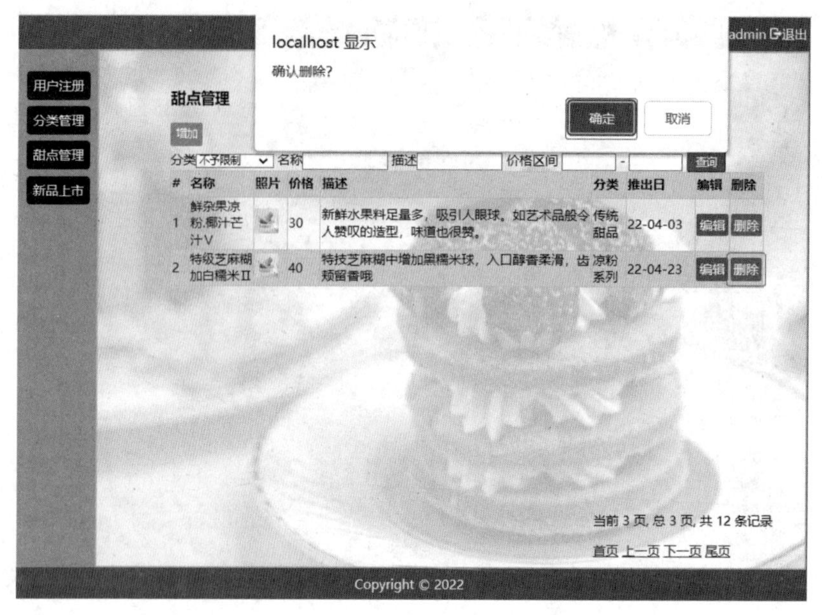

图 8.27　删除确认

图 8.28　返回甜点管理主页删除数据不再显示

13. 新品上市页 DessertNewRelease.html

单击应用框架页上的“新品上市”链接，iframe 框加载新品上市页 DessertNewRelease.html。默认显示最新发布的 8 个甜点信息，如图 8.29 所示。

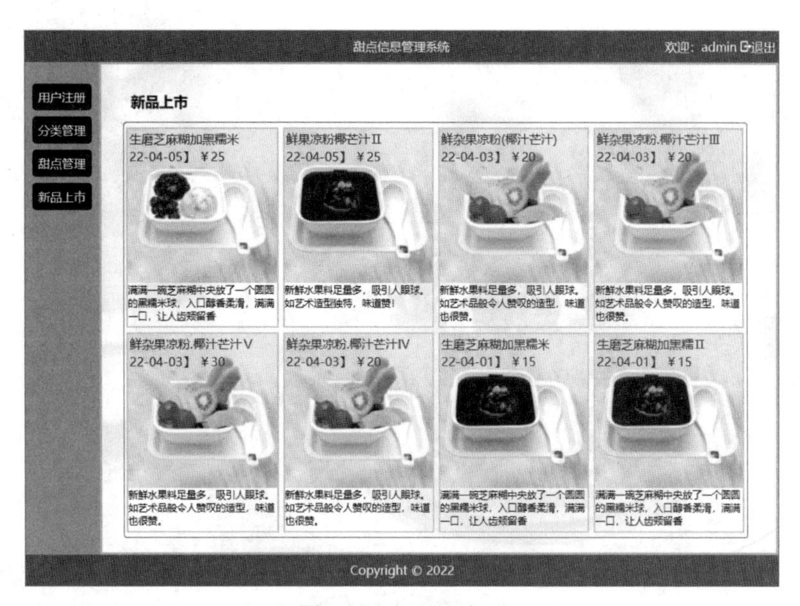

图 8.29 新品上市页

8.3 数据库设计

静态页面设计定稿后，就可以进行相应的数据库设计工作了。

8.3.1 连接 MySQL 环境

在 IDEA 环境中，单击 View → Tool Windows → Database 选项，打开 Database 窗口。在窗口中，单击“+”按钮→ Data Source → MySQL 选项，打开 MySQL 数据源，如图 8.30 所示。

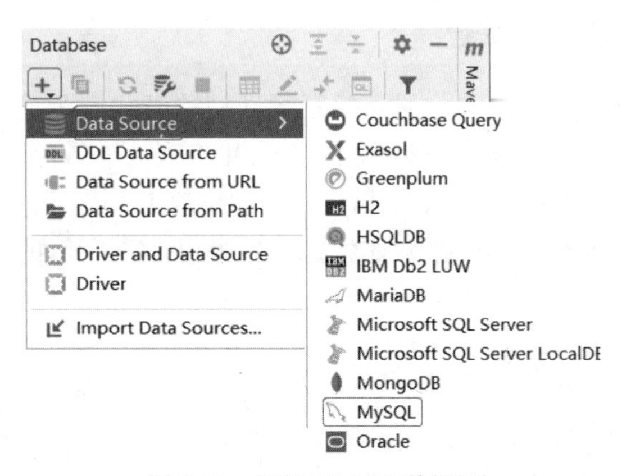

图 8.30 打开 MySQL 数据源

在弹出的数据源和驱动窗体中，输入连接参数（如账号 root 和密码 1234），如图 8.31 所示。然后单击 OK 按钮，将弹出一个 SQL 脚本操作控制台，如图 8.32 所示。

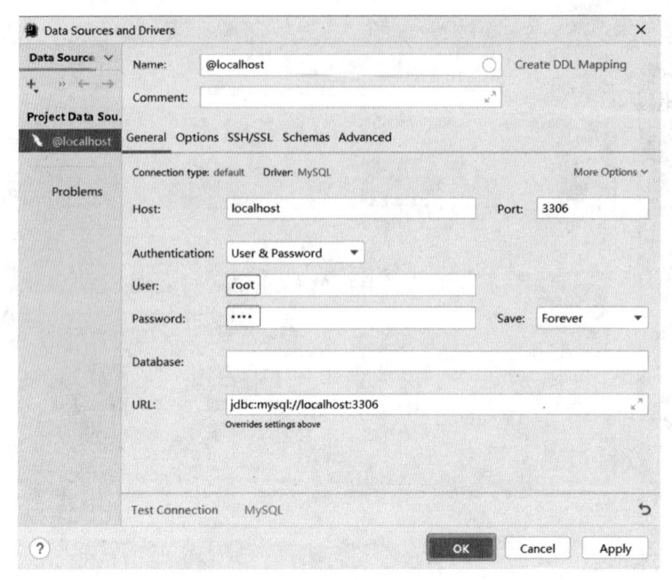

图 8.31　输入 MySQL 连接参数

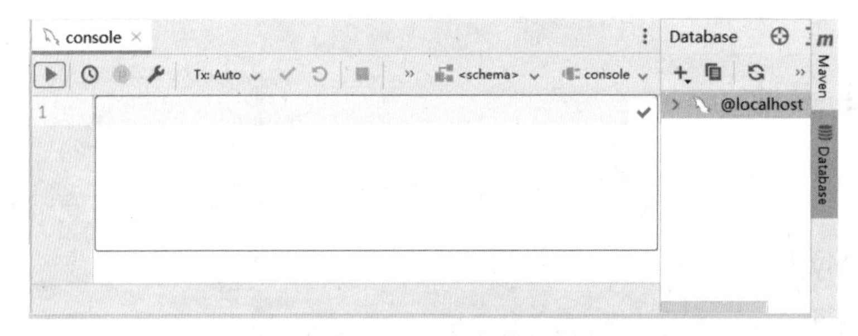

图 8.32　弹出 SQL 操作控制台

在 SQL 操作控制台中输入 SQL 脚本，单击左上角三角形按钮即可执行 SQL 脚本。

8.3.2　创建库、表和添加测试数据

本系统中数据表分为两个部分：甜点信息管理相关表和安全管理相关表。其中，甜点信息管理相关表包括 category（分类表）和 dessert（甜点表）；安全管理相关表包括 t_user（用户表）、t_role（角色表）和 t_user_role（用户角色关联表）。

为了创建数据库、数据表并添加测试数据，在如图 8.32 所示的控制台窗口中执行以下 SQL 语句。

```
create database desserts;
use desserts;
create table category(
  id int auto_increment primary key,
  name varchar(100) not null,
  descp varchar(500)
);
create table dessert(
  id int auto_increment primary key,
  name varchar(100) not null,
```

```
    photoUrl varchar(500),
    price double,
    descp varchar(500),
    release_date date,
    cat_id int references category(id)
  );
  insert into category(name, descp)
    values ('传统甜品','精致到不忍下嘴的中国传统甜品，个个都经典'),
           ('凉粉系列','创意凉粉系列，将凉粉这一种民间小吃融入菜肴'),
           ('雪山系列','造型高颜值，口感绵软，越嚼越有嚼劲');
  insert into dessert (name, photoUrl, price, descp, release_date, cat_id)
    values ('生磨芝麻糊加黑糯米', '/photo/001.jpg', 15, '满满一碗芝麻糊中央放了
一个圆圆的黑糯米球，入口醇香柔滑，满满一口，让人齿颊留香', '2022-04-01', 1),
            ('鲜杂果凉粉（椰汁芒汁）', '/photo/002.jpg', 20, '新鲜水果料足量多，
吸引人眼球，如艺术品般令人赞叹的造型，味道也很赞，', '2022-04-03', 2),
           ('生磨芝麻糊加黑糯米', '/photo/003.jpg', 25, '满满一碗芝麻糊中央放了
一个圆圆的黑糯米球，入口醇香柔滑，满满一口，让人齿颊留香', '2022-04-05', 1);
  create table t_user(
     id int auto_increment primary key,
     username varchar(200) not null, #登录用户名
     password varchar(200) not null, #登录密码
     active int(1) default 1 # 1用户可用, 0 用户不可用
  );
  create table t_role(
     id int auto_increment primary key,
     role varchar(200) #角色名
  );
  create table t_user_role(
     id int auto_increment primary key,
     user_id int references t_user(id), #引用用户
     role_id int references t_role(id)  #引用角色
  );
  insert into t_user(username,password) values('admin','12345'), ('bob', '123');
  insert into t_role(role) values('ROLE_admin'), ('ROLE_normal');
  insert into t_user_role(user_id, role_id) VALUES (1,1), (2,2);
```

执行以上 SQL 脚本，会创建 5 张表，并添加若干测试数据。在分类表 category 中添加了 3 条数据；在甜点表 dessert 中添加了 3 条数据，每个甜点各有所属分类；在角色表 t_role 中添加了两种角色——超级管理员角色 ROLE_admin 和普通用户角色 ROLE_normal；在用户表 t_user 中增加了两个用户——admin、bob；通过关联表 t_user_role 设置 admin 用户的角色为 ROLE_admin；bob 用户的角色为 ROLE_normal。

8.4　创建 Spring Boot 项目

视频讲解

8.4.1　Spring Initializr 方式创建项目并引入依赖

在 IDEA 中，单击 File → New → Project 选项，弹出 New Project 窗体，单击 Spring Initializr 选项，输入项目名“sp-dessert”，单击 Next 按钮，如图 8.33 所示。

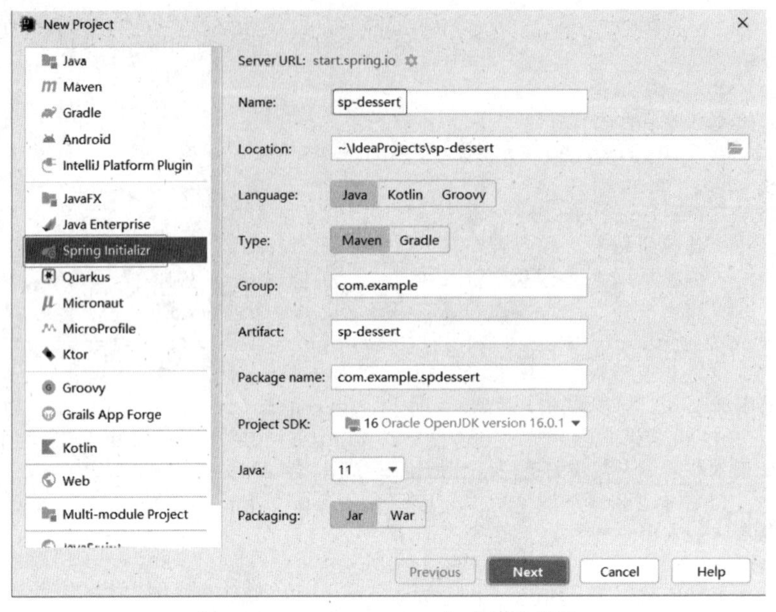

图 8.33　Spring Initialzr 方式创建项目

接着勾选项目所需的依赖：Spring Web、Lombok、Spring Security、Thymeleaf、MySQL Driver、MyBatis Framework、Spring Data Redis 和 Spring Boot DevTools，如图 8.34 所示。其中，Spring Web 为开发 Spring MVC 项目所必需、Lombok 用以简化编写实体类代码、Spring Security 是安全框架、Thymeleaf 用于编写模板页、MySQL Driver 和 MyBatis Framework 用以实现访问 MySQL 数据库、Spring Data Redis 用以缓存、Spring Boot DevTools 为热部署之用。

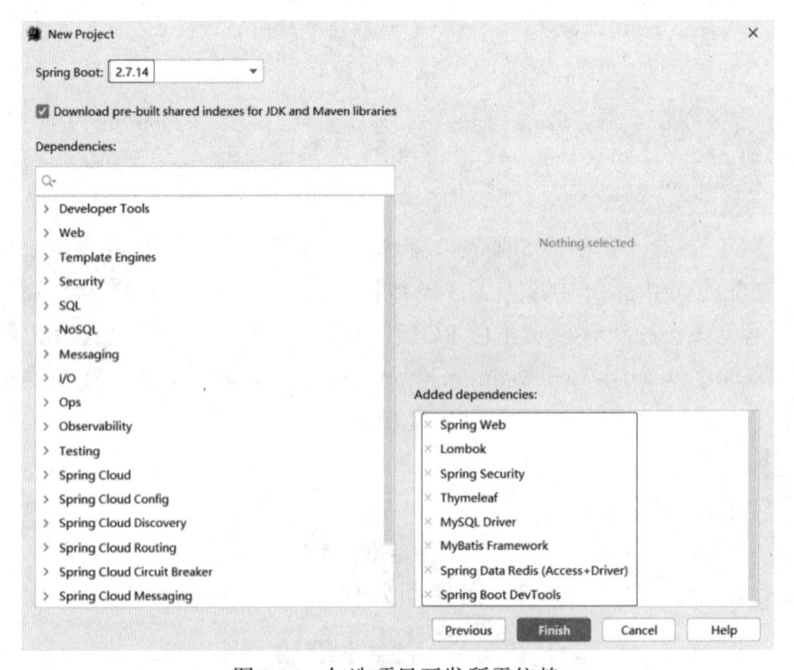

图 8.34　勾选项目开发所需依赖

8.4.2　设置 Java 类组织结构

为实现 Java 类代码的分层组织结构，创建 5 个 Java 包：实体层包 entity、控制层包 controller、服务层包 service、映射层包 mapper、配置层包 config。具体包名如图 8.35 所示。

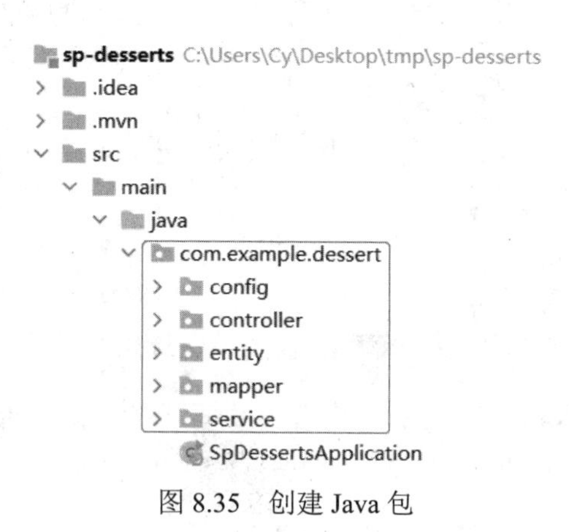

图 8.35　创建 Java 包

8.4.3　配置项目 UTF-8 编码

为了解决项目中读取中文字符时可能导致的乱码问题，需要将项目中配置文件的默认编码从 ISO8859-1 更改为 UTF-8。具体操作如下。

选择 File → Settings → Editor → File Encodings 选项，设置 Global Encoding 和 Project Encoding 值为 UTF-8、Default Encoding for properties files 值为 UTF-8，同时勾选 Transparent native-to-ascii conversion 配置项。

8.4.4　配置全局文件

在项目主配置文件 application.properties 中设置全局参数，包括：Web 服务器 Tomcat 端口号、MySQL 数据库连接参数、控制台显示 MyBatis 执行的 SQL 脚本、Redis 连接参数、关闭 Thymeleaf 缓存、接受 PUT 和 DELET 方式请求等。具体如下。

```
    # 启动服务器 (Tomcat) 端口
    server.port=80

    # 数据库连接参数
    spring.datasource.url=jdbc:mysql://localhost:3306/desserts
    spring.datasource.username=root
    spring.datasource.password=1234

    # 控制台显示 MyBatis 执行 SQL.com.example.spdessert.mapper 为 MyBatis 的 Mapper 接
口所在包
    logging.level.com.example.spdessert.mapper=debug
    mybatis.configuration.log-impl=org.apache.ibatis.logging.stdout.StdOutImpl

    #Redis 服务连接参数
```

```
spring.redis.host=127.0.0.1
spring.redis.post=6379
spring.redis.password=

# 关闭 Thymeleaf 缓存，方便调试．运行环境应改回 true（默认）
spring.thymeleaf.cache=false

# 接受 PUT 和 DElETE 请求，注意：响应 PUT 编辑请求时，form 中需加<input type="hidden"
name="_method" value= "put"/>
spring.mvc.hiddenmethod.filter.enabled=true
```

8.4.5 配置静态资源

1. 静态资源复制到开发环境

按照 IDEA 中对 Spring Boot 项目的开发要求，将 css、js、photo 和 img 等静态资源复制到 src\main\rcsources\static 目录中，将静态页面 HTML 文件复制到 src\main\resources\templates 目录中，如图 8.36 所示。

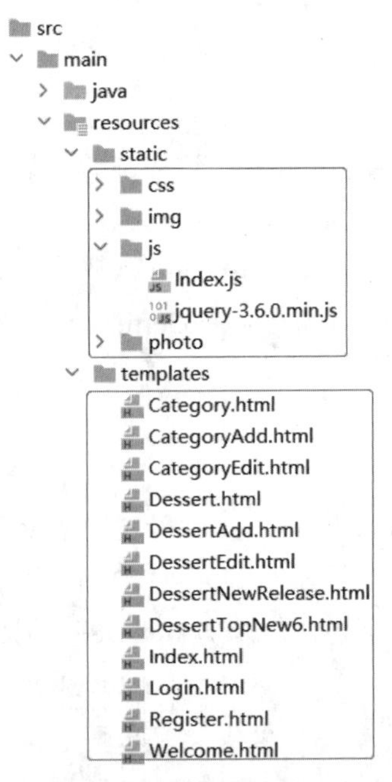

图 8.36　静态资源复制到项目对应目录中

注意：对于这里的 HTML 文件和相关静态资源，之后还需要按照 Thymeleaf 模板的要求进行进一步修改。

2. 配置静态资源无须认证就可访问

在 config 包中创建安全配置类 WebSecurityConfig，设置所有静态资源都能访问，代码如下。

```
1.@EnableWebSecurity
2.public class WebSecurityConfig {
```

```
3.    @Bean
4.     public SecurityFilterChain securityFilterChain(HttpSecurity http)
throws Exception {
5.         http.headers().frameOptions().disable(); // 允许访问 iframe 框架
6.         // 静态资源无须用户认证，都允许访问
7.         http.authorizeRequests()
8.            .antMatchers("/css/**","/img/**","/js/**","/photo/**","/**")
9.             .permitAll();
10.         return http.build();
11.     }
12.}
```

第 1 ～ 2 行，使用 @EnableWebSecurity 注解启用 Spring Security 安全机制。作用是配置安全认证策略，以实施用户认证和资源的授权访问。

第 5 行，默认情况下，为了防止点击劫持等安全风险，Spring Security 会将 X-Frame-Options 设置为 DENY，这意味着页面将被禁止在 iframe 框中嵌入显示。此处设置 http.headers().frameOptions().disable() 的作用是：禁用 Spring Security 对 X-Frame-Options 的默认设置，以便页面可以在 <frame>、<iframe> 或 <embed> 中进行嵌入显示。

第 7 ～ 9 行，将静态资源所在的 4 个路径设置为无须认证就可访问。特别注意，此处第 5 个路径 "/**" 的设置，会将所有访问都设置为无须认证的状态，这样做是为了便于开发主体功能而临时设置的，当开发安全访问功能时应该删除这个设置。

8.4.6 配置热部署

为提高开发效率，在 IDEA 环境中，对项目设置热部署。过程如下。

在 IDEA 环境中，选择 File → Settings → Build,Execution,Deployment → Compiler 选项，勾选 Build project automatically 复选框；此外，在 Advanced Settings 下勾选 Allow auto-make to start even if developed application is currently running 复选框。

注意：在项目正式运行时，应该去除热部署的设置。

8.5 首页功能实现

视频讲解

8.5.1 创建控制类处理首页请求

在控制层创建 IndexController 类。在类中将首页请求 "/" 映射到 index() 方法处理，并由方法返回 Index.html 模板页。代码如下。

```
@Controller
public class IndexController {
    @RequestMapping("/")
    public String index(){
        return "Index.html";
    }
}
```

右击运行主程序类 SpDessertApplication，项目会自动部署到内置服务器 Tomcat 上，并启动 Tomcat，如图 8.37 所示。

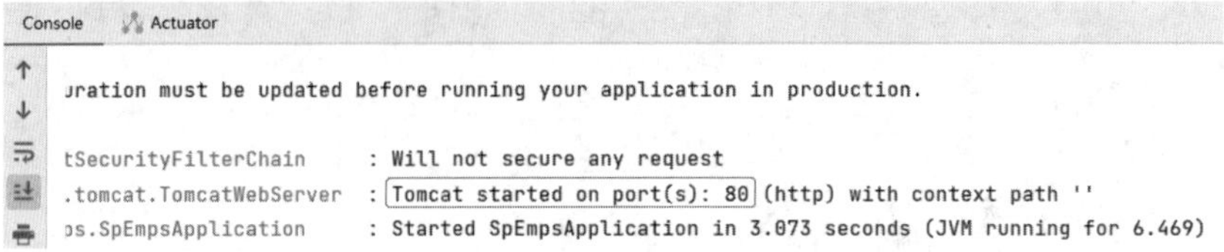

```
Console    Actuator
uration must be updated before running your application in production.

tSecurityFilterChain       : Will not secure any request
.tomcat.TomcatWebServer    : Tomcat started on port(s): 80 (http) with context path ''
ps.SpEmpsApplication       : Started SpEmpsApplication in 3.073 seconds (JVM running for 6.469)
```

图 8.37　静态资源复制到项目对应目录中

在浏览器中访问项目首页 http://localhost，显示结果如图 8.38 所示。因为已对“/”映射处理并返回 Index.html 模板，所以总体的应用框架显示正常；但由于 Welcome.html 请求没有做映射处理，所以 iframe 框显示出错。

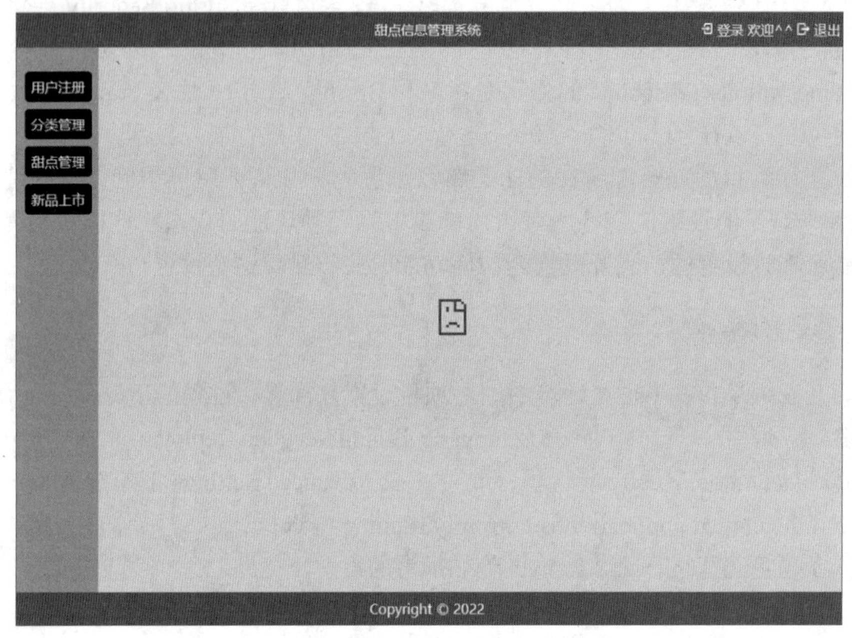

图 8.38　浏览器访问首页部分出错

8.5.2　处理欢迎页请求

在 IndexController 中，将“/welcome”请求映射到 welcome() 方法处理，并由方法返回 Welcome.html 模板页，代码如下。

```
@RequestMapping("/welcome")
public String welcome(){
    return "Welcome";
}
```

同时修改 Index.html，设置 iframe 的 src 属性值为 welcome，代码如下。

```
<iframe src="welcome" name="op" id="op" scrolling="no" >
```

浏览器再次访问项目首页 http://localhost，在 iframe 框中将正常显示 Welcome.html 模板页内容，如图 8.39 所示。

图 8.39　浏览器访问首页显示正常

8.6　分类管理模块实现

分类管理模块主要包含：分类管理主页的列表功能，以及添加分类、编辑分类和删除分类功能。

8.6.1　分类列表功能

视频讲解

进入分类管理主页，列表显示来自分类表 category 中所有数据。

1. 修改 Index.html 中“分类管理”链接

修改 Index.html 中“分类管理”链接，将 href 值设置为 categories，代码如下。

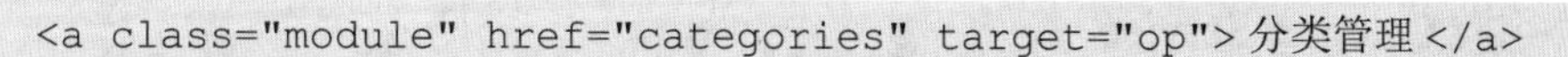

```
<a class="module" href="categories" target="op"> 分类管理 </a>
```

2. 创建控制类 CategoryController 处理分类管理请求

创建 CategoryController 类。在类中将请求“/categories”映射到 category() 方法处理，并由方法返回 Category.html 模板页，代码如下。

```
@Controller
public class CategoryController {
    @RequestMapping("/categories")
    public String category(){
        return "Category";
```

```
    }
}
```

浏览器访问项目首页 http://localhost，单击“分类管理”链接后 iframe 框中显示分类列表，如图 8.40 所示。注意：此时为静态内容，后续将实现动态显示功能。

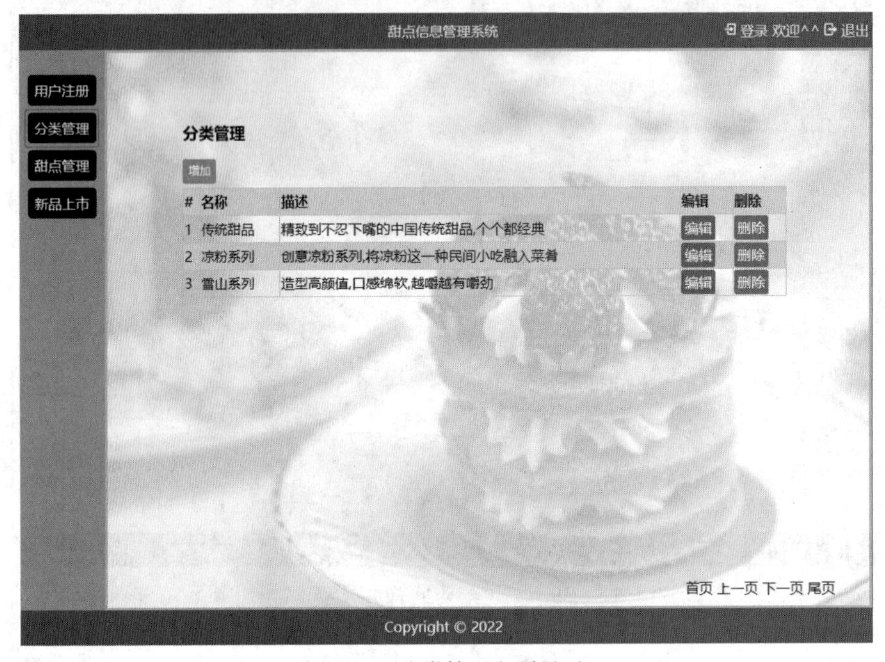

图 8.40　分类管理主页显示

3. 创建实体类 Category

参照数据库中 category 表结构，在 entity 包中创建实体类 Category，代码如下。

```
@Data
public class Category implements Serializable {
    Integer id;
    String name;
    String descp;
}
```

此处，@Data 注解用于自动生成实体类属性的 getter() 和 setter() 方法。

4. 创建服务类 CategoryService

在 service 包中创建分类服务类 CategoryService，在服务类中获取分类列表数据，代码如下。

```
1.@Service
2.public class CategoryService {
3.    @Autowired
4.    CategoryMapper categoryMapper;
5.    public List<Category> getAll(){
6.        List<Category> categories = categoryMapper.getAll();
7.        return categories;
```

```
8.     }
9. }
```

第 3 行中，@Autowired 注解将 Spring IoC 容器中 CategoryMapper 的代理对象自动装配到 categoryMapper 属性上。

第 6 行中，categoryMapper.getAll() 的作用是：通过 MyBatis 从数据库获取 category 表所有数据。

5. 创建 MyBatis 映射接口 CategoryMapper

在 mapper 包中创建 CategoryMapper 接口。在接口中定义 getAll() 方法，并映射相应的查询 SQL 语句。代码如下。

```
@Mapper
public interface CategoryMapper {
    @Select("select id,name,descp from category")
    List<Category> getAll();
}
```

6. CategoryController 类调用 CategoryService 类中方法

修改控制类 CategoryController 中的 category() 方法。在 category() 方法中调用 CategoryService 服务类业务方法。代码如下。

```
1.@Autowired
2.CategoryService categoryService;
3.@RequestMapping("/categories")
4.public String category(Model model) {
5.    List<Category> all = categoryService.getAll();
6.    model.addAttribute("categories",all);
7.    return "Category";
8.}
```

第 1 行中，@Autowired 注解将 Spring IoC 容器中 CategoryService 对象自动装配到 categoryService 属性上。

第 5～6 行中，使用 categoryService.getAll() 获取分类列表数据；再用 model.addAttribute ("categories",all) 方法将分类列表数据放入 model 中，以便在返回的 Category.html 模板中用 Thymeleaf 技术迭代显示 model 中分类列表数据。

7. 修改 Category.html 模板显示分类列表

在模板页 Category.html 中，用 xmlns:th 引入 Thymeleaf 模板名称空间，用 @{ } 引入 CSS 和 JavaScript 文件的资源路径，用 th:each 属性迭代显示 model 中的分类列表数据，用 ${ } 和 [[${ }]] 表达式显示分类对象的属性值。代码如下。

```
1.<!DOCTYPE html>
2.<html lang="en" xmlns:th="http://www.thymeleaf.org">
3.<head>
4.    <meta charset="UTF-8">
5.    <title></title>
6.    <link rel="stylesheet" th:href="@{/css/Category.css}" href=" css/
Category.css">
```

```
    7.</head>
    8.<body>
    9.<div id="container" style="position: relative;">
    10.     <h3>分类管理</h3>
    11.     <button id="btnAdd" onclick="location.href='CategoryAdd.html'">增
加</button>
    12.     <table>
    13.         <tr style="font-weight: bold;">
    14.             <td>#</td><td>名称</td><td>描述</td>
    15.             <td>编辑</td><td>删除</td>
    16.         </tr>
    17.         <tr th:each="category,stat:${categories}">
    18.             <td>[[${stat.count}]]</td><td>[[${category.name}]]</td>
    19.             <td>[[${category.descp}]]</td><td><a href=" CategoryEdit.
html">编辑</a></td>
    20.             <td><a href="javascript:confirm('确认删除？')">删除</a></td>
    21.         </tr>
    22.       </table>
    23.</div>
    24.</body>
    25.</html>
```

第 17 行，th:each 中声明了一个变量 stat，它代表迭代状态。而 stat 的 count 属性具有计数器功能，其值从 1 开始，逐次加 1。因此第 18 行中 [[${stat.count}]] 表达式用以显示列表序号。

8. 测试与效果

浏览器访问项目首页 http://localhost，单击“分类管理”链接，从数据表 category 中获取了分类信息。显示效果如图 8.41 所示。

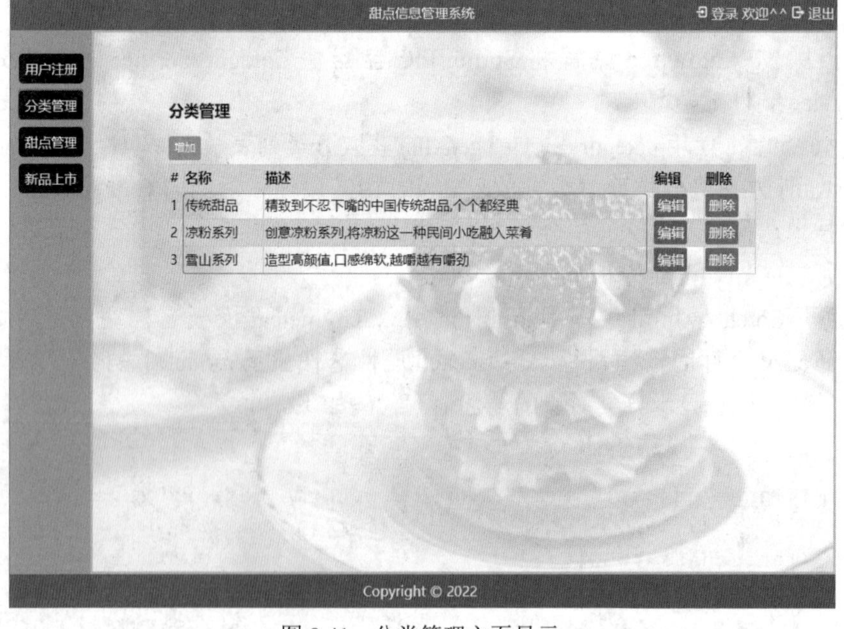

图 8.41　分类管理主页显示

8.6.2 分类添加功能

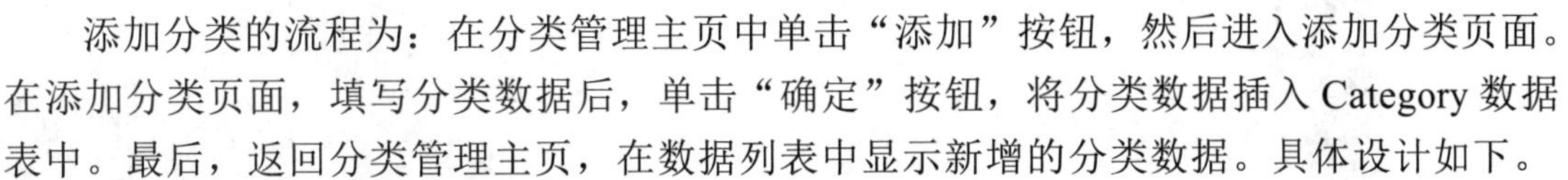
添加分类的流程为：在分类管理主页中单击“添加”按钮，然后进入添加分类页面。在添加分类页面，填写分类数据后，单击“确定”按钮，将分类数据插入 Category 数据表中。最后，返回分类管理主页，在数据列表中显示新增的分类数据。具体设计如下。

1. 修改 CategoryAdd.html

修改 CategoryAdd.html，用 xmlns:th 引入 Thymeleaf 模板名称空间，用 @{ } 引入 CSS 文件路径和表单 action 值，代码如下。

```
<!DOCTYPE html>
<html lang="en" xmlns:th="http://www.thymeleaf.org">
<head>
    <meta charset="UTF-8">
    <title>Title</title>
    <link rel="stylesheet" th:href="@{/css/CategoryAdd.css}" >
</head>
<div id="container">
    <h3> 添加分类 </h3>
    <form th:action="@{/category}" method="post">
        <h4> 分类名称 </h4>
        <input name="name"><br>
        <h4 style="vertical-align: top"> 分类描述 </h4>
        <textarea name="descp"></textarea><br>
        <h4></h4>
        <button id="add" type="submit"><span> 确定 </span></button> <br>
    </form>
</div>
</html>
```

2. 修改 Category.html 中链接

修改 Category.html 文件中“添加”链接的 onclick 属性值，代码如下。

```
<button id="btnAdd" onclick="location.href='category/add'"> 增加 </button>
```

3. 修改 CategoryController 类

编辑控制器类 CategoryController，将请求“/category/add”映射到 add() 方法处理，由方法返回 CategoryAdd.html 模板页。代码如下。

```
@RequestMapping("/category/add")
public String add(){
     return "CategoryAdd.html";
}
```

浏览器访问项目首页 http://localhost，然后单击“分类管理”链接，进入分类管理主页后单击“添加”按钮，显示分类添加页，如图 8.42 所示。注意：后续将实现添加操作，将新增数据加入 Category 数据表中。

图 8.42　分类添加页

4. 修改 CategoryController 类

修改服务类 CategoryService，添加 save() 方法，用以添加分类数据，代码如下。

```
public int save(Category category) {
    return categoryMapper.save(category);
}
```

5. 修改 CategoryMapper 接口

修改 CategoryMapper 接口，添加 save() 方法以及映射对应的 insert 语句，代码如下。

```
@Insert("insert into category(name,descp) values(#{name},#{descp})")
int save(Category category);
```

6. 修改 CategoryController 类

修改 CategoryController 类，添加 save() 方法处理 POST 方式请求 "/category"，代码如下。

```
1.@PostMapping("/category")
2.public String save(Category category){
3.    categoryService.save(category);
4.    return "redirect:/categories";
5.}
```

第 3 行，categoryService.save(category) 代码用以保存上传的分类信息。

第 4 行，重定向请求到 "/categories"，用以回到分类管理主页上显示新增分类。

7. 测试与效果

浏览器访问项目首页 http://localhost，单击"分类管理"链接，进入分类管理主页后单击“添加”链接，进入分类添加页。如图 8.43 所示添加分类名称和分类描述信息后，单击“确定”按钮将返回分类管理主页，列表上会显示新增分类信息，如图 8.44 所示。

图 8.43　添加分类名称和描述信息

图 8.44　分类列表中显示新增分类信息

此时，从控制台可观察到相应的 insert 语句和 select 语句，如图 8.45 所示。

```
JDBC Connection [HikariProxyConnection@514517168 wrapping com.mysql.cj.jdbc.ConnectionImpl@518cb708]
==>  Preparing: insert into category(name,descp) values(?,?)
==> Parameters: 榴莲特区(String), 榴莲香味四溢,让人流连忘返(String)
<==    Updates: 1
Closing non transactional SqlSession [org.apache.ibatis.session.defaults.DefaultSqlSession@70311d0d]
Creating a new SqlSession
SqlSession [org.apache.ibatis.session.defaults.DefaultSqlSession@1ec1e47] was not registered for sync
JDBC Connection [HikariProxyConnection@1225205844 wrapping com.mysql.cj.jdbc.ConnectionImpl@518cb708]
==>  Preparing: select id,name,descp from category
==> Parameters: 
<==    Columns: id, name, descp
<==        Row: 1, 传统甜品, 精致到不忍下嘴的中国传统甜品,个个都经典
<==        Row: 2, 凉粉系列, 创意凉粉系列,将凉粉这一种民间小吃融入菜肴
<==        Row: 3, 雪山系列, 造型高颜值,口感绵软,越嚼越有嚼劲
<==        Row: 4, 榴莲特区, 榴莲香味四溢,让人流连忘返
<==      Total: 4
```

图 8.45　控制台显示 inset 和 select 语句

视频讲解

8.6.3　分类编辑功能

编辑分类的流程是：在分类管理主页中，选择要编辑分类的“编辑”按钮，进入编辑分类页；编辑分类页上显示原分类名称和描述信息；编辑分类信息后，单击“确定”按钮会将分类编辑数据更新回 category 表；浏览器返回分类管理主页，在列表中显示编辑后的分类信息。具体设计如下。

1. 修改 CategoryEdit.html

修改 CategoryEdit.html，用 xmlns:th 引入 Thymeleaf 模板名称空间，用 @{ } 引入 CSS 文件路径和表单 action 值，用 ${ } 或 [[${ }]] 获取分类属性值等，具体如下。

```
<!DOCTYPE html>
<html lang="en" xmlns:th="http://www.thymeleaf.org">
<head>
    <meta charset="UTF-8"  >
    <title>Title</title>
    <link rel="stylesheet" th:href="@{/css/CategoryEdit.css}" >
</head>
<div id="container">
    <h3>编辑分类</h3>
    <form th:action="@{/category}" action="Category.html" method=" post" >
      <h4>分类名称</h4>
      <input name="name" value="凉粉系列" th:value="${category.name}"> <br>
      <h4 style="vertical-align: top">分类描述</h4>
      <textarea name="descp">[[${category.name}]]</textarea><br>
      <h4></h4>
      <button id="edit" type="submit"><span>确定</span></button><br>
      <input type="hidden" name="_method" value="put" th:if=" ${category!=
null}"/>
      <input type="hidden" name="id" th:if="${category!=null}" th:value=
"${category.id}">
    </form>
</div>
</html>
```

由于在 <form> 标签内加了 <input type="hidden" name="_method" value="put" /> 代码，

所以提交方式虽然为Post，但在Controller中可使用@PutMapping("/category/{id}")注解来映射Put请求，从而能切至相应方法上进行编辑操作。注意为达到此功效，还需在项目主配置文件application.properties中配置参数：spring.mvc.hiddenmethod.filter.enabled=true。

此外，因为编辑时需要分类id值，所以在<form>标签内需额外加一个隐藏输入元素。

2. 修改Category.html中编辑链接

修改在Category.html中“编辑”链接的href属性值。代码如下。

```
<a th:href="@{'/category/edit/' + ${category.id} }" >编辑</a>
```

3. 修改CategoryController类

编辑CategoryController类，添加两个edit()方法。一个edit()方法用于处理Get方式请求“/category/edit/{id}”，根据分类id获取分类数据，并将其传递给编辑页面显示；另一个edit()方法用以处理Put方式请求“/category/edit”，该方法将分类修改数据更新回Category数据表，并返回分类管理主页以便显示更新结果。代码如下。

```
// 显示编辑页
@RequestMapping("/category/edit/{id}")
public String edit(@PathVariable("id") Integer id,Model model){
   Category category=categoryService.get(id);  // 获取编辑分类数据
   model.addAttribute("category",category);
   return "CategoryEdit";   // 在模板中用Thymeleaf技术读取model中的category数据
}
// 处理编辑，注意在主配置文件中设置spring.mvc.hiddenmethod.filter.enabled=true
@PutMapping("/category")
public String edit(Category category){
    categoryService.edit(category);
    return "redirect:/categories";// 编辑后返回分类主页列表，可观察到更新数据
}
```

4. 修改CategoryService类

修改服务类CategoryService。添加get(id)方法，通过分类id返回分类数据；添加edit(category)方法，用于更新分类的编辑信息。代码如下。

```
public Category get(Integer id) {
   return categoryMapper.get(id);
}
public int edit(Category category) {
   return categoryMapper.edit(category);
}
```

5. 修改CategoryMapper类

在CategoryMapper接口中添加了get()方法和edit()方法，并映射相应的查询SQL语句。代码如下。

```
@Select("select id,name,descp from category where id=#{id}")
Category get(Integer id);
@Update("update category set name=#{name},descp=#{descp} where id=#{id}")
```

```
    int edit(Category category);
```

6. 测试与效果

浏览器访问项目首页 http://localhost，单击“分类管理”链接，进入分类管理主页后单击尾行上的“编辑”按钮，如图 8.46 所示。

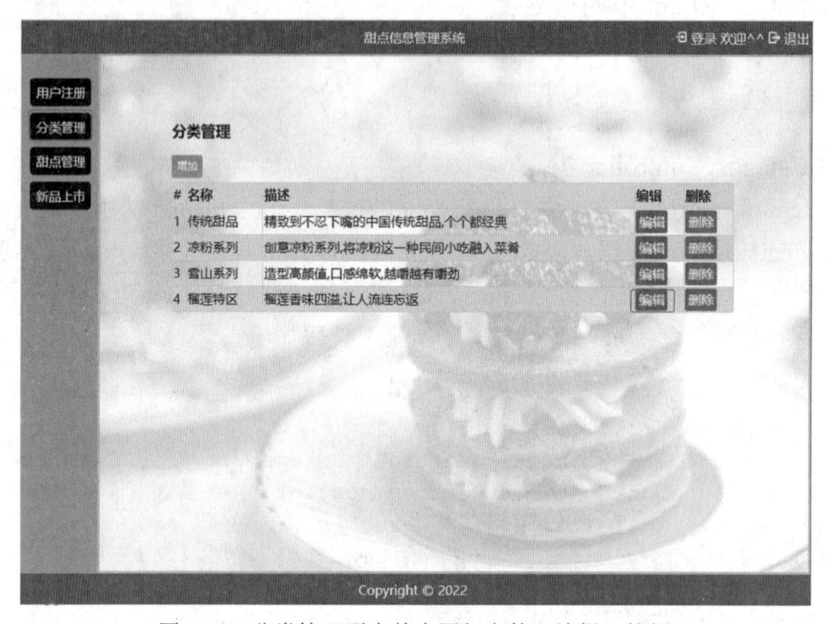

图 8.46　分类管理页中单击尾行上的“编辑”按钮

进入编辑分类页面后，将分类名称修改为“榴莲系列”，描述信息修改为“榴莲香味四溢，让人流连忘返，美味永不忘”，如图 8.47 所示。

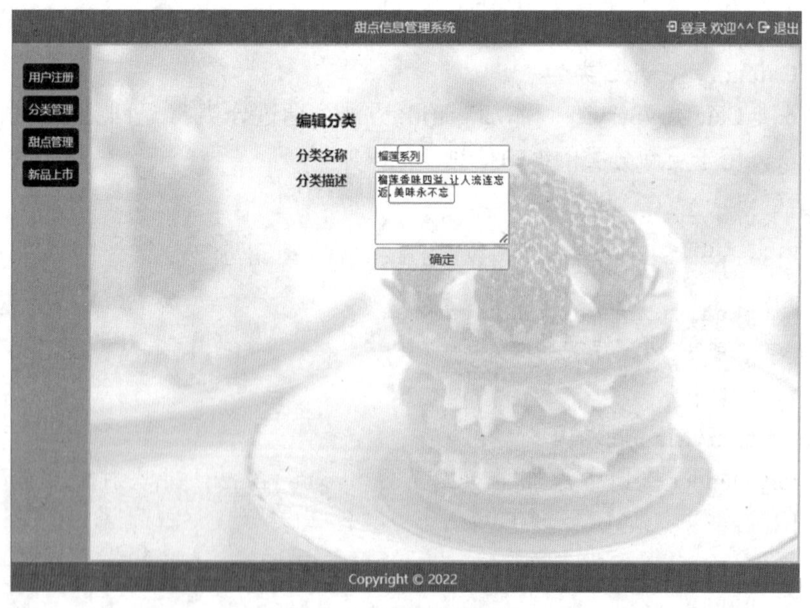

图 8.47　编辑分类信息

单击“确定”按钮后，返回分类管理主页，显示数据已被更新，如图 8.48 所示。

图 8.48　分类信息被更新

此时，从控制台可观察到执行了相应的 Update 语句，如图 8.49 所示。

```
==>  Preparing: update category set name=?,descp=? where id=?
==> Parameters: 榴莲系列(String), 榴莲香味四溢,让人流连忘返,美味永不忘(String), 4(Integer)
<==    Updates: 1
Closing non transactional SqlSession [org.apache.ibatis.session.defaults.DefaultS
Creating a new SqlSession
SqlSession [org.apache.ibatis.session.defaults.DefaultSqlSession@5bd8717b] was no
JDBC Connection [HikariProxyConnection@16113530 wrapping com.mysql.cj.jdbc.Connec
==>  Preparing: select id,name,descp from category
==> Parameters: 
<==    Columns: id, name, descp
<==        Row: 1, 传统甜品, 精致到不忍下嘴的中国传统甜品,个个都经典
<==        Row: 2, 凉粉系列, 创意凉粉系列,将凉粉这一种民间小吃融入菜肴
<==        Row: 3, 雪山系列, 造型高颜值,口感绵软,越嚼越有嚼劲
<==        Row: 4, 榴莲系列, 榴莲香味四溢,让人流连忘返,美味永不忘
<==      Total: 4
```

图 8.49　控制台显示编辑 SQL 语句

8.6.4　分类删除功能

删除分类信息的流程为：在分类管理主页中，单击分类“删除”按钮，弹出删除确认框，单击“确定”按钮后，相应的分类数据将从 Category 数据表中删除；浏览器会返回分类管理主页，并显示更新后的分类数据列表。被删除的分类将不再显示在列表中。具体设计如下。

1. 处理 Category.html 中删除链接

修改 Category.html 中“删除”链接的 onclick 属性值，代码如下。

```
<a href="#" th:onclick="del( [[${category.id}]] );" >删除</a>
```

针对“删除”链接的单击事件，加上对应的 JavaScript 处理方法 del(id)，代码如下。

```
<script>
    function del(id){
        if(confirm('确认删除？')) {
            window.location.href = "category/del/"+id;
        }
    }
</script>
```

2. 修改 CategoryController 类

修改 CategoryController 类，将请求“/category/del/{id}”映射给 delete(Integer id) 方法处理。将相应的分类数据从 Category 中表删除，并返回分类管理主页以显示相关的更新结果。代码如下。

```
//删除分类
@RequestMapping("/category/del/{id}")
public String delete(@PathVariable("id") Integer id){
    categoryService.remove(id);     //将分类数据删除
    return "redirect:/categories";      //返回分类管理主页
}
```

3. 修改 CategoryService 类

在 CategoryService 服务类中添加 remove(id) 方法。该方法通过分类 id 来删除对应的分类数据。代码如下。

```
public int remove(Integer id) {
    return categoryMapper.remove(id);
}
```

4. 修改 CategoryMapper 类

在 CategoryMapper 接口中添加了 remove(id) 方法，以及相应的 SQL 语句映射。代码如下。

```
@Delete("delete from category where id=#{id}")
int remove(Integer id);
```

5. 测试与效果

浏览器访问项目首页 http://localhost，单击“分类管理”链接，进入分类管理主页后单击尾行中的“删除”按钮，如图 8.50 所示。

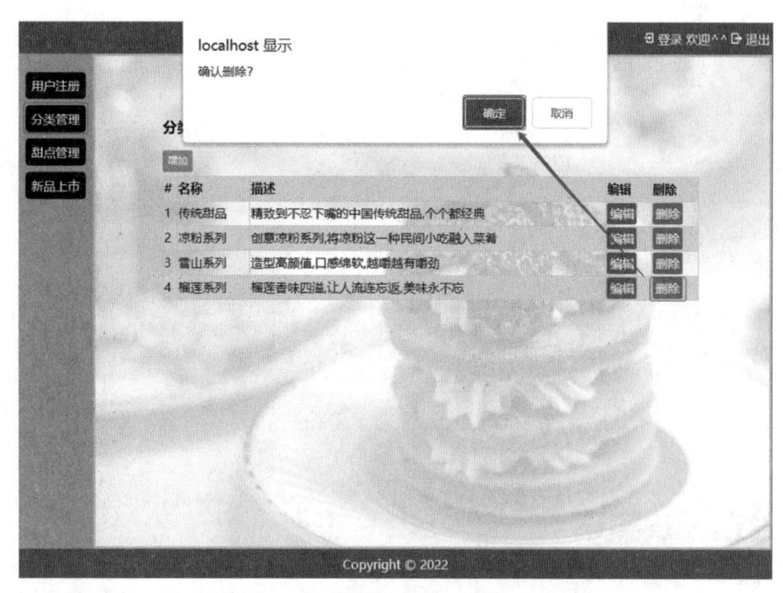

图 8.50　单击尾行中的“删除”按钮

单击弹出框中的“确定”按钮后，返回分类管理主页，发现相关分类数据已被删除，如图 8.51 所示。

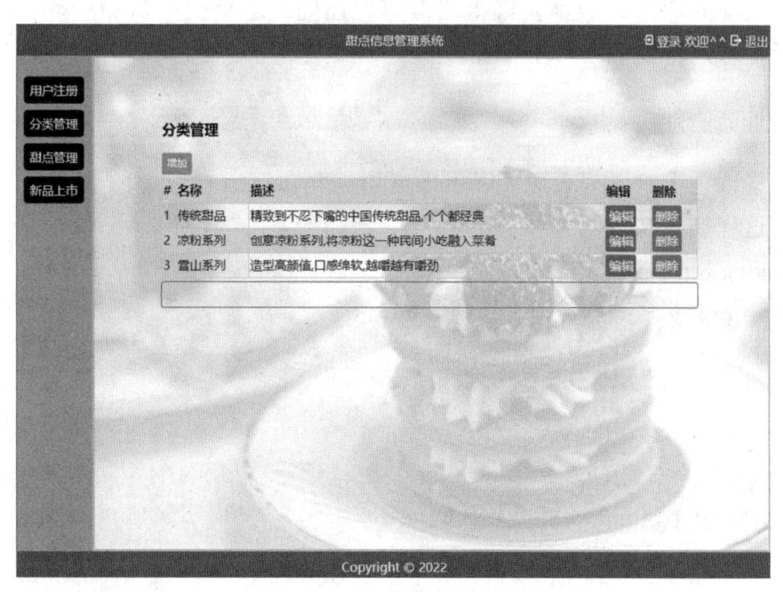

图 8.51　相关分类数据已删除

此时，从控制台可观察到执行了相应的 Delete 语句，如图 8.52 所示。

```
JDBC Connection [HikariProxyConnection@146903019 wrapping com.mysql.cj
==>  Preparing: delete from category where id=?
==> Parameters: 5(Integer)
<==    Updates: 1
Closing non transactional SqlSession [org.apache.ibatis.session.defaul
Creating a new SqlSession
SqlSession [org.apache.ibatis.session.defaults.DefaultSqlSession@285d3
JDBC Connection [HikariProxyConnection@243237198 wrapping com.mysql.cj
==>  Preparing: select id,name,descp from category
==> Parameters: 
<==    Columns: id, name, descp
<==        Row: 1, 传统甜品, 精致到不忍下嘴的中国传统甜品,个个都经典
<==        Row: 2, 凉粉系列, 创意凉粉系列,将凉粉这一种民间小吃融入菜肴
<==        Row: 3, 雪山系列, 造型高颜值,口感绵软,越嚼越有嚼劲
<==      Total: 3
```

图 8.52　控制台显示 Delete 语句

8.7　甜点管理模块实现

甜点管理模块实现了以下主要功能：甜点管理主页的列表功能和分页查询功能，以及添加、编辑和删除甜点的功能。此外，还提供了新品上市功能，以便将最新上市的甜点展示给用户。

甜点管理与分类管理在总体实现上相似，但在处理上稍微复杂一些。它涉及的操作字段更多，包括特殊的日期字段、图片上传以及对部门的引用等。

视频讲解

8.7.1　甜点列表功能

进入甜点管理主页，以列表形式展示来自甜点表 dessert 中所有的数据。

具体实现过程如下。

1. 处理 Index.html 中甜点管理链接

修改 Index.html 中“甜点管理”链接，如下。

```
<a class="module" href="desserts" target="op">甜点管理</a>
```

2. 创建 DessertController 类

在 controller 包中创建 DessertController 类，将请求“/desserts”映射给 getAll() 方法处理，由方法返回 Dessert.html 模板页。代码如下。

```
@Controller
public class DessertController {
    @RequestMapping("/desserts")
    public String getAll(){
        return "Dessert";
    }
}
```

浏览器访问项目首页 http://localhost，单击“甜点管理”链接，进入甜点管理主页，显示静态的甜点列表，如图 8.53 所示。

图 8.53　甜点管理主页显示甜点列表

3. 创建实体类 Dessert 和 DessertDetail

参考数据库中 Dessert 表的结构，在 entity 包中创建实体类 Dessert。代码如下。

```
@Data
public class Dessert implements Serializable {
    Integer id;
    String name;
    String photoUrl;
    Double price;
    String descp;
    @DateTimeFormat(pattern ="yyyy-MM-dd") //匹配浏览器上传日期格式。否则会异常
    Date releaseDate;
    Integer catId;  //此处不用 MyBatis"对一"实现
}
```

参照甜点列表显示的需求，在 entity 包中创建实体类 DessertDetail，代码如下。

```
@Data
public class DessertDetail implements Serializable {
    Integer id;
    String name;
    String photoUrl;
    Double price;
    String descp;
    Date releaseDate;
    String categoryName;
}
```

使用 Dessert 还是 DessertDetail，与应用场合相关。例如，添删改数据时，用 Dessert 类；显示甜点列表数据时，用 DessertDetail 类。

4. 创建服务类 DessertService

在 service 包中创建服务类 DessertService，用于获取甜点列表数据。代码如下。

```
1.@Service
2.public class DessertService {
3.    @Autowired
4.    DessertMapper dessertMapper;
5.    public List<DessertDetail> getAll(){
6.       List<DessertDetail> dessertDetails=dessertMapper.getAll();
7.              return dessertDetails;
8.    }
9.}
```

第 3 行，用 @Autowired 注解将 Spring IoC 容器中的 DessertMapper 代理对象自动装配到 dessertMapper 属性上。

第 6 行，用 dessertMapper.getAll() 方法从数据库中获取所有甜点数据。

5. 创建 MyBatis 映射接口 DessertMapper

在 mapper 包中创建 DessertMapper 接口。在接口中加入 getAll() 方法及对应的 Select 语句。代码如下。

```
@Mapper
public interface DessertMapper {
    @Select("select d.id,d.name,photoUrl,price,d.descp,release_date release Date, "
            + " cat_id CategoryId,c.name categoryName "
            + " from dessert d left join category c on d.cat_id = c.id")
    List<DessertDetail> getAll();
}
```

6. 修改 DessertController 调用 DessertService

在 DessertController 类中修改 getAll() 方法，用于获取甜点列表数据，并返回模板显示。代码如下。

```
1.@Controller
2.public class DessertController {
3.  @Autowired
4.  DessertService dessertService;
5.  @RequestMapping("/desserts")
6.  public String getAll(Model model){
7.      List<DessertDetail> all = dessertService.getAll();
8.      model.addAttribute("dessertDetails", all);
9.      return "Dessert";
10.  }
11.}
```

第 3 行，用 @Autowired 注解将 Spring IoC 容器中的 DessertService 对象自动装配到 dessertService 属性上。

第 7 ~ 9 行，用 dessertService.getAll() 方法获取 DessertDetail 数据列表后，放入 model 中，并返回给 Dessert.html 模板进行渲染显示。

7. 修改 Dessert.html 模板页显示甜点列表数据

在 Dessert.html 中用 xmlns:th 引入 Thymeleaf 模板名称空间，用 @{ } 引入 CSS 文件，用 th:each 属性对 model 中的甜点数据迭代显示，用内联 [[${ }]] 显示分类属性值，用 th:remove="all" 移除多余标签，用 #numbers 和 #dates 对象的内置方法格式化输出数值和日期值。具体代码如下。

```
<!DOCTYPE html>
<html lang="en" xmlns:th="http://www.thymeleaf.org">
<head>
    <meta charset="UTF-8">
    <title>Title</title>
    <link rel="stylesheet"  th:href="@{/css/Dessert.css}">
</head>
<div id="container" style="position: relative;">
    <h3> 甜点管理 </h3>
    <button id="btnAdd" onclick="location.href='DessertAdd.html'"> 增加 </button>
    <form  th:remove="all" action="Dessert.html" id="searchDiv" >
        分类 <select class="searchCondition" name="catId">
            <option value="0"> 不予限制 </option>
            <option value="1"> 传统甜品 </option>
            <option value="2"> 凉粉系列 </option>
            <option value="3"> 雪山系列 </option>
        </select>
        名称 <input class="searchCondition" type="text" name="name" >
        描述 <input class="searchCondition" type="text" name="descp">
        价格区间 <input class="priceInput" type="text" name=" price1"> -
                <input class="priceInput" type="text" name=" price2">
        <button id="btnSearch" type="submit"> 查询 </button>
    </form>
    <table>
        <tr style="font-weight: bold;">
          <td>#</td><td> 名称 </td><td> 照片 </td><td> 价格 </td><td> 描述 </td>
          <td> 分类 </td><td> 推出日 </td><td> 编辑 </td><td> 删除 </td></tr>
        <tr th:each="dessertDetail,stat:${dessertDetails}">
          <td>[[${stat.count}]]</td><td>[[${dessertDetail.name}]]</td>
          <td><img class="photo" th:src="@{ ${dessertDetail.photoUrl} }"></td>
          <td>[[${#numbers.formatDecimal(dessertDetail.price, 0, 0)}]]</td>
          <td>[[${dessertDetail.descp}]]</td>
          <td>[[${dessertDetail.categoryName}]]</td>
          <td>[[${#dates.format(dessertDetail.releaseDate,'yyyy/MM/dd')}]]</td>
          <td><a href="DessertEdit.html"> 编辑 </a></td>
          <td><a href="javascript:confirm(' 确认删除？ ')"> 删除 </a></td></tr>
     </table>
    <div id="pager">
        <p> 首页  上一页  下一页  尾页 </p>
        <a> 首页 </a> <a> 上一页 </a> <a> 下一页 </a> <a> 尾页 </a>
    </div>
</div>
</html>
```

8. 测试与效果

浏览器访问项目首页 http://localhost，单击“甜点管理”链接，显示甜点列表，如图 8.54 所示。

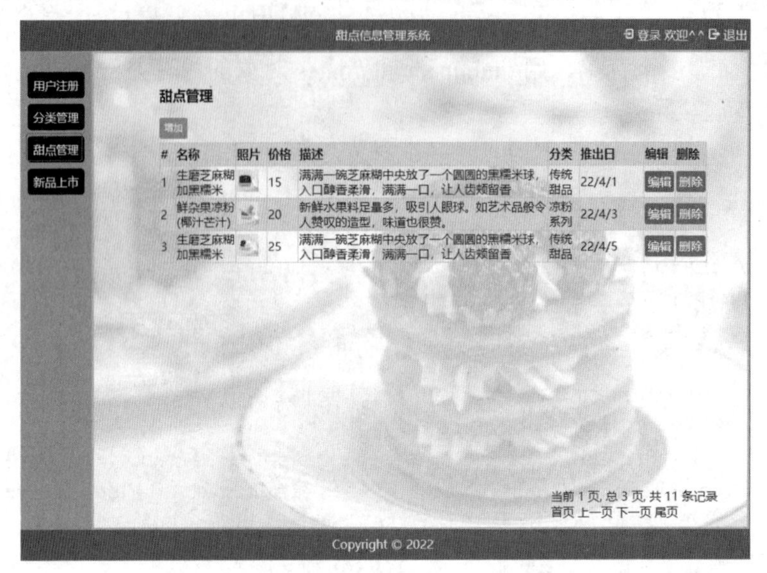

图 8.54　在甜点管理主页显示甜点列表

甜点数据通过 select 语句从 dessert 数据表中获取，然后填充到模板页上。从控制台也可观察到执行了 select 语句，如图 8.55 所示。

```
==>  Preparing: select d.id,d.name,photoUrl,price,d.descp,release_date releaseDate,cat_id CategoryId,c.name
categoryName from dessert d left join category c on d.cat_id = c.id
==> Parameters:
<==      Columns: id, name, photoUrl, price, descp, releaseDate, CategoryId, categoryName
<==          Row: 1, 生磨芝麻糊加黑糯米, /photo/001.jpg, 15.0, 满满一碗芝麻糊中央放了一个圆圆的黑糯米球，入口
醇香柔滑，满满一口，让人齿颊留香, 2022-04-01, 1, 传统甜品
<==          Row: 2, 鲜杂果凉粉(椰汁芒汁)     , /photo/002.jpg, 20.0, 新鲜水果料足量多，吸引人眼球。如艺术品般
令人赞叹的造型，味道也很赞。, 2022-04-03, 2, 凉粉系列
<==          Row: 3, 生磨芝麻糊加黑糯米, /photo/003.jpg, 25.0, 满满一碗芝麻糊中央放了一个圆圆的黑糯米球，入口
醇香柔滑，满满一口，让人齿颊留香, 2022-04-05, 1, 传统甜品
<==        Total: 3
```

图 8.55　控制台显示 select 语句

视频讲解

8.7.2　分页子功能

实现甜点列表的分页显示，每页显示 5 行，并且包含“当前页”“总页”“总行数”等统计信息，以及“首页”“上一页”“下一页”“尾页”4 个分页导航链接。

具体实现过程如下。

1. 添加测试数据

执行 SQL 脚本，在 dessert 数据表中插入 8 条测试数据。代码如下。

```
insert into dessert(name, photoUrl, price, descp, release_date, cat_id)
        values ('生磨芝麻糊加黑糯Ⅱ', '/photo/001.jpg', 15, '满满一碗芝麻糊中央放了一个圆圆的黑糯米球，入口醇香柔滑，满满一口，让人齿颊留香', '2022-04-01', 1),
               ('鲜果凉粉椰芒汁Ⅱ', '/photo/002.jpg', 20, '新鲜水果料足量多，吸引人眼球.如艺术品般令人赞叹的造型，味道也很赞。', '2022-04-03', 2),
              ('生磨芝麻糊加黑糯米Ⅲ', '/photo/001.jpg', 15, '满满一碗芝麻糊中央放了一个圆圆的黑糯米球，入口醇香柔滑，满满一口，让人齿颊留香', '2022-04-01', 1),
```

```
                    ('鲜杂果凉粉.椰汁芒汁Ⅲ', '/photo/002.jpg', 20, '新鲜水果料足量多,
吸引人眼球.如艺术品般令人赞叹的造型,味道也很赞.', '2022-04-03', 2),
                    ('生磨芝麻糊加黑糯米Ⅳ', '/photo/001.jpg', 15, '满满一碗芝麻糊中央
放了一个圆圆的黑糯米球,入口醇香柔滑,满满一口,让人齿颊留香', '2022-04-01', 1),
                    ('鲜杂果凉粉.椰汁芒汁Ⅳ', '/photo/002.jpg', 20, '新鲜水果料足量多,
吸引人眼球.如艺术品般令人赞叹的造型,味道也很赞.', '2022-04-03', 2),
                    ('生磨芝麻糊加黑糯米Ⅴ', '/photo/001.jpg', 15, '满满一碗芝麻糊中央
放了一个圆圆的黑糯米球,入口醇香柔滑,满满一口,让人齿颊留香', '2022-04-01', 1),
                    ('鲜杂果凉粉.椰汁芒汁Ⅴ', '/photo/002.jpg', 20, '新鲜水果料足量多,
吸引人眼球.如艺术品般令人赞叹的造型,味道也很赞.', '2022-04-03', 2);
```

2. 添加分页插件 pagehelper 依赖启动器

在 pom.xml 文件中确认已添加分页插件 pagehelper 依赖启动器。代码如下。

```
<dependency>
    <groupId>com.github.pagehelper</groupId>
    <artifactId>pagehelper-spring-boot-starter</artifactId>
    <version>1.4.1</version>
</dependency>
```

注意：pagehelper 依赖启动器的版本很重要，若与 Spring Boot 版本不匹配，则会产生异常。

3. 修改 DessertController 类

修改控制器类 DessertController 中的 getAll() 方法，在 dessertService.getAll() 语句前加入 PageHelper 分页语句；并在返回模板页前，在 model 中加入分页对象 pageInfo。代码如下。

```
@RequestMapping("/desserts")
public String getAll(Model model,@RequestParam(defaultValue = "1",
        value = "pageNum") Integer pageNum) {
    //取第 pageNum 页数据,每页 5 行
    PageHelper.startPage(pageNum,5);
    List<DessertDetail> all = dessertService.getAll();
    PageInfo<DessertDetail> pageInfo = new PageInfo<DessertDetail> (all,5);
    model.addAttribute("dessertDetails",all);
    model.addAttribute("pageInfo",pageInfo);
    return "Dessert";
}
```

在 getAll() 方法中，用 pageNum 值来表示分页的页码。页码值可以从 URL 指定参数 pageNum 中获取，如果未指定该参数，则默认值为 1，即显示第 1 页的数据。

4. 修改 Dessert.html 展示翻页

在 Dessert.html 文件中，可使用 Thymeleaf 技术动态展示分页信息和分页链接。代码如下。

```
<div id="pager">
  <p>当前 <span th:text="${pageInfo.pageNum}"></span> 页,
      总 <span th:text="${pageInfo.pages}"></span> 页,
      共 <span th:text="${pageInfo.total}"></span> 条记录 </p>
  <a th:href="@{/desserts}">首页 </a>
   <a  th:href="@{/desserts(pageNum=${pageInfo.pageNum>1}?${pageInfo.
pageNum-1}:1)}">
      上一页 </a>
```

```
        <a th:href="@{/desserts(pageNum=${pageInfo.pageNum<pageInfo.pages}?$
{pageInfo.pageNum+1}:${pageInfo.pages})}">
            下一页 </a>
        <a th:href="@{/desserts(pageNum=${pageInfo.pages})}">尾页 </a>
    </div>
```

5. 测试与效果

浏览器访问项目首页 http://localhost，单击“甜点管理”链接，显示甜点的分页列表，如图 8.56 所示。

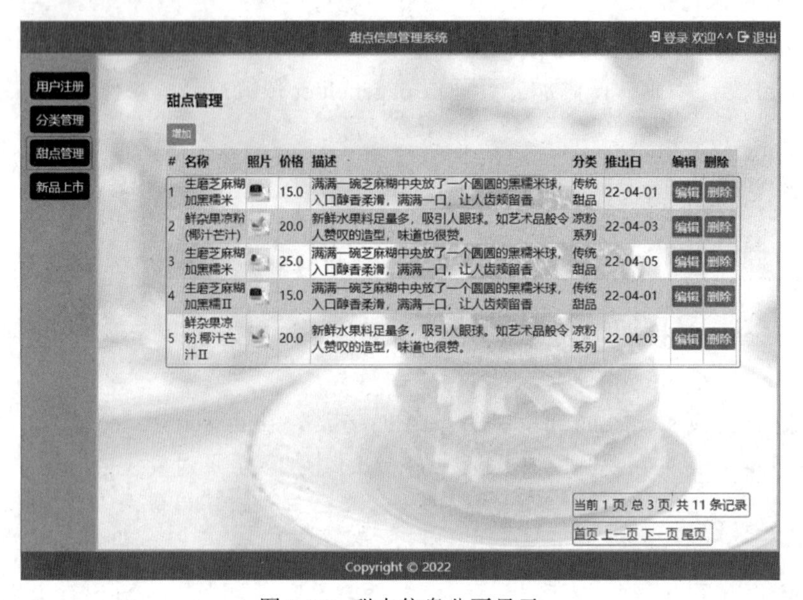

甜点信息管理系统
登录 欢迎^^ 退出
用户注册
分类管理
甜点管理
新品上市
甜点管理
增加
名称 照片 价格 描述 分类 推出日 编辑 删除
1 生磨芝麻糊加黑糯米 15.0 满满一碗芝麻糊中央放了一个圆圆的黑糯米球，入口醇香柔滑，满满一口，让人齿颊留香 传统甜品 22-04-01 编辑 删除
2 鲜杂果凉粉(椰汁芒汁) 20.0 新鲜水果料足量多，吸引人眼球。如艺术品般令人赞叹的造型，味道也很赞。 凉粉系列 22-04-03 编辑 删除
3 生磨芝麻糊加黑糯米 25.0 满满一碗芝麻糊中央放了一个圆圆的黑糯米球，入口醇香柔滑，满满一口，让人齿颊留香 传统甜品 22-04-05 编辑 删除
4 生磨芝麻糊加黑糯II 15.0 满满一碗芝麻糊中央放了一个圆圆的黑糯米球，入口醇香柔滑，满满一口，让人齿颊留香 传统甜品 22-04-01 编辑 删除
5 鲜杂果凉粉.椰汁芒汁II 20.0 新鲜水果料足量多，吸引人眼球。如艺术品般令人赞叹的造型，味道也很赞。 凉粉系列 22-04-03 编辑 删除
当前 1 页, 总 3 页, 共 11 条记录
首页 上一页 下一页 尾页
Copyright © 2022

图 8.56　甜点信息分页显示

单击“下一页”链接，转至第 2 页显示第 6 ～ 10 行甜点数据，如图 8.57 所示。

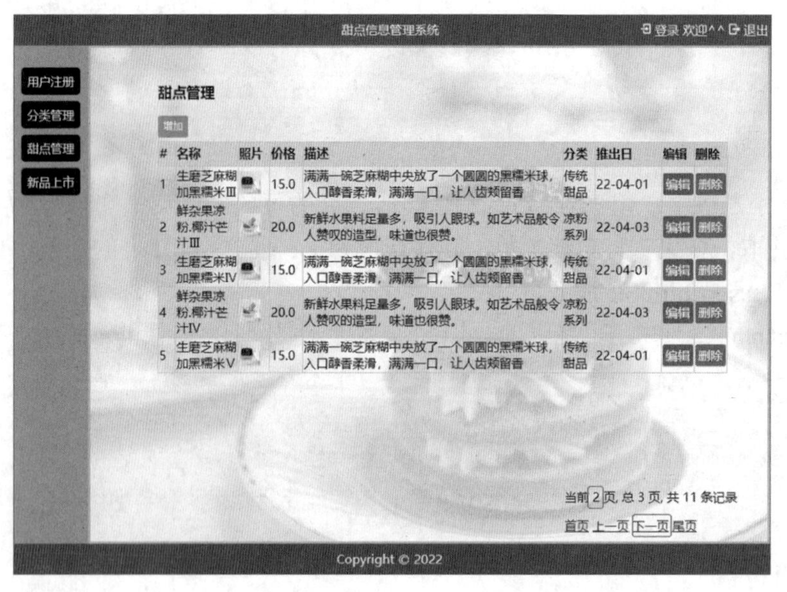

甜点信息管理系统
登录 欢迎^^ 退出
用户注册
分类管理
甜点管理
新品上市
甜点管理
增加
名称 照片 价格 描述 分类 推出日 编辑 删除
1 生磨芝麻糊加黑糯米III 15.0 满满一碗芝麻糊中央放了一个圆圆的黑糯米球，入口醇香柔滑，满满一口，让人齿颊留香 传统甜品 22-04-01 编辑 删除
2 鲜杂果凉粉.椰汁芒汁III 20.0 新鲜水果料足量多，吸引人眼球。如艺术品般令人赞叹的造型，味道也很赞。 凉粉系列 22-04-03 编辑 删除
3 生磨芝麻糊加黑糯米IV 15.0 满满一碗芝麻糊中央放了一个圆圆的黑糯米球，入口醇香柔滑，满满一口，让人齿颊留香 传统甜品 22-04-01 编辑 删除
4 鲜杂果凉粉.椰汁芒汁IV 20.0 新鲜水果料足量多，吸引人眼球。如艺术品般令人赞叹的造型，味道也很赞。 凉粉系列 22-04-03 编辑 删除
5 生磨芝麻糊加黑糯米V 15.0 满满一碗芝麻糊中央放了一个圆圆的黑糯米球，入口醇香柔滑，满满一口，让人齿颊留香 传统甜品 22-04-01 编辑 删除
当前 2 页, 总 3 页, 共 11 条记录
首页 上一页 下一页 尾页
Copyright © 2022

图 8.57　翻页至“下一页”效果

单击“上一页”链接，测试效果类似于“下一页”，将显示第 1 页中第 1 ～ 5 行甜点数据。

单击“尾页”链接，将直接转至最后一页，显示尾页的甜点数据，如图 8.58 所示。

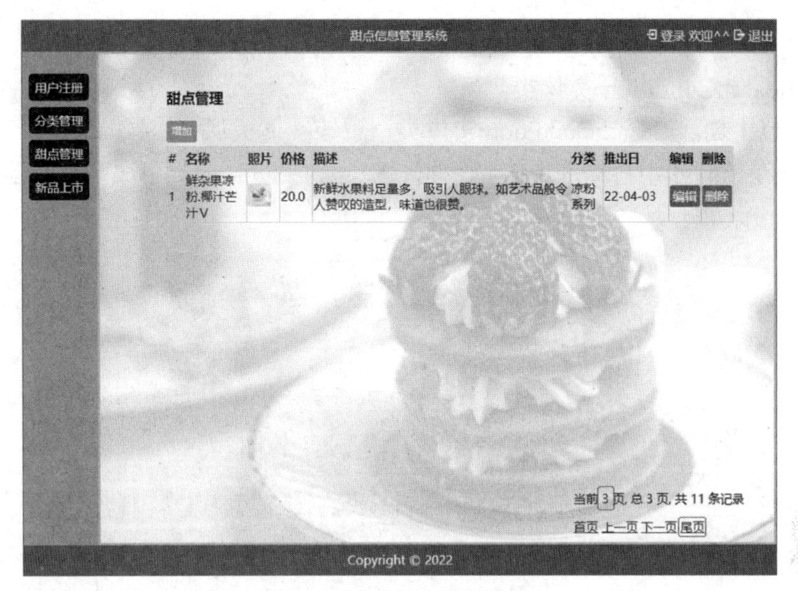

图 8.58　翻页至尾页效果

单击“首页”链接，将直接转至第一页，测试效果类似于“尾页”，会显示首页 5 行甜点数据。

8.7.3　查询子功能

可通过输入条件，对甜点数据有针对地查询显示。主要查询条件有：分类查询、名称模糊查询、描述模糊查询、价格区间查询。同时，这些查询条件也可以组合使用。

视频讲解

具体实现过程如下。

1. 修改 Dessert.html 处理查询功能表单

配置查询条件，将原来 Dessert.html 中的 <form> 代码修改为

```
<form th:action="@{/search}" id="searchDiv">
    分类 <select class="searchCondition" name="catId">
          <option value="0"> 不予限制 </option>
          <option th:each="category:${categories}"
                 th:value="${category.id}">[[${category.name}]]
          </option>
         </select>
    名称 <input class="searchCondition" type="text" name="name">
    描述 <input class="searchCondition" type="text" name="descp">
    价格区间 <input class="priceInput" type="number" name="price1"> -
           <input class="priceInput" type="number" name="price2">
    <button id="btnSearch" type="submit"> 查询 </button>
</form>
```

以上用 th:each、th:value 和内联表达式 [[${…}]] 迭代显示分类数据，并将 <form> 的 action 属性设置为“th:action="@{/search}"”。

相应地在 css/Dessert.css 文件中加上样式代码，如下。

```
#searchDiv{margin-left:60px;}
.searchCondition,.priceInput{width: 80px;}
```

2. 创建 SearchCondition 实体类

在 entity 包中创建 SearchCondition 实体类，用该实体类保存 Dessert.html 中的表单查询条件。为了能在控制器中自动获取表单数据，SearchCondition 类中成员名称应该与表单元素名称一致。代码如下。

```
@Data
public class SearchCondition {
    Integer catId;
    String name;
    String descp;
    Double price1;
    Double price2;
    public void setName(String name) {   //MyBatis 动态查询：null 时不用查询
        this.name = name;
        if("".equals(this.name)){
            this.name = null;
        }
    }
    public void setDescp(String descp) {   //MyBatis 动态查询：null 时不用查询
        this.descp = descp;
        if("".equals(this.descp)){
            this.descp=null;
        }
    }
}
```

以上两个 setter() 方法的作用是：将空字符串值转换为 null 值，这样在 MyBatis 动态查询时仅判断 null 值即可，而不用同时判断空字符串了。

3. 修改 DessertController 类

在 DessertController 类中加入 search() 方法，用于处理“/search”请求。代码如下。

```
1.@Autowired
2.CategoryService categoryService;
3.static int pageSize = 5;  // 每页 5 行
4.@RequestMapping("/search")
5.public String search(SearchCondition condition, Model model,
6.             @RequestParam(defaultValue = "1", value = "pageNum") Integer
pageNum) {
7.     PageHelper.startPage(pageNum,pageSize);
8.     List<DessertDetail> all = dessertService.search(condition);
9.     PageInfo<DessertDetail> pageInfo = new PageInfo<DessertDetail>(all,
pageSize);
10.     model.addAttribute("dessertDetails",all);
11.     model.addAttribute("pageInfo",pageInfo);
12.    List<Category> categories = categoryService.getAll(); // 分类下拉选择初始化
```

```
13.     model.addAttribute("categories",categories);
14.     return "Dessert";
15.}
```

第5行，search() 方法中的 condition 参数会封装输入的查询条件，pageNum 参数会捕获翻页链接中指定的页码值。

第7行，开启分页功能，设置分页参数：获取第 pageNum 页的 pageSize 行数据。

第8行，用 dessertService.search(condition) 方法从数据库获取满足查询条件的甜点列表。

同时还需修改 getAll() 方法，增加获取分类列表代码，以便在 Dessert.html 模板页中对分类查询列表进行初始化，代码如下。

```
@RequestMapping("/desserts")
public String getAll(Model model,
   @RequestParam(defaultValue = "1",value = "pageNum") Integer pageNum){
     PageHelper.startPage(pageNum,pageSize); // 第 pageNum 页，每页 pageSize 行
    List<DessertDetail> all = dessertService.getAll();
    PageInfo<DessertDetail> pageInfo=new PageInfo<DessertDetail>(all,pageSize);
    model.addAttribute("dessertDetails",all);
    model.addAttribute("pageInfo",pageInfo);
    List<Category> categories = categoryService.getAll();// 初始化分类列表
    model.addAttribute("categories",categories);
    return "Dessert";  //templates/Dessert.html
}
```

4. 修改 DessertService 类

在服务类 DessertService 中增加 search() 方法，用以按条件查询返回甜点列表，代码如下。

```
public List<DessertDetail> search(SearchCondition condition) {
    List<DessertDetail> dessertDetails=dessertMapper.search(condition);
    return dessertDetails;
}
```

5. 修改 DessertMapper 接口

在 DessertMapper 接口中增加 search() 方法以及对应的动态查询 SQL 语句，代码如下。

```
@Select("<script>" +
        "select d.id,d.name,photoUrl,price,d.descp,release_date releaseDate," +
        "cat_id CategoryId,c.name categoryName " +
        "from dessert d left join category c on d.cat_id = c.id " +
        "<where>" +
        "<if test='catId != 0'>AND cat_id = #{catId} </if>" +
        "<if test='name != null'>and d.name like CONCAT('%',# {name},'%') </if>" +
        "<if test='descp != null'>and d.descp like CONCAT('%', #{descp},'%')
</if>" +
        "<if test='price1 != null and price2 != null'>" +
        "  and (price between #{price1} and #{price2}) </if>" +
        "</where>" +
        "</script>")
```

```
List<DessertDetail> search(SearchCondition condition);
```

以上，在 <where> 结点内部添加了 4 处动态 SQL 处理，分别判断 catId（分类 id）、name（分类名称）、descp（分类描述）、price1 和 price2（价格区间）的输入条件存在与否，来动态拼装查询子句。

6. 测试与效果

进入甜点管理主页，直接单击“查询”按钮，做无条件查询（即全查询），如图 8.59 所示。

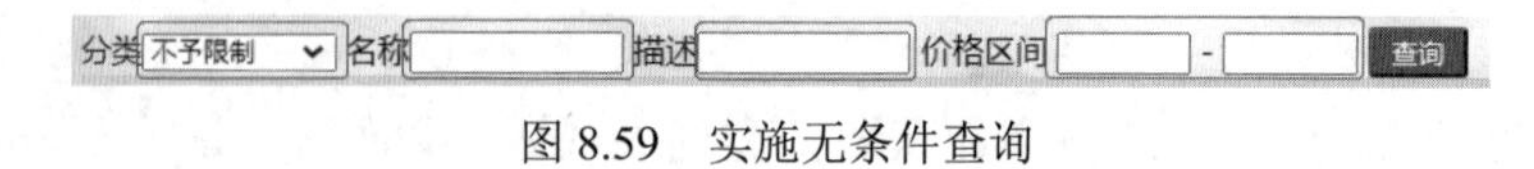

图 8.59　实施无条件查询

执行后，在控制台可观察到没有 where 子句的 select 语句，如下。

```
    ==> Preparing: select d.id,d.name,photoUrl,price,d.descp,release_date
releaseDate, cat_id CategoryId,c.name categoryName from dessert d left join
category c on d.cat_id = c.id LIMIT ?
    ==> Parameters: 5(Integer)
```

选择分类“凉粉系列”，单击“查询”按钮，做分类查询，如图 8.60 所示。

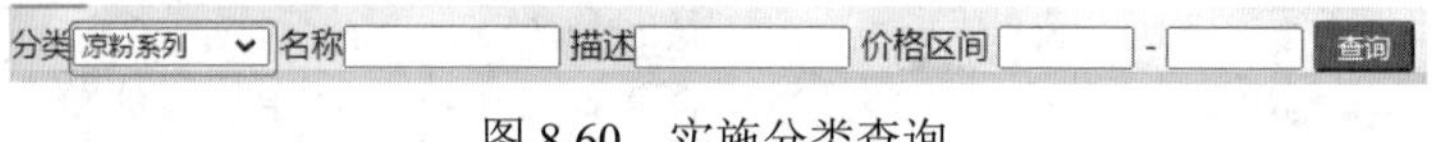

图 8.60　实施分类查询

执行后，在控制台可观察到带有“cat_id = ? ”条件的 select 语句，如下。

```
    ==> Preparing: select d.id,d.name,photoUrl,price,d.descp,release_date
releaseDate, cat_id CategoryId,c.name categoryName from dessert d left join
category c on d.cat_id = c.id WHERE cat_id = ? LIMIT ?
    ==> Parameters: 2(Integer), 5(Integer)
```

甜点管理主页面也返回了满足条件的 4 行数据，如图 8.61 所示。

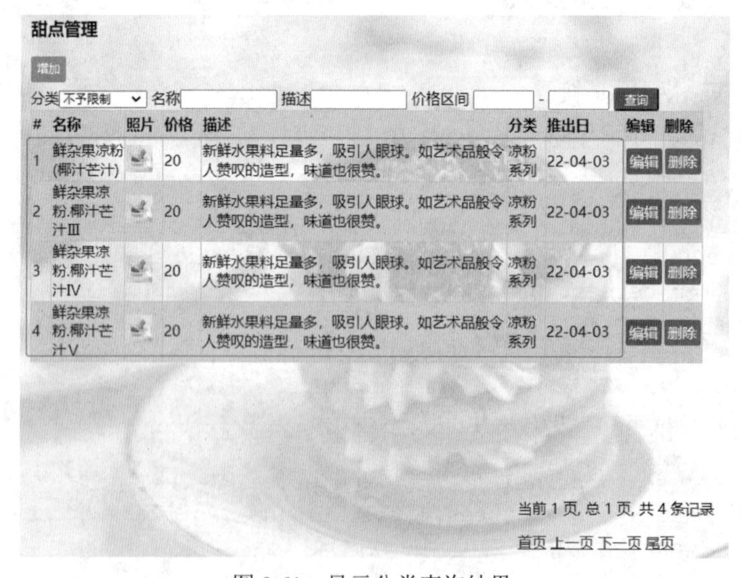

图 8.61　显示分类查询结果

接下来实施名称模糊查询，输入名称“芝麻”，单击“查询”按钮，如图 8.62 所示。

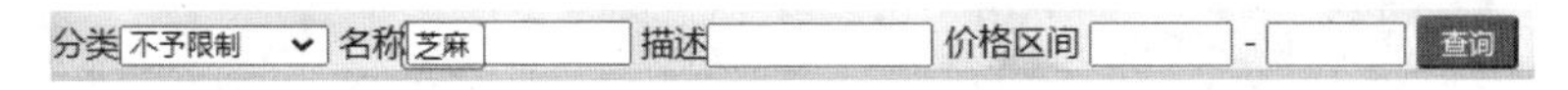

图 8.62　实施名称模糊查询

执行后，在控制台可观察到带有“d.name like CONCAT('%',?,'%') ”条件的 select 语句中，如下。

```
    ==> Preparing: select d.id,d.name,photoUrl,price,d.descp,release_date
releaseDate, cat_id CategoryId,c.name categoryName from dessert d left join
category c on d.cat_id = c.id WHERE d.name like CONCAT('%',?,'%') LIMIT ?
    ==> Parameters: 芝麻(String), 5(Integer)
```

甜点管理主页也返回了满足条件的 6 行数据，如图 8.63 所示。

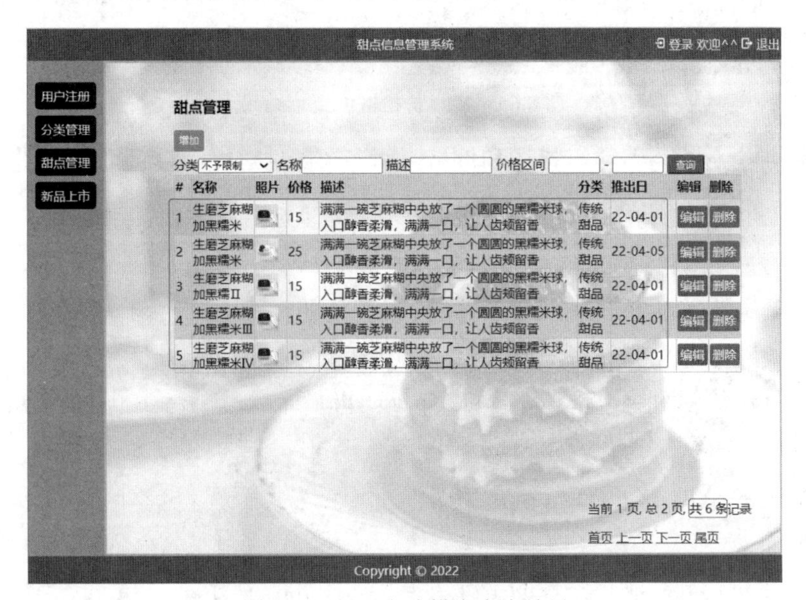

图 8.63　显示名称模糊查询结果

同样可实施描述模糊查询，在“描述”框中输入“水果”，单击“查询”按钮，返回效果类似于名称模糊查询。

接着进行价格区间查询。输入价格区间 [20,30]，单击“查询”按钮，如图 8.64 所示。

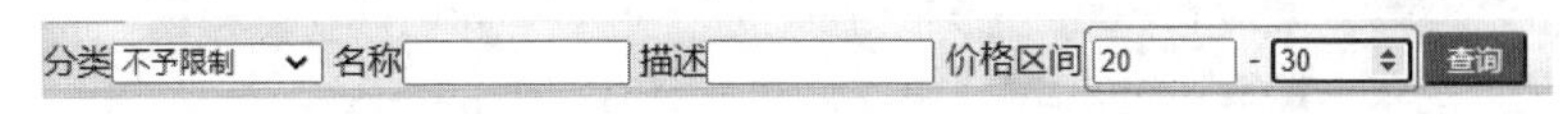

图 8.64　实施价格区间查询

执行后，在控制台出现带有“(price between ? and ?)”条件的 select 语句，如下。

```
    ==> Preparing: select d.id,d.name,photoUrl,price,d.descp,release_date
releaseDate, cat_id CategoryId,c.name categoryName from dessert d left join
category c on d.cat_id = c.id WHERE (price between ? and ?) LIMIT ?
    ==> Parameters: 20.0(Double), 30.0(Double), 5(Integer)
```

甜点管理主页返回了满足条件的 6 行数据，如图 8.65 所示。

图 8.65　显示价格区间查询结果

最后同时加上分类、名称、描述和价格区间多个条件进行组合查询，如图 8.66 所示。

图 8.66　实施组合查询

执行后，在控制台出现带有组合条件的 select 语句，如下。

```
    ==> Preparing: select d.id,d.name,photoUrl,price,d.descp,release_date
releaseDate, cat_id CategoryId,c.name categoryName from dessert d left join category
c on d.cat_id = c.id WHERE cat_id = ? and d.name like CONCAT('%',?,'%') and d.descp
like CONCAT('%',?,'%') and (price between ? and ?) LIMIT ?
    ==> Parameters: 3(Integer), 鲜果(String), 新鲜(String), 20.0(Double),
30.0(Double), 5(Integer)
```

甜点管理主页返回了满足条件的 1 行数据，如图 8.67 所示。

图 8.67　显示组合条件查询结果

根据测试结果，已经完成了所有的查询功能。然而，一旦单击分页链接后，查询条件将丢失并导致分页结果失效。为了解决这个问题，下一步将着手实现带有分页功能的查询，也就是查询分页子功能。

8.7.4 查询分页子功能

为了确保在输入条件返回查询结果时，条件值能够在页面上保留，以及在单击分页链接后返回带有保留条件的分页数据。

具体实现过程如下。

1. 修改 DessertController 存储上次查询条件

修改控制器类 DessertController 的 search() 方法，在返回模板页前，将查询条件对象 condition 存储到 model 中，代码如下。

```
public String search(...){
    ...
    model.addAttribute("condition",condition);  //增加关键代码：将查询条件对象存储到 model 中
    return "Dessert";
}
```

2. 修改 Dessert.html 保留上次查询条件

修改 Dessert.html 文件，使用 Thymeleaf 技术将 model 中存储的 condition 对象（内含上次查询条件值）在页面的查询元素中显示出来，代码如下。

```
1.<form th:action="@{/search}" id="searchDiv">
2.     分类<select class="searchCondition" name="catId">
3.          <option value="0">不予限制</option>
4.          <option th:each="category:${categories}" th:value="${category.id}"
5.            th:selected="${condition!=null and category.id==condition.catId}">
6.                       [[${category.name}]]</option>
7.        </select>
8.     名称<input class="searchCondition" type="text" name="name"
9.              th:value="${condition!=null}?${condition.name}">
10.     描述<input class="searchCondition" type="text" name="descp"
11.              th:value="${condition!=null}?${condition.descp}">
12.     价格区间<input class="priceInput" type="number" name="price1"
13.              th:value="${condition!=null}?${condition.price1}"> -
14.            <input class="priceInput" type="number" name="price2"
15.              th:value="${condition!=null}?${condition.price2}">
16.     <button id="btnSearch" type="submit">查询</button>
17.</form>
```

第 2 ～ 7 行，分类列表需要用 th:each 进行遍历获取，并用 th:selected 得到上次的选择值。

第 8 ～ 15 行，对 4 个查询元素分别用 th:value 获取上次的输入值。

此外，在代码中要注意，当首次进入该页面时，查询对象 condition 的值是不存在的，因此需要用默认表达式 ${condition!=null?…} 进行判断处理。

3. 测试与效果

接下来，对查询后是否能保持查询条件进行测试，如图 8.68 所示，设置组合查询条件：选择分类，输入名称，输入描述，设置价格区间，然后单击“查询”按钮。

图 8.68　设置组合条件查询

观察到查询后的页面效果如图 8.69 所示，确实保留了查询条件的状态。

图 8.69　查询返回页面中保留了查询条件状态

接下来，实现带查询参数的分页，即实现查询分页子功能。

4. 实现查询分页子功能

实现查询分页子功能的思路是：修改 Dessert.html 页面，在其查询表单中添加一个名为 pageNum 的隐藏输入框，对每个分页链接加上 onclick 事件处理方法 goPage(this)。在 goPage(this) 方法中获取翻页的页码，并将该码值设置到表单的 pageNum 元素中，最后再提交查询表单。这样，在不修改后端代码的情况下，就可以实现带查询参数的分页功能。代码如下。

```
    <form th:action="@{/search}" id="searchDiv" method="post">
            ...
             <input type='hidden' id='inputPageNum' name='pageNum' > <!—加关键
代码：保留分页参数 -->
    </form>
    ...
    <div id="pager"> <!-- 对每个分页链接加上 onclick 事件处理方法 goPage(this)-->
       <p> 当前 <span th:text="${pageInfo.pageNum}"></span> 页，
          总 <span th:text="${pageInfo.pages}"></span> 页，
          共 <span th:text="${pageInfo.total}"></span> 条记录 </p>
           <a th:href="@{/desserts}" onclick="goPage(this);return false;"> 首页 </a>
       <a th:href="@{/desserts(pageNum=${pageInfo.hasPreviousPage}? ${pageInfo.
prePage}:1)}"
          onclick="goPage(this);return false;"> 上一页 </a>
       <a  th:href="@{/desserts(pageNum=${pageInfo.hasNextPage}?${pageInfo.
nextPage}:${pageInfo.pages})}"
          onclick="goPage(this);return false;"> 下一页 </a>
       <a th:href="@{/desserts(pageNum=${pageInfo.pages})}"
          onclick="goPage(this);return false;"> 尾页 </a>
       <script>
        function goPage(a){ // 获取翻页页码并设置到查询表单的 pageNum 元素中，再提交表单
             // 获取翻页页码
             let pageNumValue = a.href.toString().substring(a.href.toString().
indexOf("=")+1);
             if(isNaN(pageNumValue)){
                pageNumValue=1;
             }
             // 页码先置入隐藏元素 inputPageNum 的 value 属性中，然后再提交
             let inputPageNum=document.getElementById("inputPageNum")
             inputPageNum.setAttribute('value',pageNumValue);
             document.getElementById("searchDiv").submit();
          }
       </script>
    </div>
```

5. 测试与效果

接下来，测试带查询参数的分页功能。

浏览器进入甜点管理主页后，下拉选择分类值为“传统甜点”，单击“查询”按钮，结果如图 8.70 所示。

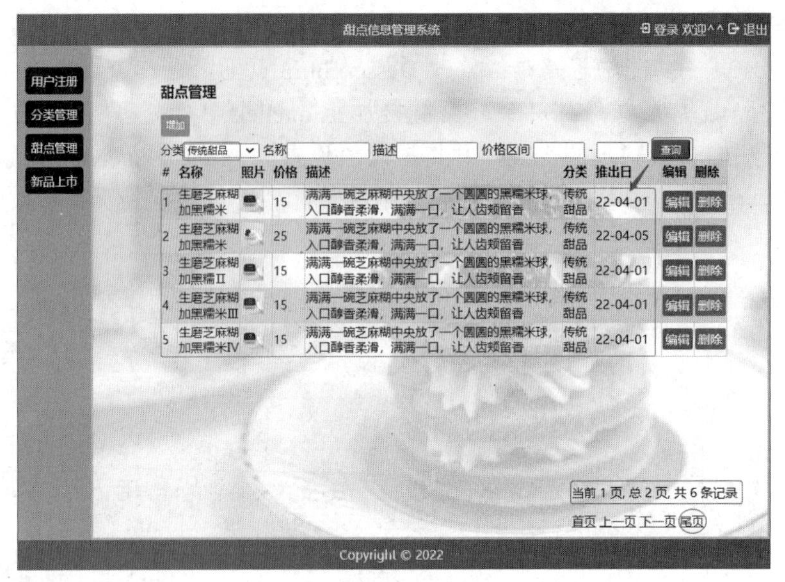

图 8.70　分类条件查询结果

结果有 6 行数据，分成了两页，默认首页上显示了 5 行数据。注意此时分类查询状态值在页面上保留着。单击“尾页”链接，出现如图 8.71 所示结果，显示了第 2 页的 1 行数据，而分类查询状态依然保留着。

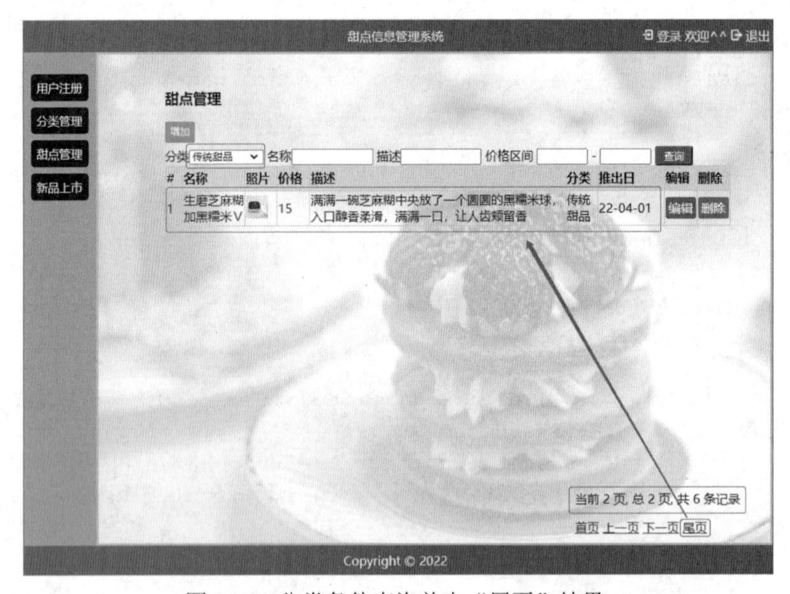

图 8.71　分类条件查询单击“尾页”结果

尝试单击“首页”链接、“下一页”链接和“上一页”链接，同样也符合保留查询状态值基础上的翻页要求。

8.7.5　甜点添加功能

视频讲解

甜点添加的实现流程为：在甜点管理主页中单击“添加”链接，进入添加甜点页面。

填写甜点信息后，单击“确定”按钮，甜点数据插入 dessert 数据表中，浏览器则返回甜点管理主页，显示出新添加的甜点数据行。

具体实现过程如下。

1. 修改 DessertAdd.html

在模板页 DessertAdd.html 中，用 xmlns:th 引入 Thymeleaf 模板名称空间；用 @{ } 引入 CSS 和 JavaScript 文件路径，并设置 img 的 src 值和表单 action 值；用 th:each 属性迭代显示 model 中的分类数据；用 ${ } 和 [[${ }]] 显示分类对象的属性值。代码如下。

```
<!DOCTYPE html><html lang="en" xmlns:th="http://www.thymeleaf.org">
<head>
    <meta charset="UTF-8">
    <title>Title</title>
    <link rel="stylesheet" th:href="@{/css/DessertAdd.css}" >
    <script th:src="@{/js/jquery-3.6.0.min.js}"></script>
</head>
<body>
<div id="container">
    <h3> 添加甜点 </h3>
    <form th:action="@{/dessert}" method="post" enctype="multipart/form-data">
        <div id="leftContent">
            <h4> 名称 </h4> <input name="name"><br>
            <h4> 价格 </h4> <input name="price" type="number"><br>
            <h4> 描述 </h4>
            <textarea name="descp" style="vertical-align: top"></textarea><br>
            <h4> 发布 </h4> <input name="releaseDate" type="date" ><br>
            <h4> 分类 </h4>
            <select name="catId">
                <th:block th:each="category:${categories}">
                <option th:value="${category.id}">[[${category.name}]]</option>
                </th:block>
            </select><br>
            <h4></h4>
            <button id="add" type="submit"><span> 确定 </span></button><br>
        </div>
        <div id="rightContent">
            <img id="photoImg" th:src="@{/photo/dessertIcon.png}" ><br>
            <input type="file" name="photo" id="photo" >
        </div>
        <script>
            $("#photo").change(function(){
              $("#photoImg").attr("src",URL.createObjectURL($(this)[0].files[0]));
            });
        </script>
    </form>
</div>
</body>
</html>
```

2. 处理 Dessert.html 中“添加”链接

修改 Dessert.html 文件中的“添加”链接，代码如下。

```
<button id="btnAdd" onclick="location.href='dessert/add'">增加</button>
```

3. 修改 DessertController 类

修改控制器类 DessertController，将请求“/dessert/add”映射给 save() 方法处理，并由方法返回 DessertAdd.html 模板页。代码如下。

```
@RequestMapping("/dessert/add")
public String save(Model model){
    List<Category> categories = categoryService.getAll();// 分类下拉选择需要
    model.addAttribute("categories",categories);
    return "DessertAdd";
}
```

此处，在返回 DessertAdd.html 模板前添加了两行代码，用以获取分类列表并放入 model 中，以便在模板页上显示。

浏览器访问项目首页 http://localhost，单击“甜点管理”超链接，进入甜点管理主页后单击“添加”按钮，显示甜点添加界面，如图 8.72 所示。

图 8.72　显示甜点添加界面

4. 修改 DessertService 类

修改服务类 DessertService，增加一个 save() 方法。代码如下。

```
public int save(Dessert dessert){
    return dessertMapper.save(dessert);
}
```

5. 修改 DessertMapper 接口

修改 DessertMapper 接口，声明 save() 方法以及映射对应的 insert 语句。代码如下。

```
    @Insert("insert into dessert(name,photoUrl,price,descp,release_date, cat_id) "
          + "values(#{name},#{photoUrl},#{price},#{descp},#{releaseDate},#{catId})")
    int save(Dessert dessert);
```

6. 修改 DessertController 类

修改 DessertController 类，增加 save() 方法处理 Post 方式请求“/dessert”。save() 方法的主要处理流程为：通过 MultipartFile 类型的 photo 参数来获取上传文件对象；创建一个与项目运行环境相关的照片存放目录；判断是否存在上传文件；判断文件上传类型；防止文件重名操作；保存上传文件；最后重定向到“/desserts”页面显示包含新增数据的甜点列表。代码如下。

```
    @PostMapping("/dessert")
    public String save(Dessert dessert, @RequestParam(required=false) MultipartFile
photo)
          throws FileNotFoundException {
        String saveDir="photo/";  //存放目录
        String path = ClassUtils.getDefaultClassLoader().getResource ("static/"+
saveDir).getPath();
        File directory = new File(path);
        if (!directory.exists()) {
            directory.mkdirs();  //创建目录...\desserts\target\classes\static\photo
        }
        String chgFileName=null;
        if (!photo.isEmpty()) {     //判断是否存在上传文件，是则保存且设置 photoUrl
          String fileName = photo.getOriginalFilename();
          String type = fileName.indexOf(".")==-1? null
                         : fileName.substring(fileName.lastIndexOf(".")+1, fileName.
length());
          if(type!=null) {  //判断上传文件类型
            if("GIF".equals(type.toUpperCase())
              ||"PNG".equals(type.toUpperCase())
              ||"JPG".equals(type.toUpperCase())
              ||"JPEG".equals(type.toUpperCase())) { //换名
              chgFileName=String.valueOf(System.currentTime Millis())+"."+type;
              File dest = new File(directory+ File.separator + chgFile Name);
               try { //保存 ...target\classes\static\photo\1649246610037.jpg
                  photo.transferTo(dest);
                  dessert.setPhotoUrl("/"+saveDir+chgFileName);
               } catch (IOException e) {
                  System.out.println(e);
               }
            }
          }
        }
        dessertService.save(dessert);
        return "redirect:/desserts";
    }
```

7. 测试与效果

浏览器访问项目首页 http://localhost，单击“甜点管理”链接，进入甜点管理主页后单击“添加”按钮，进入甜点添加页。填写甜点的各项数据后，如图 8.73 所示。

图 8.73　添加甜点的各项数据

单击“确定”按钮后，进入甜点管理主页，单击“尾页”链接后可在尾页看到新增甜点的数据行，如图 8.74 所示。

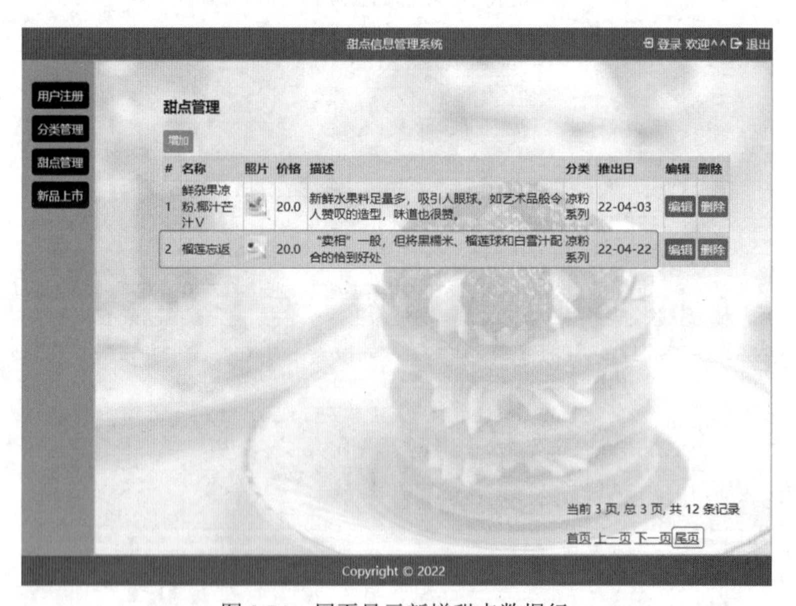

图 8.74　尾页显示新增甜点数据行

视频讲解

8.7.6　甜点编辑功能

在甜点管理主页上，通过选择要编辑甜点所在行的“编辑”链接，可以进入编辑甜点页面。在编辑甜点页面上，原有的甜点数据将会显示出来。编辑完成后，单击“确定”按钮可以将甜点数据更新到 Dessert 数据表中。当浏览器返回到甜点管理主页时，可以观察到编辑甜点数据并已经被成功更新。

具体实现过程如下。

1. 修改 DessertEdit.html

因为界面类似，可参考 Dessert Add.html 页面，对 DessertEdit.html 文件进行修改，代码如下。

```
<!DOCTYPE html><html lang="en" xmlns:th="http://www.thymeleaf.org">
<head>
    <meta charset="UTF-8">
    <title>Title</title>
    <link rel="stylesheet" th:href="@{/css/DessertEdit.css}" >
    <script th:src="@{/js/jquery-3.6.0.min.js}" ></script>
</head>
<body>
<div id="container">
    <h3> 编辑甜点 </h3>
    <form th:action="@{/dessert}" method="post" enctype="multipart/form-data">
        <div id="leftContent" >
            <h4> 名称 </h4> <input name="name" th:value="${dessert.name}" ><br>
            <h4> 价格 </h4>
            <input name="price" type="number" th:value="${dessert.price}"><br>
            <h4> 描述 </h4>
            <textarea name="descp" style="vertical-align: top"> [[${dessert.
descp}]] </textarea><br>
            <h4> 发布 </h4>
            <input name="releaseDate" type="date"
                 th:value="${#dates.format(dessert.releaseDate,'yyyy-MM-
dd')}"> <br>
                 <h4> 分类 </h4>
                 <select name="catId">
                     <th:block th:each="category,stat:${categories}">
                        <option th:value="${category.id}"
                                th:selected="${category.id==dessert.catId}">
[[${category.name}]]
                        </option>
                     </th:block>
                 </select><br>
                 <h4></h4><button id="edit" type="submit"><span> 确定 </span>
</button><br>
           </div>
          <div id="rightContent">
             <img id="photoImg" th:src="@{ ${dessert.photoUrl} }"
                  src="photo/dessertIcon.png"><br>
             <input type="file" name="photo" id="photo" >
          </div>
          <script>
             $("#photo").change(function(){
```

```
                    $("#photoImg").attr("src", URL.create ObjectURL($(this)
[0]. files[0]));
                });
            </script>
        <input type="hidden" name="_method" value="put" />
        <input type="hidden" name="id"  th:value="${dessert.id}">
     </form>
     </div>
</body>
</html>
```

由于在 <form> 标签中添加了 <input type="hidden" name="_method" value="put" /> 代码，因此虽然表单提交方式仍为 Post，但在控制器中使用 @PutMapping("/dessert/{id}") 注解之后，该请求会被映射为 Put 请求，从而能够执行相应的编辑操作方法。注意为达到此功效，还需进行在主配置文件中配置参数：spring.mvc.hiddenmethod.filter.enabled=true。

另外，由于在编辑操作时需要使用甜点的 id 值，因此在 <form> 标签中额外添加了一个隐藏的输入元素来传递该 id 值。代码如下。

```
<input type="hidden" name="id" th:value="${dessert.id}">
```

此外，Date 类型输出格式和 <input type='date'> 元素提交格式往往不匹配，需要进行格式转换，可使用 Thymeleaf 内置对象 #dates 的 format() 方法处理，代码如下。

```
${#dates.format(dessert.releaseDate,'yyyy-MM-dd')}
```

2. 处理 Dessert.html 中“编辑”链接

在 Dessert.html 中处理“编辑”链接，代码如下。

```
<a th:href="@{'/dessert/edit/'+${dessertDetail.id} }">编辑</a>
```

3. 修改 DessertController 类

修改控制器类 DessertController，增加两个同名 edit() 方法。

edit(@PathVariable Integer id, Model model) 方法：处理 Get 方式请求“/dessert/edit/{id}”，将甜点数据取出并显示在编辑页上。

edit(Dessert dessert, @RequestParam(required = false) 方法：处理 Put 方式请求“/dessert/edit”，将甜点的编辑数据更新回数据库。

两个方法的具体代码如下。

```
@GetMapping("/dessert/edit/{id}")    //转至编辑页面
public String edit(@PathVariable Integer id, Model model){
    List<Category> categories = categoryService.getAll();  //下拉选择需要
    model.addAttribute("categories",categories);
    Dessert dessert = dessertService.get(id);
    model.addAttribute("dessert",dessert);
    return "DessertEdit";
}
static String saveDir="photo/";      //添加或编辑时，存放甜点图片目录的相对位置
```

```
@PutMapping("/dessert")              //编辑功能
public String edit(Dessert dessert, @RequestParam(required = false)
MultipartFile photo, HttpServletRequest request) throws FileNotFound Exception{
   String path=ClassUtils.getDefaultClassLoader()
                              .getResource("static/"+saveDir).getPath();
   File directory = new File(path);     //与static/photo在一个位置
   if (!directory.exists()) {
      directory.mkdirs();  //C:\...\sp-desserts\target\classes\static\photo
   }
   String chgFileName=null;
   if (!photo.isEmpty()) { //有上传文件
       String fileName = photo.getOriginalFilename();
       String type = fileName.indexOf(".")==-1? null
              :fileName.substring(fileName.lastIndexOf(".")+1,fileName.length());
       if(type!=null) {
          if ("GIF".equals(type.toUpperCase())
             || "PNG".equals(type.toUpperCase())
             || "JPG".equals(type.toUpperCase())
             || "JPEG".equals(type.toUpperCase())) {  //换名
             chgFileName=String.valueOf(System.currentTime Millis())+"."+type;
             File dest = new File(directory + File.separator + chgFile Name);
             try {//sp-desserts\target\classes\static\photo\ 1649246610037.jpg
                photo.transferTo(dest);
                dessert.setPhotoUrl("/"+saveDir+chgFileName);
             } catch (IOException e) {
                System.out.println(e);
             }
          }
       }
   }
   dessertService.edit(dessert);
   return "redirect:/desserts";
}
```

注意：DessertController 类中方法之间存在大量重复代码的情况，建议读者自行优化这部分代码。另外，DessertAdd.html 和 DessertEdit.html 两个模板页中内容大量重复，也可以尝试合并为一个模板页。

4. 修改 DessertService 类

在服务类 DessertService 中添加两个方法：get(Integer id) 方法用以返回甜点 id 对应的甜点信息，edit(Dessert dessert) 方法用以更新甜点信息。代码如下。

```
public Dessert get(Integer id) {
    return dessertMapper.get(id);
}
public int edit(Dessert dessert) {
    return dessertMapper.edit(dessert);
}
```

5. 修改 DessertMapper 接口

在 DessertMapper 接口中加入 get() 方法和 edit() 方法，并编写相应的 SQL 操作语句。代码如下。

```
1.@Select("select id,name,photoUrl,price,descp,release_date release Date,cat_
id catId " +
2.          "from dessert where id=#{id}")
3.Dessert get(Integer id);
4.@Update("<script>update dessert set name=#{name}," +
5.          // 动态：photo 可能不做修改
6.          "<if test='photoUrl != null'>photoUrl=#{photoUrl},</if>" +
7.          "price=#{price},descp=#{descp},release_date=#{releaseDate},cat_
id=#{catId} " +
8.          "where id=#{id}</script>")
9.int edit(Dessert dessert);
```

注意：由于编辑时甜点图片不一定会更换，因此第 6 行使用了动态 SQL 技术来进行判断和处理。

6. 测试与效果

浏览器访问项目首页 http://localhost，单击“甜点管理”链接，进入甜点管理主页后，单击第 5 行上的“编辑”按钮，如图 8.75 所示。

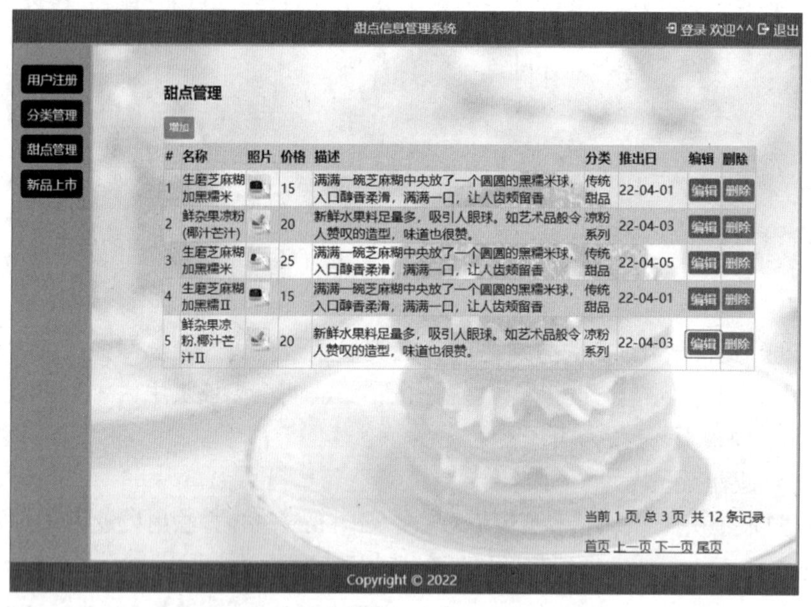

图 8.75 单击第 5 行上的“编辑”按钮

进入编辑甜点页面后，对甜点信息进行编辑，如图 8.76 所示。

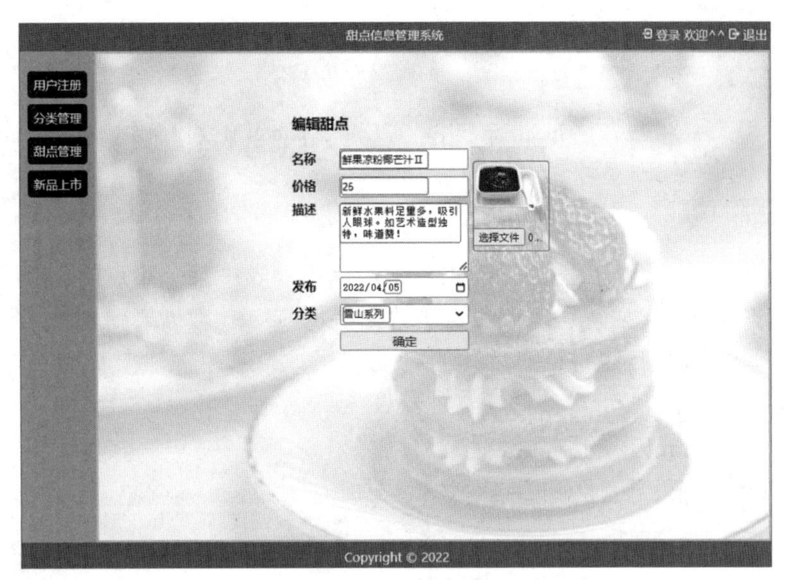

图 8.76　编辑甜点信息

单击“确定”按钮后，返回甜点管理主页，可观察到甜点信息已被正确更新，如图 8.77 所示。

图 8.77　甜点信息已被更新

此时，从控制台可观察到执行了相应的 Update 语句，如图 8.78 所示。

```
SqlSession [org.apache.ibatis.session.defaults.DefaultSqlSession@17e26c8f] was not registered for synchronization because sy
JDBC Connection [HikariProxyConnection@2013618166 wrapping com.mysql.cj.jdbc.ConnectionImpl@88cf659] will not be managed by
==>  Preparing: update dessert set name=?, photoUrl=? ,price=?,descp=?,release_date=?,cat_id=? where id=?
==> Parameters: 鲜果凉粉椰芒汁Ⅱ(String), photo/1649406723796.jpg(String), 25.0(Double), 新鲜水果料足量多，吸引人眼球。如艺术造型独特，味
<==    Updates: 1
```

图 8.78　控制台显示 Update 语句

若再进行编辑，但此次不改变上传图片。单击“确定”按钮后，可观察到如图 8.79 所示的 Update 语句，显然 photoUrl 字段的修改操作会被动态忽略。

```
JDBC Connection [HikariProxyConnection@488271574 wrapping com.mysql.cj.jdbc.ConnectionImpl@69f7a7ac] will not
==>  Preparing: update dessert set name=?, price=?,descp=?,release_date=?,cat_id=? where id=?
==> Parameters: 鲜果凉粉椰芒汁Ⅱ(String), 25.0(Double), 新鲜水果料足量多，吸引人眼球。如艺术造型独特，味道赞！(String), 2022
<==    Updates: 1
```

图 8.79　Update 语句中动态忽略了 photoUrl 字段操作

8.7.7　甜点删除功能

甜点删除的流程如下：在甜点管理主页中，单击列表中某个甜点的“删除”按钮，弹出确认框。单击“确定”按钮后，该甜点的数据将从 dessert 数据表中删除。随后，浏览器将返回甜点管理主页，列表中相应的甜点将不再显示。

具体实现过程如下。

1. 处理 Dessert.html 中的删除按钮

在 Dessert.html 中处理“删除”按钮，代码如下。

```
<a href="#" th:onclick="del( [[${dessertDetail.id}]] );" >删除</a>
```

同时加上对应的 JavaScript 处理函数 del(id)，代码如下。

```
<script>
    function del(id){
        if(confirm('确认删除？')){
            window.location.href="dessert/del/"+id;
        }
    }
</script>
```

2. 修改 DessertController 类

在控制器类 DessertController 中添加方法 delete(Integer id)。用该方法处理请求“/dessert/del/{id}”，将 id 值对应的甜点删除，并返回甜点管理主页显示变化结果。代码如下。

```
@RequestMapping("/dessert/del/{id}")
public String delete(@PathVariable("id") Integer id){
    dessertService.remove(id);  //将 dessert 信息删除
    return "redirect:/desserts";    //返回首页列表，观察结果
}
```

3. 修改 DessertService 类

在服务类 DessertService 中添加 remove(id) 方法，用该方法将 id 值所对应的甜点删除。代码如下。

```
public int remove(Integer id) {
    return dessertMapper.remove(id);
}
```

4. 修改 DessertMapper 接口

在 DessertMapper 接口中添加 remove() 方法，并编写相应的 delete 语句，将 id 值对应的甜点从数据库删除。代码如下。

```
@Delete("delete from dessert where id=#{id}")
int remove(Integer id);
```

5. 测试与效果

浏览器访问项目首页 http://localhost，单击“甜点管理”链接，进入甜点管理主页后单击“尾页”链接，在尾行上单击“删除”按钮，如图 8.80 所示。

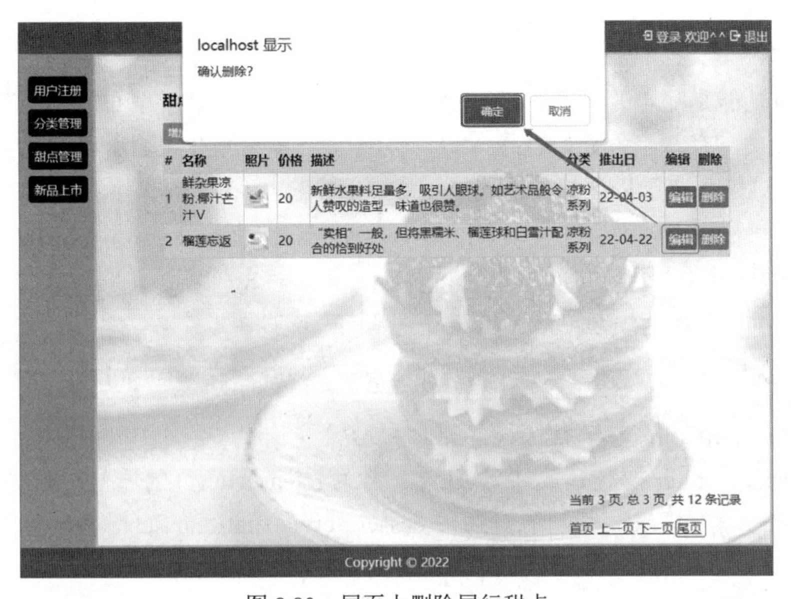

图 8.80　尾页上删除尾行甜点

在弹出确认框中单击“确定”按钮后，返回甜点管理主页。翻到“尾页”，发现相应甜点数据已被删除，如图 8.81 所示。

图 8.81　尾页中相应甜点数据已被删除

此时，控制台可以观察到执行了相应的 delete 语句，如图 8.82 所示。

```
JDBC Connection [HikariProxyConnection@311587310 wrapping com.mysql
==>  Preparing: delete from dessert where id=?
==> Parameters: 12(Integer)
<==    Updates: 1
```

图 8.82　控制台显示 delete 语句

8.7.8　新品上市功能

新品上市功能是甜点管理模块的一个子功能，用于展示最新发布的 8 个甜点信息。尽管在应用框架页上有一个独立的链接入口，但实际上其实现方式与甜点管理主页的列表显示功能相似，区别仅在于以区块的形式展示甜点信息。

具体实现过程如下。

1. 处理 Index.html 中“新品上市”链接

打开 Index.html 文件，编辑“新品上市”链接。代码如下。

```
<a class="module" href="releaseNew/8" target="op">新品上市</a>
```

2. 修改 DessertController 类

在 DessertController 控制器类中添加一个名为 releaseNew() 的方法。该方法用于处理“/releaseNew/{row}”请求，其功能是通过 dessertService.getReleaseNew(row) 方法获取最新发布的 row 个甜点，并将其存入 model 中。最后，返回 DessertNewRelease.html 模板页进行渲染显示。代码如下。

```
@RequestMapping("/releaseNew/{row}")
public String releaseNew(Model model,
    @PathVariable(value="row" , required=false) Integer row) {
    if (row==null){
        row=8;
    }
    List<DessertDetail> newDesserts = dessertService.getReleaseNew(row);
    model.addAttribute("dessertDetails", newDesserts);
    return "DessertNewRelease";
}
```

3. 修改 DessertService 类

在服务类 DessertService 中添加 getReleaseNew(Integer row) 方法，用以获取最新发布的甜点列表数据。代码如下。

```
public List<DessertDetail> getReleaseNew(Integer row) {
    return dessertMapper.getReleaseNew(row);
}
```

4. 修改 DessertMapper 接口

在 DessertMapper 接口中添加 getReleaseNew() 方法，并编写相应的 select 操作语句。代码如下。

```
1. @Select("select d.id,d.name,photoUrl,price,d.descp,release_date release Date," +
2.          "cat_id CategoryId,c.name categoryName " +
3.          "from dessert d left join category c on d.cat_id = c.id " +
4.          "order by d.release_date desc limit #{row}")
5. List<DessertDetail> getReleaseNew(Integer row);
```

第4行，在 MySQL 查询语句中，通过在 select 语句末尾添加 Limit 子句，可以获取指定个数的数据。

5. 修改 DessertNewRelease.html 文件

在 DessertNewRelease.html 文件中，用 xmlns:th 引入 Thymeleaf 模板标签的名称空间，用 @{ } 引入 CSS 文件，用 th:each 属性迭代显示 model 中的甜点列表数据，用 ${ } 和 [[${ }]] 显示甜点属性值，用 Thymeleaf 对象 #dates 和 #numbers 的内置方法进行日期和数值的格式化输出。代码如下。

```
<!DOCTYPE html><html lang="en" xmlns:th="http://www.thymeleaf.org">
<head>
    <meta charset="UTF-8">
    <title>Title</title>    <link rel="stylesheet" th:href="@{/css/DessertNew
Release.css}">
</head>
<body>
<div id="container" style="position: relative;">
    <h3>新品上市</h3>
    <div class="dessert" th:each="dessertDetail,stat:${dessertDetails}">
    <img class="photo" th:src="${dessertDetail.photoUrl}" src=" photo/001.jpg">
     <span class="dessert-name">[[${dessertDetail.name}]]</span>
     <span class="release-date">【[[${#dates.format(dessertDetail.releaseDate,
'yy-MM-dd')}]]】
             ￥[[ ${#numbers.formatDecimal(dessertDetail.price, 0, 0)} ]]</span>
     <span class="descp" >[[${dessertDetail.descp}]]</span>
    </div>
    <div th:remove="all" class="dessert" >
      <img class="photo" src="photo/001.jpg">
      <span class="dessert-name">鲜果凉粉椰芒汁Ⅱ </span>
      <span class="release-date">【22-04-05】 ￥25</span>
      <span class="descp">新鲜水果料足量多，吸引人眼球．造型独特味道赞！ </span>
    </div>
    </div>
</body>
</html>
```

6. 测试与效果

浏览器访问项目首页 http://localhost，单击“新品上市”链接，显示最新上市的8个甜点数据，如图 8.83 所示。

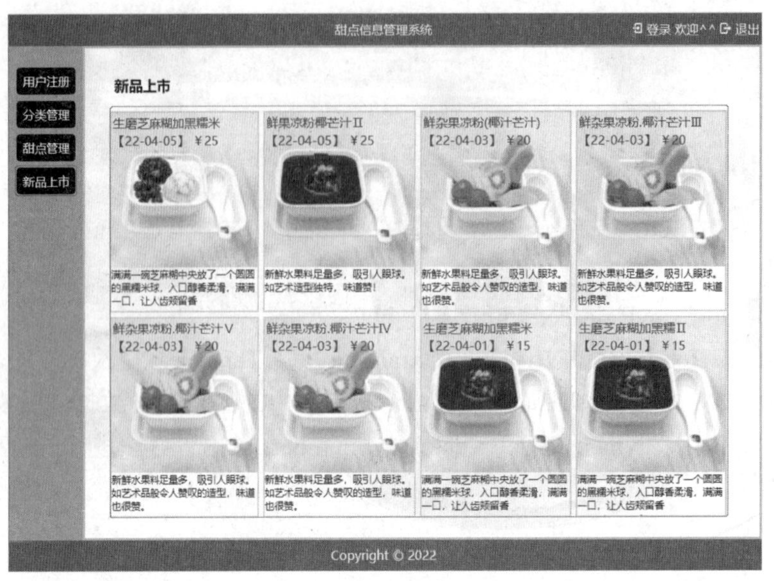

图 8.83　显示最新上市的 8 个甜点数据

数据是从 Dessert 数据表中，通过 select 语句获取，并填充到视图层模板页上渲染显示的。从控制台也可以观察到执行的 select 语句和返回的新品上市数据，如图 8.84 所示。

```
[HikariProxyConnection@1224491420 wrapping com.mysql.cj.jdbc.ConnectionImpl@2b2e528c] will not be managed by Spring
select d.id,d.name,photoUrl,price,d.descp,release_date releaseDate,cat_id CategoryId,c.name categoryName from dessert d left join
8(Integer)
id, name, photoUrl, price, descp, releaseDate, CategoryId, categoryName
3, 生磨芝麻糊加黑糯米, /photo/003.jpg, 25.0, 满满一碗芝麻糊中央放了一个圆圆的黑糯米球，入口醇香柔滑，满满一口，让人齿颊留香, 2022-04-05, 1, 传统甜品
5, 鲜果凉粉椰芒汁Ⅱ, /photo/1649406723796.jpg, 25.0, 新鲜水果料足量多，吸引人眼球。如艺术造型独特，味道赞！, 2022-04-05, 3, 雪山系列
2, 鲜杂果凉粉(椰汁芒汁), /photo/002.jpg, 20.0, 新鲜水果料足量多，吸引人眼球。如艺术品般令人赞叹的造型，味道也很赞。, 2022-04-03, 2, 凉粉系列
7, 鲜杂果凉粉.椰汁芒汁Ⅲ, /photo/002.jpg, 20.0, 新鲜水果料足量多，吸引人眼球。如艺术品般令人赞叹的造型，味道也很赞。, 2022-04-03, 2, 凉粉系列
11, 鲜杂果凉粉.椰汁芒汁Ⅴ, /photo/002.jpg, 20.0, 新鲜水果料足量多，吸引人眼球。如艺术品般令人赞叹的造型，味道也很赞。, 2022-04-03, 2, 凉粉系列
9, 鲜杂果凉粉.椰汁芒汁Ⅳ, /photo/002.jpg, 20.0, 新鲜水果料足量多，吸引人眼球。如艺术品般令人赞叹的造型，味道也很赞。, 2022-04-03, 2, 凉粉系列
1, 生磨芝麻糊加黑糯米, /photo/001.jpg, 15.0, 满满一碗芝麻糊中央放了一个圆圆的黑糯米球，入口醇香柔滑，满满一口，让人齿颊留香, 2022-04-01, 1, 传统甜品
4, 生磨芝麻糊加黑糯Ⅱ, /photo/001.jpg, 15.0, 满满一碗芝麻糊中央放了一个圆圆的黑糯米球，入口醇香柔滑，满满一口，让人齿颊留香, 2022-04-01, 1, 传统甜品
8
```

图 8.84　控制台显示 select 语句和新品上市数据

8.8　安全访问

在本项目中，安全访问主要体现在以下几个功能上：用户登录、系统退出、注册用户以及按照用户角色控制资源访问。

8.8.1　认证与授权需求

视频讲解

安全访问涉及用户认证和角色授权。大多数资源需要用户先进行认证，也就是通常需要用户登录后才能访问。在“甜点管理”项目中，用户可以被分配两种角色：Role_admin（管理员角色）和 Role_normal（普通用户角色）。资源的访问授权是分配给角色的，只有具有相应角色的用户才能访问资源并执行特定的操作。

本项目中主要的 URL 资源及所对应的用户认证和角色授权需求，如表 8.1 所示。

表 8.1 URL 资源及所对应的用户认证和角色授权需求

资源名	URL	模板	认证	角色授权	备注
首页	/	Index.html	--	--	无须认证就可访问
登录页	/login	Login.html	--	--	无须认证就可访问
用户注册页	/register	Register.html	--	--	无须认证就可访问
欢迎页	/welcome	Welcome.html	√	--	登录认证就可访问
分类管理页	/categories	Category.html	√	admin	所属 admin 角色的用户方可访问
分类添加页	/category/add	CategoryAdd.html	√	admin	所属 admin 角色的用户方可访问
分类编辑页	/category/edit/{id}	CategoryEdit.html	√	admin	所属 admin 角色的用户方可访问
甜点管理页	/desserts	Dessert.html	√	normal 或 admin	所属 normal 或 admin 角色的用户方可访问
甜点添加页	/dessert/add	DessertAdd.html	√	admin	所属 admin 角色的用户方可访问
甜点编辑页	/dessert/edit/{id}	DessertEdit.html	√	admin	所属 admin 角色的用户方可访问
新品上市页	/releaseNew/{row}	DessertNewRelease.html	√	normal 或 admin	所属 normal 或 admin 角色的用户方可访问

以上资源的角色授权可在 Spring Security 框架配置类（用 @EnableWebSecurity 注解）的 SecurityFilterChain securityFilterChain(HttpSecurity http) 方法中进行设置。在该方法中，使用 antMatchers() 方法和 hasRole() 方法来指定：只有拥有特定角色的用户才能访问相应的资源路径。

相关页面上一些重要的功能按钮和操作链接，也需用户认证和角色授权方能显示，如表 8.2 所示。

表 8.2 功能按钮和操作链接所对应的用户认证和角色授权需求

所在页面	按钮 / 链接	认证	角色授权	备注
首页 Index.html	用户注册	--	--	无须认证就显示
	分类管理	√	admin	所属 admin 角色的用户方可显示
	甜点管理	√	normal 或 admin	所属 normal 或 admin 角色的用户方可显示
	新品上市	√	normal 或 admin	所属 normal 或 admin 角色的用户方可显示
甜点管理页 Dessert.html	增加	√	admin	所属 admin 角色的用户方可显示
	编辑	√	admin	所属 admin 角色的用户方可显示
	删除	√	admin	所属 admin 角色的用户方可显示
	查询	√	normal 或 admin	所属 normal 或 admin 角色的用户方可显示

在 Thymeleaf 模板页上，使用 sec:authorize 属性可以根据用户所属角色动态地展示或隐藏相应的功能按钮和操作链接。

8.8.2 认证授权相关类设计

使用 Spring Security 框架实施基于数据库的认证和授权，需设计的类有：UserDetails 实现类、GrantedAuthoritiy 实现类、认证数据访问类（这里使用 MyBatis 接口实现）、UserDetailsService 实现类、安全配置类等。

1. 编写 UserDetails 实现类 AppUserDetails

参照数据库中 t_user 表结构，编写 Spring Security 认证实体接口 UserDetails 的实现类 AppUserDetails，在 AppUserDetails 类中定义 4 个字段和重写 4 个方法。其中，4 个字段分别代表用户编号、用户名、密码和用户所属的角色集合，4 个方法分别设置账号不失效、不锁、不过期和状态可用。代码如下。

```
@Data
public class AppUserDetails implements UserDetails {
    Integer id;
    String username;
    String password;
    Collection<? extends GrantedAuthority> authorities; //用户所属的角色集合
    @Override //账号不失效
    public boolean isAccountNonExpired() {    return true;    }
    @Override //账号不锁
    public boolean isAccountNonLocked() {    return true;    }
    @Override //账号认证不过期
    public boolean isCredentialsNonExpired() {  return true;  }
    @Override //账号可用
    public boolean isEnabled() {  return true;  }
}
```

2. 编写 GrantedAuthority 实现类 AppGrantedAuthority

编写 GrantedAuthority 的实现类 AppGrantedAuthority，该实体类用于表示授权权限的实体（即角色），也是必需的。代码如下。

```
@Data
public class AppGrantedAuthority implements GrantedAuthority {
    String authority;
}
```

3. 编写认证数据访问接口 AppUserMapper

编写 MyBatis 接口 AppUserMapper，定义两个方法和对应的 SQL。分别通过用户名获得用户 id、名称和密码，以及通过用户 id 得到用户所属的角色集合。代码如下。

```
@Mapper
public interface AppUserMapper {
    @Select("SELECT id,username,password FROM t_user " +
            " WHERE username = #{username}")
    AppUserDetails selectUserByUsername(String username);
    @Select("SELECT role as authority FROM t_user_role ur " +
            " LEFT JOIN t_role r ON ur.role_id = r.id " +
            " WHERE user_id=#{userId}")
```

```
    List<AppGrantedAuthority> selectUserAuthorities(Integer userId);
}
```

4. 编写 UserDetailsService 实现类

编写 UserDetailsService 实现类 AppUserDetailsService，在 AppUserDetailsService 类中通过调用 AppUserMapper 接口，实现从数据库获取用户信息。代码如下。

```
@Service
public class AppUserDetailsService implements UserDetailsService {
    @Autowired
    AppUserMapper appUserMapper;
    PasswordEncoder delegatingPasswordEncoder
         = PasswordEncoderFactories.createDelegatingPasswordEncoder();
    @Override
    public UserDetails loadUserByUsername(String username)
        throws UsernameNotFoundException {
        AppUserDetails user = appUserMapper.selectUserByUsername(username);
        if (user != null) {
             List<AppGrantedAuthority> authorities
               = appUserMapper.selectUserAuthorities(user.getId());
             user.setAuthorities(authorities);
             //SpringSecurity 默认需要用 passwordEncoder 加密
             user.setPassword(delegatingPasswordEncoder.encode(user.getPassword()));
        }
        return user;
    }
}
```

5. 修改安全配置类 WebSecurityConfig

修改安全配置类 WebSecurityConfig，在 WebSecurityConfig 类中使用自定义的 AppUserDetailsService 类接管用户认证过程。此外按照表 8.1，对 URL 资源访问设置相应的角色授权。代码如下。

```
@EnableWebSecurity
public class WebSecurityConfig {
    @Autowired
    AppUserDetailsService appUserDetailsService; // 自定义类：用于接管用户认证过程
    @Bean
    public SecurityFilterChain securityFilterChain(HttpSecurity http) throws
Exception {
        http.headers().frameOptions().disable(); // 允许 iframe 访问
       http.userDetailsService(appUserDetailsService); // 使用自定义类接管
                                                     // 用户认证过程
        // 静态资源、首页和登录注册页无须认证；其他资源访问须认证甚至角色授权
        http.authorizeRequests()
                // 静态资源无须用户认证，都允许访问。注意不要加 "/**" 路径
                .antMatchers("/css/**","/js/**","/img/**","/photo/**").
permitAll()
                // 首页和登录注册页无须认证就可访问
                .antMatchers("/","/login","/register").permitAll()
```

```
                // 按表 8.1 需求，对部分资源访问设置角色授权
                .antMatchers("/categories","/category/*").hasRole("admin")
                .antMatchers("/desserts").hasAnyRole ("admin","normal")
                .antMatchers("/dessert/*").hasRole("admin")
                .antMatchers("/releaseNew/*").hasAnyRole ("admin", "normal")
                .anyRequest().authenticated();  // 剩余资源包括 //welcome 都要
                                                // 认证
        http.formLogin()// 开启登录功能
                .loginPage("/login")  // 指定登录页 URL。默认就是 /login
                .permitAll();  // 登录页无须认证，允许直接访问
        http.logout()// 开启退出登录功能
                .logoutUrl("/logout") // 指定退出页请求 URL。默认 /logout
                .logoutSuccessUrl("/"); // 指定退出成功请求 URL。默认 /login?logout
        http.exceptionHandling().accessDeniedPage("/403");
        return http.build();
    }
}
```

视频讲解

8.8.3 自定义登录和退出

Spring Security 中的登录和退出显然不够灵活，也不符合 iframe 伪单页开发要求，为此需要自定义登录和退出。主要内容包括：自定义登录页，编写 Controller 映射登录请求，修改登录和退出链接操作脚本等。

1. 自定义登录页

编辑自定义登录模板页 Login.html。在页面中添加登录出错信息，设置登录表单 th:action 属性值为 @{/login}，为表单加上隐藏元素 ${_csrf.parameterName} 用于处理跨域操作等。代码如下。

```
<!DOCTYPE html><html lang="en" xmlns:th="http://www.thymeleaf.org">
<head>
    <meta charset="UTF-8">
    <title></title>
    <link rel="stylesheet" th:href="@{/css/Login.css}" href="css/Login.css">
</head>
<body>
<div id="container">
    <h3> 用户登录 </h3>
    <h3 th:if="${error != null}"> 用户名或密码错 </h3>
    <h3 th:if="${logout != null}"> 已退出 </h3>
    <form th:action="@{/login}" action="Index.html" method="post">
        <h4> 账号 </h4> <input name="username"><br>
        <h4> 密码 </h4> <input name="password" type="password"><br>
            <h4><span style="cursor:pointer; font-weight: normal;color:
blueviolet"
              onclick="location.href='/register'"> 注册 </span></h4>
        <button id="login"  type="submit"><span> 登录 </span></button><br>
        <span style="cursor:pointer;line-height: 2em;color: blueviolet">
忘记密码 </span>
        <input type="hidden"  th:name="${_csrf.parameterName}"
```

```
                th:value="${_csrf.token}"/>
    </form>
</div>
</body>
</html>
```

2. 编写 Controller 映射登录请求

创建控制类 UserController。编写 login() 方法处理“/login”请求，并返回登录模板页 Login.html。另外，当 URL 中有 error 或 logout 参数时，应在 model 中加入相应消息，以便返回模板页 Login.html 时能显示相应的提示信息。代码如下。

```
@Controller
public class UserController {
    @GetMapping("/login")
    public String login(@RequestParam(required = false) String error,
                        @RequestParam(required = false) String logout,
Model model) {
        if (error != null) {
            model.addAttribute("error", "error");
        }
        if (logout != null) {
            model.addAttribute("logout", "logout");
        }
        return "Login";
    }
}
```

3. WebSecurityConfig 中设置自定义登录和退出

在 WebSecurityConfig 类的 configure() 方法中设置自定义登录和退出功能：通过 .loginPage("/login") 来设置自定义的登录功能，通过 .logoutSuccessUrl("/") 来指定退出登录后转到首页。相应代码如下。

```
http.formLogin() //开启登录功能
    .loginPage("/login") //指定登录页 URL。默认就是 /login
    .permitAll(); //登录页无须认证，允许直接访问
http.logout() //开启退出功能
    .logoutUrl("/logout") //指定退出页请求地址。默认就是 /logout
    .logoutSuccessUrl("/"); //指定退出成功请求页面。默认 /login?logout
```

注意：以上代码实际在 8.8.2 节中就应该正确编写了，此处仅做再次确认。

4. 修改登录和退出链接操作脚本

改写脚本文件 Index.js 中的 login() 和 logout() 方法，代码如下。

```
function login(){
    // document.getElementById("op").src="Login.html";
    document.getElementById("op").src="login";
}
function logout() {
    // window.location.href="Index.html";
```

```
        document.getElementById("formLogout").submit();
    }
```

以上代码的作用是：当单击“登录”链接时调用 login() 方法，在 iframe 框中加载登录页；当单击“退出”链接时，则提交退出表单信息。

5. 为退出操作加处理表单

在 Index.html 文件中添加一个表单。代码如下。

```
    <span onclick="logout()">欢迎 ^^ <img src="img/logout.png"> 退出 </span>
    <form id="formLogout" action="logout" method="post" style="display:
inline">
        <input type="hidden" th:name="${_csrf.parameterName}" th:value= "${_csrf.
token}"/>
    </form>
```

当单击“退出”链接时，实际上以 Post 方式提交表单的“/logout”请求。另外，在表单中需加上 CSRF 隐藏输入框，这是因为 Spring Security 默认会启动 CSRF 防护，若不加入 CSRF 防护而访问“/logout”请求会报 404 错误。

6. 测试和效果

浏览器访问项目首页 http://localhost，可发现安全框架已经起作用：因为资源“/”被配置为无须认证就可访问，所以就直接显示了对应的模板页 Index.html；又因为资源“/welcome”是需要认证才能访问的，所以 iframe 框访问“/welcome”时就转向了“/login”所映射的自定义登录页 Login.html。此外，也可以单击框架页右上角的“登录”链接，在 iframe 框中显示自定义登录页，如图 8.85 所示。

图 8.85　显示自定义登录页

此时输入不存在的用户名或错误的密码，单击“登录”按钮后，自定义的认证机制起作用——认证失败转回登录页，并显示“用户名或密码错”提示信息，如图 8.86 所示。

图 8.86　登录失败时提示“用户名或密码错”

若输入正确的用户名和密码（如 admin 和 12345），单击“登录”按钮，将进入欢迎页，如图 8.87 所示。实际上，因为配置“/welcome”为认证可访问，所以任何用户只要登录认证后都可进入欢迎页。

图 8.87　登录后可进入欢迎页

此外，单击右上角“退出”链接，用户退出系统后 iframe 框将会切回到登录页，如图 8.85 所示。当然，具体效果在实施 8.8.4 节内容后方能实现。

8.8.4　首页用户信息处理

在实际项目中，框架页上应该动态显示“登录”或“退出”信息。在本项目中，当用户处于未认证状态时，Index.html 右上角应该显示“登录”链接；当登录成功后，即处于认证通过状态时，Index.html 右上角应该显示“欢迎用户”信息和“退出”链接。

1. 设置 Index.html 动态显示登录和退出

在 Index.html 模板页中需要使用 Thymeleaf 与 Spring Security 的整合标签，建议在 <html> 中应加入相应的名称空间。代码如下。

```
<html lang="en" xmlns:th="http://www.thymeleaf.org"
          xmlns:sec="http://www.thymeleaf.org/thymeleaf-extras-springsecurity5">
```

可使用 sec:authorize="isAuthenticated()" 属性判断用户是否已认证，认证通过则可用 sec:authentication="name" 显示“登录用户”信息；没有通过则应显示“登录”链接。代码如下。

```
<header>
    甜点信息管理系统
    <div id="loginOut">
        <span onclick="login()" sec:authorize="!isAuthenticated()">
             <img src="img/login.png"> 登录
        </span>
        <span sec:authorize="isAuthenticated()">
            欢迎：<span sec:authentication="name"></span>
            <form id="formLogout" th:action="@{/logout}" method= "post" style=
"display: inline">
                <input type="hidden" th:name="${_csrf.parameterName}" th:value=
"${_csrf.token}"/>
                <span id="logoutSpan" onclick="logout()">
                    <img src="img/logout.png">退出
                </span>
            </form>
        </span>
    </div>
</header>
```

为了让界面更美观，可以修改“登录”和“退出”标签的相关样式。在 Index.css 文件中可加入如下代码。

```
#loginOut{ position: absolute;right:3px;top:0px; }
#logoutSpan,#loginSpan{ cursor: pointer; }
```

2. 修改 WebSecurityConfig 配置类

修改配置类 WebSecurityConfig 中的 securityFilterChain(HttpSecurity http) 方法，用 defaultSuccessUrl() 方法设置登录成功后转到“/login/success”。代码如下。

```
http.formLogin()
     .loginPage("/login") // 指定登录 url
     .defaultSuccessUrl("/login/success",true) // 登录成功转 URL
     .permitAll(); // 登录页无须认证，允许直接访问
```

3. 修改 UserController 处理“/login/success”

修改 UserController 类，将“/login/success”请求映射到 loginSuccess() 方法处理，并在方法中用 JavaScript 脚本完成框架页整体的刷新。代码如下。

```
    @GetMapping("/login/success")
    @ResponseBody // 返回文本，非模板
    public String loginSuccess() {
        return "<script>window.parent.location.reload()</script>";
    }
```

4. 测试与效果

浏览器访问项目首页 http://localhost/，因为尚未登录认证，右上角会显示“登录”链接，如图 8.88 所示。

图 8.88　未登录时右上角显示“登录”链接

输入正确的用户名和密码（如 bob 和 123），单击“登录”按钮，首页（应用框架）被刷新，iframe 框中显示欢迎页面，右上角会显示欢迎用户名信息和“退出”链接，如图 8.89 所示。

图 8.89　右上角显示欢迎用户名信息和“退出”链接

再单击右上角“退出”链接，则会刷新框架页，在框架页右上角显示“登录”链接，iframe 框中将显示登录页。

视频讲解

8.8.5 注册用户功能实现

本项目中允许注册新用户。默认情况下新用户所属角色为 normal（即对应数据表 t_role 中的 ROLE_normal 值）。

注册用户功能的实现过程如下。

1. 修改 Register.html 文件

在模板页 Register.html 中，用 xmlns:th 引入 Thymeleaf 模板名称空间，用 @{ } 引入 CSS 文件路径和表单的 action 值，并设置登录 URL 为“/login”。代码如下。

```
<!DOCTYPE html>
<html lang="en" xmlns:th="http://www.thymeleaf.org">
<head>
    <meta charset="UTF-8">
    <title>Title</title>
    <link rel="stylesheet" th:href="@{css/Register.css}">
</head>
<body>
<div id="container">
    <h3>用户注册</h3>
   <span style="margin-left: 230px;margin-bottom: 15px; color:red;">
        [[${msg}]]
    </span>
    <form th:action="@{/register}" action="login.html" method= "post">
        <h4>账号</h4><input name="username"><br>
        <h4>密码</h4><input name="password" type="password"><br>
        <h4>密码确认</h4><input name="password2" type="password"><br>
        <h4></h4><button id="register" type="submit"><span>注 册</span></
button> <br>
          <span id="returnLogin" onclick="location.href='/login'">已有账号，
返回登录</span>
      </form>
</div>
</body>
</html>
```

2. 修改 Index.html 文件

需要修改 Index.html 中的“用户注册”链接，如下。

```
<a class="module" href="register" target="op">用户注册</a>
```

3. 修改 UserController 类

为控制器类 UserController 添加两个 register() 方法。一个是处理 Get 方式的“/register”请求，用以显示注册页；另一个是处理 Post 方式的“/register”请求，用以检验注册数据的合法性，判断用户名是否已存在，以及将用户注册到系统中。代码如下。

```
@Autowired
UserService userService;
@GetMapping("/register") // 显示注册页
```

```
    public String register() {
        return "Register";
    }
    @PostMapping("/register") // 处理注册
    public String register(String username,String password,String password2,
Model model) {
        if(username.isEmpty() || password.isEmpty()) {
            model.addAttribute("msg","用户名和密码不能为空");
            return "Register";
        }
        if( !password.equals(password2) ) {
            model.addAttribute("msg", "两次密码输入必须相同");
            return "Register";
        }
        if(userService.existName(username)) {
            model.addAttribute("msg","用户名已存在");
            return "Register";
        }
        AppUserDetails appUserDetails = new AppUserDetails();
        appUserDetails.setUsername(username);
        appUserDetails.setPassword(password);
        if(userService.register(appUserDetails)) {
            model.addAttribute("msg","注册用户"+username+"成功");
        }else{
            model.addAttribute("msg","注册用户"+username+"失败");
        }
        return "Register";
    }
```

4. 创建 UserService 类

在 service 包中创建服务类 UserService，添加两个方法。existName() 方法用于判断用户是否已经存在；register() 方法用于注册新用户。代码如下。

```
    1.@Service
    2.public class UserService {
    3.    @Autowired
    4.    AppUserMapper appUserMapper;
    5.    public boolean existName(String username) {
    6.        AppUserDetails appUserDetails = appUserMapper.selectUser ByUsername
(username);
    7.        if(appUserDetails!=null) {
    8.            return true;
    9.        }
    10.       return false;
    11.   }
    12.   @Value("${role_id}") // 注册用户的角色值，配置在 application.properties 中
    13.   int roleId; // 默认值目前为 2，即 normal 角色
    14.   @Transactional // 注册涉及两表数据插入，应该使用事务管理
    15.   public boolean register(AppUserDetails appUserDetails) {
    16.       if(appUserMapper.register(appUserDetails)>0) {
```

```
17.             return appUserMapper.addRole(appUserDetails.getId(), roleId)>0;
18.         }
19.         return false;
20.     }
21.}
```

第 12 行，使用 @Value("${role_id}") 注解读取了配置文件中的 role_id 值。对此需要事先在主配置文件 application.properties 中写入“role_id=2”配置项。而 role_id 值为 2 正是对应着 t_role 表中的 ROLE_normal 角色值。

5. 修改 AppUserMapper 接口

在接口类 AppUserMapper 中增加两个方法。register() 方法用于注册用户，addRole() 方法用于为用户添加角色。代码如下。

```
1.@Insert("insert into t_user(username,password,active) values(#{usernam
e},#{password},1)")
2.@Options(useGeneratedKeys = true,keyProperty = "id")
3.int register(AppUserDetails appUserDetails);
4.@Insert("insert into t_user_role(user_id,role_id) values(#{userId},
#{roleId})")
5.int addRole(int userId, int roleId);
```

第 2 行，@Options(useGeneratedKeys=true, keyProperty="id") 注解，用于在数据添加后返回主键 id 的自增值。

6. 测试与效果

浏览器访问项目首页 http://localhost/，单击“用户注册”链接进入注册页。当两次密码输入不一致时，会报错“两次密码输入必须相同”，如图 8.90 所示。

图 8.90　两次密码输入不一致时会报错

当输入已存在的用户名时，会提示报错“用户名已存在”。

正常注册时，如输入账号 deniel，输入相同的两次密码 123456，单击“注册”按钮，将显示“注册用户 deniel 成功”，如图 8.91 所示。

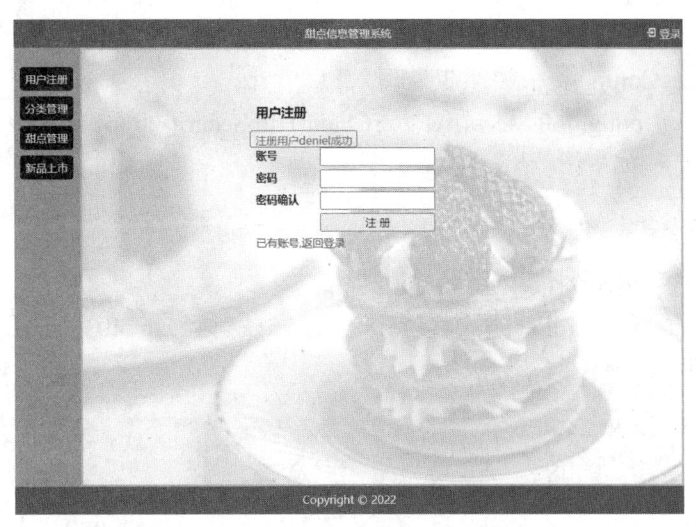

图 8.91　注册用户成功效果

此时，在控制台中可观察到添加用户和设置角色的两条 SQL 语句，如图 8.92 所示。

```
JDBC Connection [HikariProxyConnection@94109178 wrapping com.mysql.cj.jdbc.ConnectionImpl
==>  Preparing: insert into t_user(username,password,active) values(?,?,1)
==> Parameters: deniel(String), 123456(String)
<==    Updates: 1
Releasing transactional SqlSession [org.apache.ibatis.session.defaults.DefaultSqlSession@
Fetched SqlSession [org.apache.ibatis.session.defaults.DefaultSqlSession@4a28dd8e] from c
==>  Preparing: insert into t_user_role(user_id,role_id) values(?,?)
==> Parameters: 8(Integer), 2(Integer)
<==    Updates: 1
```

图 8.92　控制台显示添加用户和设置角色的两条 SQL 语句

8.8.6　自定义访问拒绝页

新注册用户所属角色为 normal，是无权访问分类管理资源的。因此当 daniel 用户单击“分类管理”链接时，会被拒绝访问而返回 403 错误页，如图 8.93 所示。因为系统默认的 403 错误页比较简陋，应考虑自定义访问拒绝页。

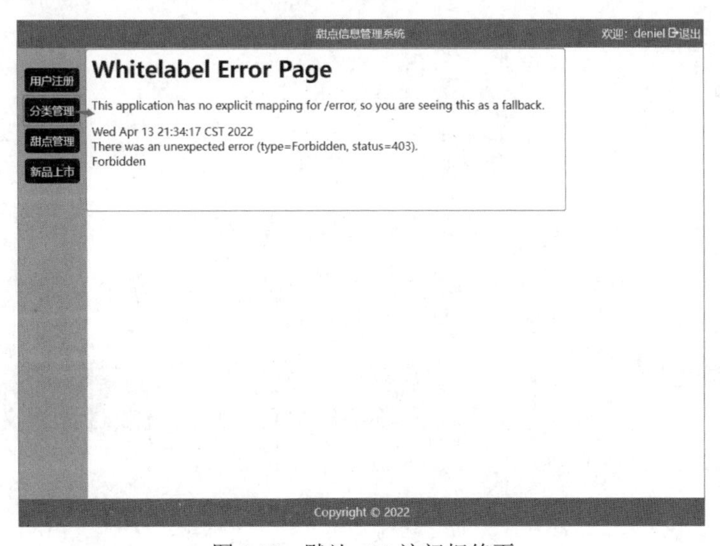

图 8.93　默认 403 访问拒绝页

项目中统一自定义访问拒绝页的步骤如下。

1. WebSecurityConfig 类中加 403 处理入口

在 WebSecurityConfig 类的 securityFilterChain(HttpSecurity http) 方法中，设置访问拒绝后的处理 URL，代码如下。

```
http.exceptionHandling().accessDeniedPage("/403");
```

2. 映射“/403”请求到模板页 403.html

在控制器类 IndexController 中，将“/403”请求映射到 html403() 方法处理，由方法返回 403.html 模板页，代码如下。

```
@RequestMapping("/403")
public String html403() {
   return "403";  // templates/403.html
}
```

3. 设计 403 模板页

在 templates 目录中创建 403.html 模板页，代码如下。

```
<!DOCTYPE html>
<html lang="en" xmlns:th="http://www.thymeleaf.org">
<head>
     <meta charset="UTF-8">
     <title>Title</title>
     <link rel="stylesheet" th:href="@{/css/403.css}">
</head>
<body>
<div id="container">
     <h3> 您无权访问该页面 </h3>
     <h3>
     <span id="returnLogin"  onclick="location.href='/login'">
          可用其他账号重新登录
     </span><br>
     或者访问其他页面。
     </h3>
</div>
</body>
</html>
```

403.css 文件整体样式可参考 Register.css 文件，其文字部分 CSS 代码可参考如下代码。

```
#returnLogin{ cursor:pointer;line-height: 2em;color:blueviolet; }
h3 {padding-left: 250px;}
```

4. 测试与效果

用新增账号（如 deniel）再次访问分类管理主页，将切至项目自定义的拒绝访问页 403.html，呈现如图 8.94 所示效果。

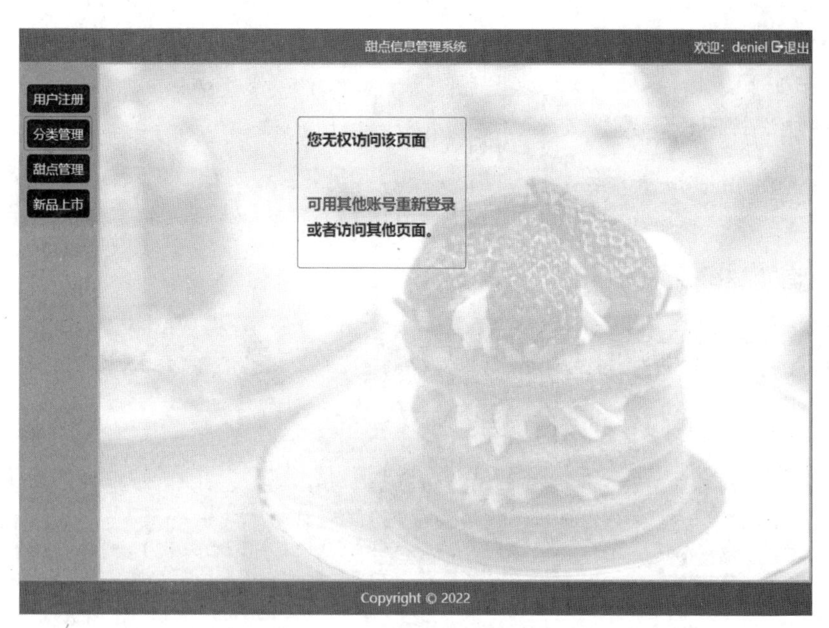

图 8.94　显示自定义 403 访问拒绝页

8.8.7　按角色授权控制操作显示

应用框架页 Index.html 和甜点管理主页 Dessert.html 上重要的功能按钮和操作链接，都需设置相应的角色授权，详细需求参考表 8.2。具体实现步骤如下。

1. 设置 Index.html 中链接的访问授权

在 Index.html 中，对 <html> 标签设置 xmlns:sec 属性，代码如下。

```
<html lang="en" xmlns:th="http://www.thymeleaf.org"
              xmlns:sec="http://www.thymeleaf.org/thymeleaf-extras-
springsecurity5">
```

将 <aside> 标签中的链接进行授权处理，代码如下。

```
<aside>
    <a class="module" href="register" target="op">用户注册</a>
    <a class="module" href="categories" target="op"
        sec:authorize="hasRole('admin')">分类管理</a>
    <a class="module" href="desserts" target="op"
        sec:authorize="hasAnyRole('admin', 'normal')">甜点管理</a>
    <a class="module" href="releaseNew/8" target="op"
        sec:authorize="hasAnyRole('admin', 'normal')">新品上市</a>
</aside>
```

2. 设置 Dessert.html 中按钮和链接的访问授权

在 Dessert.html 中，对 <html> 标签设置 xmlns:sec 属性，代码如下。

```
<html lang="en" xmlns:th="http://www.thymeleaf.org"
     xmlns:sec="http://www.thymeleaf.org/thymeleaf-extras-springsecurity5">
```

找到 Dessert.html 中需要角色授权的按钮或链接，分别加上相应的 sec:authorize 属性设置，具体操作如下。

（1）“增加”按钮设置为

```
<button id="btnAdd" onclick="location.href='dessert/add'"
        sec:authorize="hasRole('admin')">增加</button>
```

（2）“查询”按钮设置为

```
<button id="btnSearch" type="submit"
        sec:authorize="hasAnyRole('admin', 'normal')">查询</button>
```

（3）“编辑”和“删除”链接设置为

```
<a th:href="@{'/dessert/edit/'+${dessertDetail.id} }"
       sec:authorize="hasRole('admin')">编辑</a>
<a href="#" th:onclick="del( [[${dessertDetail.id}]] );"
       sec:authorize="hasRole('admin')">删除</a>
```

3. 测试与效果

浏览器访问项目首页 http://localhost，因为用户处于尚未认证状态，所以应用框架页左侧栏只出现了无须认证就可显示的链接“用户注册”，其他需要认证的链接也均未显示，如图 8.95 所示。

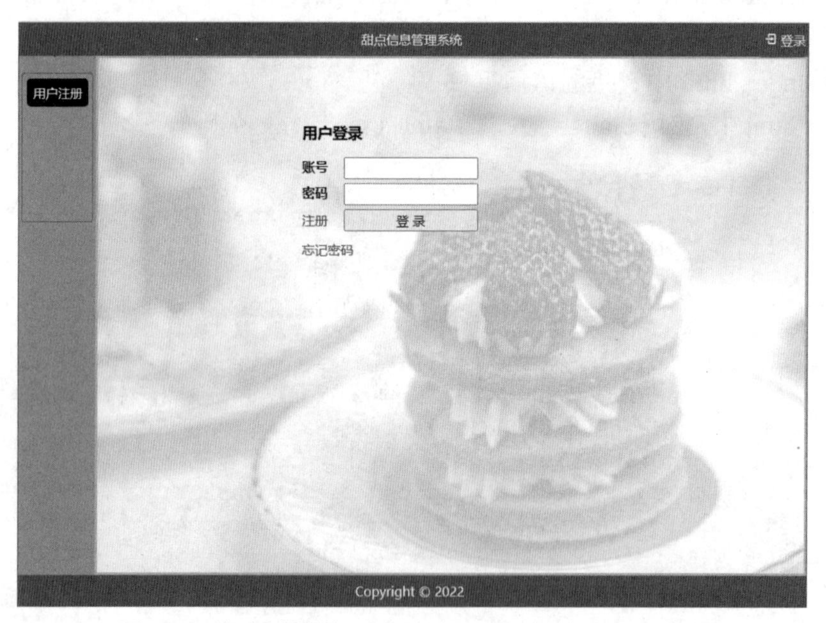

图 8.95　首页左侧栏仅显示无须认证的“用户注册”链接

当所属 admin 角色的用户（如 admin）登录后，应用框架页左侧栏将显示所有功能链接，如图 8.96 所示。

图 8.96　admin 角色的用户登录后可显示所有功能链接

当所属 admin 角色的用户（如 admin）进入甜点管理主页，在页面上将显示所有操作按钮，如图 8.97 所示。

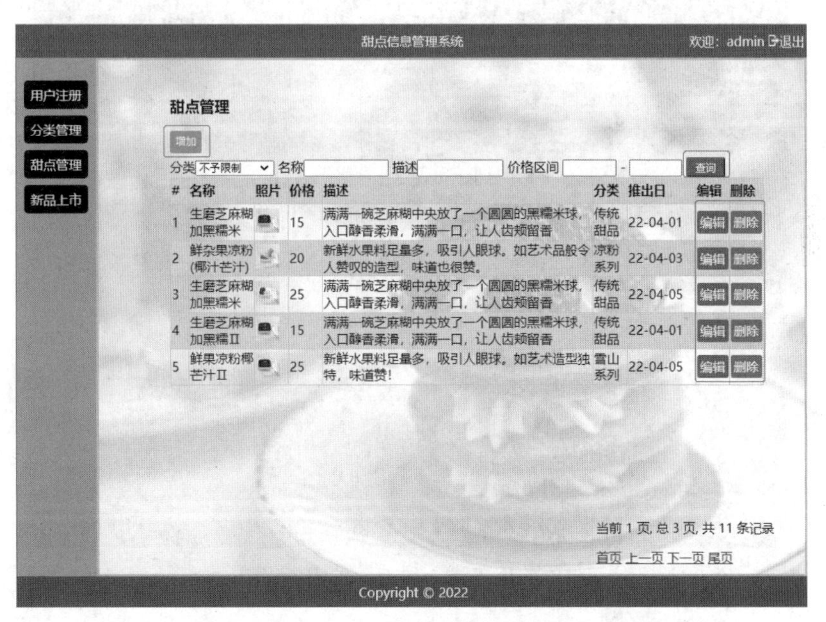

图 8.97　admin 角色的用户可操作甜点管理主页中所有功能按钮

当所属 normal 角色的用户（如 bob）登录后，在应用框架页上将显示与 normal 角色匹配的 3 个功能链接，如图 8.98 所示。

图 8.98　normal 角色的用户登录后仅显示 3 个功能链接

当 normal 角色的用户（如 bob）进入甜点管理主页，页面上仅会显示“查询”按钮，如图 8.99 所示。

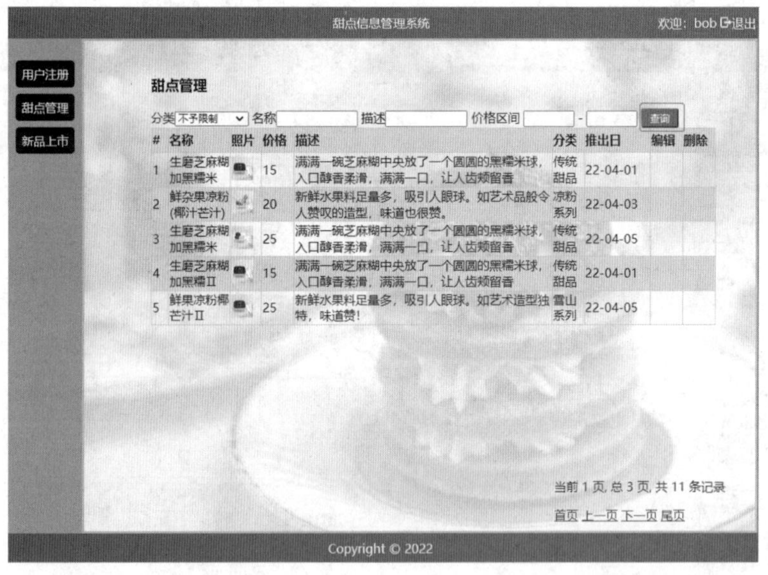

图 8.99　normal 角色的用户进入甜点管理主页仅显示“查询”按钮

8.9　缓存优化

视频讲解

对甜点信息进行添加、编辑、查询操作时，分类列表数据会被频繁调用。可对如下服务类 CategoryService 中相关方法进行分析。

```
@Service
```

```
public class CategoryService {
    @Autowired
    CategoryMapper categoryMapper;
    public List<Category> getAll() {
        List<Category> categories= categoryMapper.getAll();
        return categories;
    }
    public int save(Category category) {
        return categoryMapper.save(category);
    }
    public Category get(Integer id) {
        return categoryMapper.get(id);
    }
    public int edit(Category category) {
        return categoryMapper.edit(category);
    }
    public int remove(Integer id) {
        return categoryMapper.remove(id);
    }
}
```

其中的 getAll() 方法，在甜点信息添加、编辑和查询过程中被频繁调用，为了提高效率，可使用基于 API 的 Redis 缓存管理：直接从 Redis 缓存（内存）中获取分类数据，若没有缓存数据才从 MySQL 数据库访问获取，并同步写入 Redis 缓存中，以保证下次可快速从缓存获取。此外，当对分类信息进行添、删、改操作时，应重做查询将最新分类数据放入 Redis 缓存中，以保证缓存数据和数据库数据的一致性。

以下是具体实现步骤。

8.9.1 添加 Redis 依赖启动器

在 pom.xml 文件中增加 Redis 依赖启动器，代码如下。

```
<dependency>
    <groupId>org.springframework.boot</groupId>
    <artifactId>spring-boot-starter-data-redis</artifactId>
</dependency>
```

实际上，在最初使用 Spring Initializr 构建 Spring Boot 项目时，如果直接勾选了 Spring Data Redis 功能，那么这里的 pom 文件设置可以忽略。

8.9.2 配置 Redis 连接参数

在项目主配置文件 application.properties 中设置 Redis 服务的连接参数。代码如下。

```
spring.redis.host=127.0.0.1
spring.redis.post=6379
spring.redis.password=
```

同样，若项目创建后已配置过以上参数，则此处操作可忽略。

8.9.3 编写 Redis API 实现缓存

在 CategoryService 服务类中，需要对新增、删除、更新和查询方法添加相应的 Redis API 代码，以实现缓存功能。代码如下。

```
@Service
public class CategoryService {
    @Autowired
    CategoryMapper categoryMapper;
    @Resource  //@Autowired
    RedisTemplate redisTemplate;
    static String cacheCategories = "categoriesAll"; //缓存
    public List<Category> getAll() {
        //先缓取值
        List<Category> cacheCates
          = (List<Category>) redisTemplate.opsForValue().get(cache Categories);
        if(cacheCates!=null && cacheCates.size()>0) {
            return cacheCates;
        }
        //缓存中数据不存在，才通过 MyBatis 从数据库取，并同步放入缓存
        List<Category> categories = categoryMapper.getAll();
        redisTemplate.opsForValue().set(cacheCategories,categories);
                                                                    //放入缓存
        return categories;
    }
    public int save(Category category) {
        int row = categoryMapper.save(category);
        if(row>0){ //添加成功，重置缓存数据
            List<Category> categories = categoryMapper.getAll();
            redisTemplate.opsForValue().set(cacheCategories,categories);
        }
        return row;
    }
    public int edit(Category category) {
        int row = categoryMapper.edit(category);
        if(row>0) { //修改成功，重置缓存数据
            List<Category> categories = categoryMapper.getAll();
            redisTemplate.opsForValue().set(cacheCategories,categories);
        }
        return row;
    }
    public int remove(Integer id) {
        int row = categoryMapper.remove(id);
        if(row>0) { //删除成功，重置缓存数据
            List<Category> categories = categoryMapper.getAll();
            redisTemplate.opsForValue().set(cacheCategories,categories);
        }
        return row;
    }
    public Category get(Integer id) {
        return categoryMapper.get(id);
```

```
        }
    }
```

以上用 @Resource 注解自动装配 redisTemplate 属性，并通过 RedisTemplate 各方法对 Redis 数据进行新增、删除、更新和查询各类操作。

getAll() 方法的逻辑是：先从 Redis 缓存中获取分类数据，若有数据则直接返回；若没有数据才从 MySQL 数据库访问获取，并写入 Redis 缓存中，再返回数据。

新增 save()、编辑 edit()、移除 remove() 三个方法的逻辑是：数据库中的分类数据变化后，获取最新分类数据放入 Redis 缓存中，以保证 Redis 缓存数据和 MySQL 中数据一致。

8.9.4　缓存效果测试

启动 Redis 服务后，进行如下操作。

使用 admin 账号登录应用，单击“分类管理”超链接，进入分类管理主页，如图 8.100 所示。

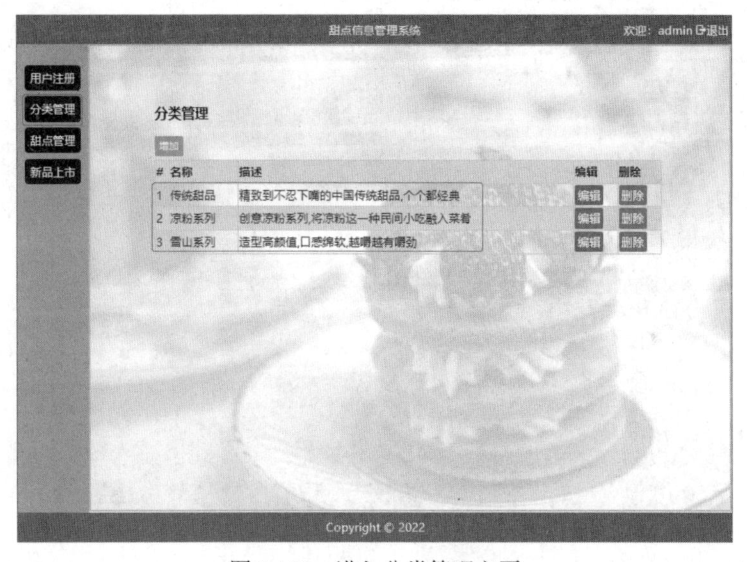

图 8.100　进入分类管理主页

此时，从控制台可观察到查询 Category 数据表的 select 语句，如图 8.101 所示。

```
JDBC Connection [HikariProxyConnection@1172779206 wrapping com.mysql.cj
==>  Preparing: select id,name,descp from category
==> Parameters:
<==    Columns: id, name, descp
<==        Row: 1, 传统甜品, 精致到不忍下嘴的中国传统甜品,个个都经典
<==        Row: 2, 凉粉系列, 创意凉粉系列,将凉粉这一种民间小吃融入菜肴
<==        Row: 3, 雪山系列, 造型高颜值,口感绵软,越嚼越有嚼劲
<==      Total: 3
```

图 8.101　控制台显示 select 语句

此时再进入甜点管理主页，如图 8.102 所示。分类列表显示了，但控制台却没有显示相应分类表 select 语句，这说明缓存起作用了。同样因为缓存的作用，当进入甜点添加页和编辑页时，分类表的 select 语句也不再出现。

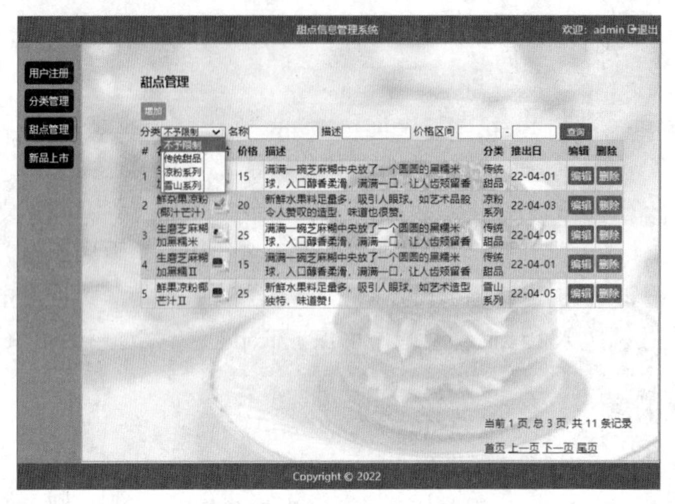

图 8.102　进入甜点管理主页

再添加一个分类，如图 8.103 所示。

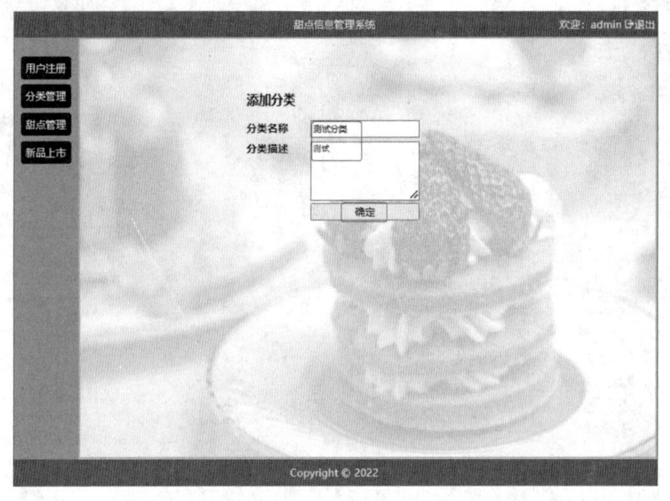

图 8.103　添加分类

单击“确定”按钮后，如图 8.104 所示，在控制台显示了 insert 和 select 语句，其中，select 语句返回的数据会写回 Redis 缓存中。

```
JDBC Connection [HikariProxyConnection@584866161 wrapping com.mysql.cj.jdbc.Conr
==>  Preparing: insert into category(name,descp) values(?,?)
==> Parameters: 测试分类(String), 测试(String)
<==    Updates: 1
Closing non transactional SqlSession [org.apache.ibatis.session.defaults.Default
Creating a new SqlSession
SqlSession [org.apache.ibatis.session.defaults.DefaultSqlSession@113c3b3e] was r
JDBC Connection [HikariProxyConnection@1420553685 wrapping com.mysql.cj.jdbc.Cor
==>  Preparing: select id,name,descp from category
==> Parameters: 
<==    Columns: id, name, descp
<==        Row: 1, 传统甜品, 精致到不忍下嘴的中国传统甜品,个个都经典
<==        Row: 2, 凉粉系列, 创意凉粉系列,将凉粉这一种民间小吃融入菜肴
<==        Row: 3, 雪山系列, 造型高颜值,口感绵软,越嚼越有嚼劲
<==        Row: 6, 测试分类, 测试
<==      Total: 4
```

图 8.104　添加分类操作时数据写入缓存

回到分类管理主页后，控制台中并不显示 select 语句，这同样说明缓存起了作用。

此外，尝试分类的编辑和删除操作，同样数据会同步到 Redis 缓存。当访问分类列表时都不会有数据库查询操作。

8.10 巩固练习

为进一步提升实践开发能力，读者可以在原项目中尝试实现“店长推荐”子功能，并对其进行安全设置和缓存优化。

注意：“店长推荐”甜点操作界面，可参考图 8.105；“店长推荐”的显示界面，可参考图 8.106。

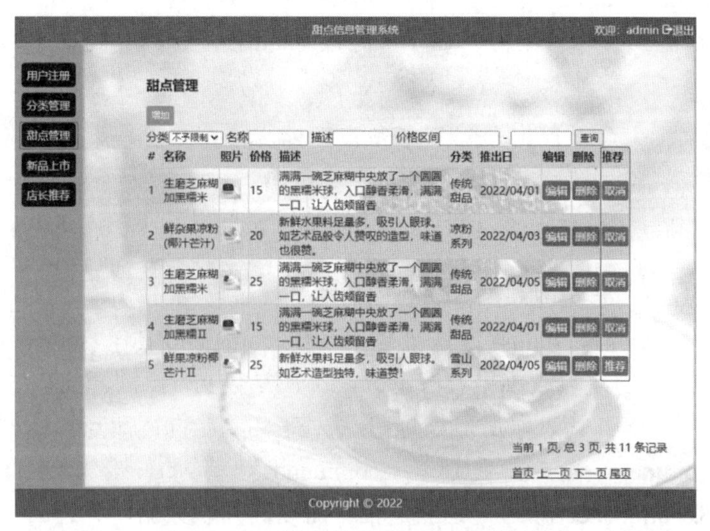

图 8.105 “店长推荐”甜点操作界面

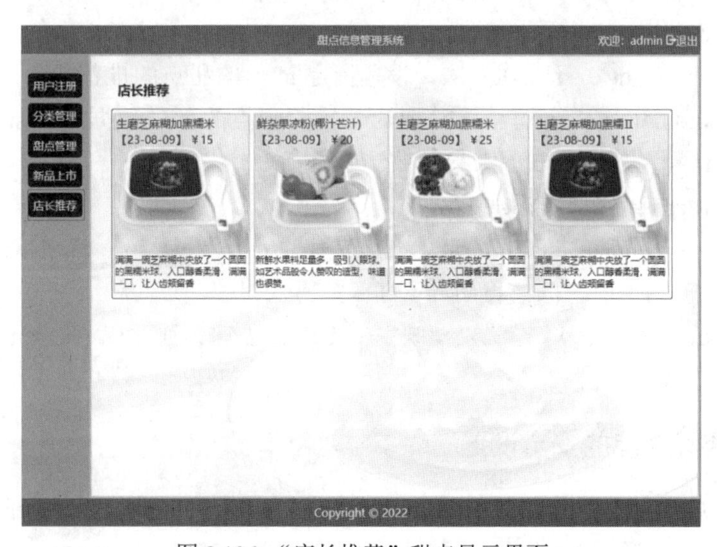

图 8.106 “店长推荐”甜点显示界面

实现步骤，提示如下。

8.10.1 实现店长推荐主体功能

（1）修改 dessert 数据表、Dessert 实体类和 DessertMapper 接口。

dessert 数据表增加两个字段：recommend_time（推荐时间），status（推荐状态，1 为推荐、0 为未推荐，默认值为 0）；

Dessert、DessertDetail 实体类增加两个属性：recommendTime，status。

DessertMapper 接口的查询相关操作增加两个字段：recommendTime，status。

（2）设计店长推荐显示页 Recommends.html，布局样式可参考“新品上市页”。

（3）首页 Index.html 中增加“店长推荐”链接，单击链接后 iframe 框显示店长推荐页 Recommends.html。

（4）Dessert.html 中加入“店长推荐”相关链接。

当甜点 status 值为 0 时，显示“推荐”链接；status 值为 1 时，显示“取消”链接。提示代码如下。

```
    <a th:href="@{'/setRecommend/' + ${dessertDetail.id}+'/'+ ${dessert
Detail.status==0?1:0} }">
            [[${dessertDetail.status==0?' 推荐 ':' 取消 '}]]
    </a>
```

（5）DessertController 类中添加方法处理请求。

编写 setRecommend(id, status) 方法处理“/setRecommend/{id}/{status}”请求。该方法的作用是为指定 id 值的甜点设置推荐状态，其中，参数 id 为甜点主键、参数 status 值为 0 或 1（1 代表店长推荐，0 代表取消推荐），方法处理后重定向回甜点模板页。

编写 getRecommends() 方法处理“/recommends”请求。该方法通过调用 DessertService 类的 getRecommends(row) 方法获取推荐甜点的列表数据，并返回 Recommends.html 显示。其中，row 参数为获取最大记录数。

（6）DessertService 类中添加方法。

编写 setRecommend(id, status) 方法，设置指定 id 值的甜点的推荐状态。

编写 getRecommends(row) 方法，获取店长推荐甜点的列表数据，即 status 值为 1 的甜点列表。其中，row 参数为获取最大记录数。

（7）DessertMapper 接口中添加方法。

编写 setRecommend(id, status) 方法以及映射的 Update 语句。其中，recommend_time（推荐时间）字段值为当前时间，可用 now() 函数写入。

编写 getRecommends(row) 方法以及映射的 Select 语句。注意以 recommend_time（推荐时间）字段倒序查询。

8.10.2 店长推荐功能的安全设置

安全起见，店长推荐操作仅授权给 admin 角色。对于店长推荐显示主页，则 normal 角色和 admin 角色用户都可访问。

实现步骤，提示如下。

（1）设置 Dessert.html 上的“店长推荐”相关链接。

将 Dessert.html 上的“推荐”或“取消”链接设置为仅对 admin 角色可见。

（2）设置店长推荐页 URL 的访问授权。

在 WebSecurityConfig 类的 securityFilterChain(HttpSecurity http) 方法中，将“/recommends/**”的访问授权赋予 admin 和 normal 角色。

8.10.3 店长推荐功能的缓存优化

因为店长推荐数据并不是频繁变动的，为提高访问效率，对店长推荐甜点列表数据进行缓存处理，并假设店长推荐的最大缓存容量为 8 条数据。

提示：可参考 8.9.3 节代码，对 DessertService 类中 setRecommend()、getRecommends() 两个方法进行缓存优化改造。

参考文献

[1] 郑天民 . Spring Boot 进阶 [M]. 北京：机械工业出版社，2022.

[2] 孙鑫 . 详解 Spring Boot[M]. 北京：电子工业出版社，2022.

[3] 明日科技 . 从零开始学 Spring Boot[M]. 北京：化学工业出版社，2022.

[4] 曹宇，胡书敏 . Spring Boot+Vue+ 分布式组件全栈开发训练营 [M]. 北京：清华大学出版社，2021.

[5] 张子宪 . Spring Boot 技术实践 [M]. 北京：清华大学出版社，2021.

[6] 章为忠 . Spring Boot 从入门到实战 [M]. 北京：机械工业出版社，2021.

[7] 莫海 . Spring Boot 整合开发实战 [M]. 北京：机械工业出版社，2021.

[8] 吴胜 . Spring Boot 开发实战 [M]. 北京：清华大学出版社，2019.

[9] 黑马程序员 . Spring Boot 企业级开发教程 [M]. 北京：人民邮电出版社，2019.

[10] 徐丽健 . Spring Boot+Spring Cloud+Vue+Element 项目实战 [M]. 北京：清华大学出版社，2019.